Cerwinka / Schranz

Büro-Bibel

Gabriele Cerwinka
Gabriele Schranz

Büro-Bibel

Auftritt, Organisation, Kommunikation

4., überarbeitete Auflage

Linde international

Bibliografische Information der Deutschen Nationalbibliothek

Die Deutsche Nationalbibliothek verzeichnet diese Publikation in der Deutschen Nationalbibliografie; detaillierte bibliografische Daten sind im Internet über http://dnb.d-nb.de abrufbar.

ISBN 978-3-7093-0585-0 (Print)
ISBN 978-3-7094-0653-3 (E-Book-PDF)
ISBN 978-3-7094-0654-0 (E-Book-ePub)

Umschlag: buero8

1210 Wien, Scheydgasse 24, Tel.: 0043/1/24 630
www.lindeverlag.at

Druck: Hans Jentzsch & Co. GmbH.,
1210 Wien, Scheydgasse 31

Inhalt

Vorwort

Gehören Sie auch zu den unzähligen Menschen, die den Großteil ihres Lebens in einem Büro verbringen? Gehen Sie auch tagtäglich an Ihren Arbeitsplatz, wo Berge an Unerledigtem, lästige Kollegen, ungeduldige Chefs oder fordernde Kunden auf Sie warten? – Dann ist dieses Buch für Sie: Begleiten Sie uns zu einem kleinen „Rundflug" über Ihren Arbeitsbereich, betrachten Sie Ihren Arbeitsplatz und Ihr Tun mit uns aus der Vogelperspektive.

Viele Dinge, die wir jeden Tag tun, sind für uns selbstverständlich. Auch wenn Abläufe nicht so optimal funktionieren, fällt es uns schwer, aus dem gewohnten Trott auszubrechen und Zusammenhänge neu zu überdenken. Wir laden Sie mit der vierten Auflage der „Büro-Bibel" jedoch genau dazu ein. Wir durchleuchten alle Bereiche, die unseren Arbeitsalltag prägen: unsere mündliche und schriftliche Kommunikation, die aktuelle Online-Kommunikation inklusive Social Media, unsere Arbeitstechnik, die Zusammenarbeit im Team und all die anderen Teilbereiche, die unsere fachliche und soziale Kompetenz ausmachen.

Nützen Sie dieses Buch als Standortbestimmung: Viele „Selbstchecks" helfen Ihnen dabei. Holen Sie sich darüber hinaus Anregungen und Tipps aus der Praxis. Verwenden Sie die Checklisten als konkrete Arbeitshilfen. Lernen Sie neue Trends kennen und vervollständigen Sie Ihr Fachwissen.

Machen Sie sich so fit für die erfolgreiche Umsetzung am „Arbeitsplatz Office".

Gabriele Cerwinka ***Gabriele Schranz***

PS: Wir fühlen uns ausdrücklich der genderfairen Sprache verpflichtet – und zwar dort, wo es den Lesefluss nicht behindert. Daher haben wir bewusst auf das jeweilige Anführen der weiblichen und männlichen Form verzichtet. Unser Buch ist für alle Mitarbeiter im Büro geschrieben – unabhängig von Geschlecht, Alter und Position. Gleichberechtigung ist für uns einfach keine Frage von zwei an ein Wort gehängten Buchstaben.

1 Kommunikation und Auftreten

Am Anfang jedes unserer Seminare fragen wir unsere Teilnehmer nach ihren hauptsächlichen Beweggründen für den Besuch dieses Seminars. An der Spitze der „Hitliste" stehen dabei stets alle Themenbereiche, die sich mit der zwischenmenschlichen Kommunikation auseinander setzen. Wohl kein anderes Thema beschäftigt uns so nachhaltig. Wie gehe ich mit meinen Mitmenschen um? Wie begegne ich einem schwierigen Chef, lästigen Kollegen oder aufdringlichen Kunden? Was werden die anderen wohl von mir halten? Woraus besteht eigentlich Kommunikation? Genügt die richtige Wortwahl oder worauf muss ich zusätzlich noch achten?

Fragen wir im Gespräch mit Firmen- oder Personalchefs nach den Zielen für eine geplante Schulungsmaßnahme, steht meist auch ein Wunsch ganz klar an der Spitze: „Meine Mitarbeiter sollen sicher sein im Auftreten – sowohl nach innen, gegenüber den anderen Mitarbeitern, als auch nach außen, gegenüber unseren Kunden."

Zugegeben, Fachwissen ist auch sehr wichtig. Doch benötigte EDV-, Sprach- oder Arbeitstechnikkenntnisse lassen sich meist leichter erlernen als gerade die anscheinend selbstverständlichste Tatsache der Welt: miteinander zu reden und dabei positiv und erfolgreich zu agieren. Warum das so ist? Weil wir Menschen unendlich komplexe Wesen sind, die einfach nicht nach genau vorherbestimmten Gesetzen funktionieren. Weil jede kleinste Regung, jedes noch so beiläufig gesprochene Wort eine große Wirkung beim anderen erzielen kann. Weil wir immer in gegenseitiger Abhängigkeit reagieren, Kommunikation also immer ein zweiseitiger Prozess ist. Dieser Prozess läuft dabei unbewusst und fast schon automatisch ab: Verhaltensmuster sind eingefahren und oft schwer veränderbar.

Ein solches Verhaltensmuster zu verändern ist daher sehr schwierig.

Wie und wo kann ich als junger Mitarbeiter die erforderlichen Kenntnisse für diesen Bereich erwerben? Fragt man eine ältere Kollegin, seufzt diese nur und antwortet: „Warte nur mal ab, mit der Zeit bekommst du schon noch heraus, wie du wen behandeln musst!" Sie hat damit natürlich nicht Unrecht, denn sehr viel basiert in der Kommunikation auf Erfahrung. Doch hilft das unserem jungen Kollegen weiter? Ist es nicht wichtiger, ihm gerade am Anfang seiner Berufskarriere einige wichtige Tipps im Umgang mit anderen mit auf den Weg zu geben?

Genau aus diesem Grund haben wir das Kapitel Kommunikation und Auftreten an den Anfang unseres Ratgebers gestellt. Wir verzichten dabei bewusst darauf, auf alle Aspekte der Kommunikation einzugehen. Wir befassen uns nicht mit wissenschaftlichen Kommunikationstheorien. Uns geht es um praktische Tipps für den Leser, um genau jene Problemfelder, die uns in unserer praktischen Arbeit tagtäglich begegnen – sei es vor Ort, in den Sekretariaten, in Büros oder aus Schilderungen unserer Seminarteilnehmer. Es handelt sich also um eine eher willkürliche und ausschließlich auf die Praxis abgestimmte Betrachtungsweise des Phänomens „zwischenmenschliche Kommunikation“.

1.1 Erster Eindruck und Styling

Bevor die ersten Worte gesprochen werden, ist oft schon entschieden, wie die Kommunikation zwischen den Beteiligten ablaufen wird. In Blitzesschnelle beurteilen wir unser Gegenüber und reihen es dementsprechend in eine Schublade ein. Die Informationen, die uns der andere dazu liefert, sind vielfältig. Wie sieht er aus? Welche Kleidung trägt er? Wie ist sein Gesichtsausdruck? Wohin ist sein Blick gerichtet? Wie bewegt er sich? Die meisten Faktoren nehmen wir dabei nur unbewusst wahr. Unser Ersturteil wird daher hauptsächlich intuitiv gebildet. Meist bleibt nicht genug Zeit, um sich alle Infos ins Bewusstsein zu holen. Doch je unbewusster dieser erste Eindruck ausfällt, desto nachhaltiger bleibt er.

Mit diesem Phänomen setzen sich Psychologen und Kommunikationswissenschaftler vermehrt auseinander. Und das mit gutem Grund. Wir leben in einer Gesellschaft, die von extrem rasch ablaufenden und sich verändernden Prozessen bestimmt wird – der so genannten „30-Sekunden-Gesellschaft“. Die Länge eines Werbespots im Fernsehen muss genügen, um sich über ein Produkt oder einen Menschen ein Urteil zu bilden!

Wollen wir also andere von uns und unseren Ideen überzeugen, müssen wir rasch reagieren. Das Terrain, das wir in den ersten 30 Sekunden schon „verloren“ haben, lässt sich schwer zurückerobern. Daher bedarf es besonderer Kommunikationsstrategien, um diesen ersten Eindruck bewusst positiv zu gestalten.

Selbstcheck

Worauf achte ich besonders, wenn mir jemand das erste Mal gegenübersteht?

☐ Ich achte auf den Mund: ein offenes Lächeln ist das stärkste Signal

☐ Die Augen – ein direkter Blickkontakt ist mir wichtig

☐ Die Körperhaltung: eine aufrechte Haltung beeindruckt

☐ Die Haare: eine gepflegte Frisur wirkt positiv

☐ Bei Männern: Bart, schlecht rasiert oder glatt? Für mich ein klares Statement

☐ Bei Frauen: Make-up – zu viel wirkt negativ!

☐ Die Kleidung: gepflegt, modisch, dem Anlass entsprechend?

☐ Die Hände: ungepflegt, bringen Minuspunkte, zu lange Nägel wirken „arbeitsscheu".

☐ Die Schuhe: ungeputzt? Zu hohe Absätze? Zu sportlich?

☐ Der Schmuck: dezentes Understatement oder zur Schau getragener Reichtum?

☐ Auffällige Accessoires: Männer mit Mickey-Mouse-Krawatten und Frauen mit rosa Stoffbären-Anhängern an der Handtasche haben es bei mir schwer.

☐ Die Farben: Paradiesvogel oder graue Maus?

☐ Die Statussymbole: Handy, Autoschlüssel, Schreibgerät – solche Details beachte ich immer sofort

☐ Der Händedruck: Knochenbrecher oder „kalter Fisch"?

☐ Die Bewegungen: nervös, selbstsicher oder schon wieder auf der Flucht?

☐ Die Stimmlage: eine schrille Stimme lässt mich zurückschrecken, eine tiefe Stimme weckt mein Vertrauen.

☐ Der Geruch: manche kann ich vom ersten Moment an nicht riechen.

☐ Die ersten Worte: freundlich, herablassend oder abweisend?

Bei diesem Test gibt es kein „Bestanden" oder „Durchgefallen" – jeder Mensch entscheidet anders, wonach er seinen Ersteindruck bildet. Wichtig ist nur, dass Sie sich bewusst sind, was für Sie persönlich Signalwirkung hat.

Tipp

Holen Sie sich diese Merkmale nach dem Erstkontakt ins Bewusstsein. Und entscheiden Sie bewusst, ob jemand wegen seiner ungeputzten Schuhe sofort in die Schublade „unordentlicher Mensch" einzuordnen ist.

Doch wie kann ich nun meinen eigenen Erstauftritt positiv gestalten? Worauf muss ich gerade im Berufsleben besonders achten? Wer hat ihn nicht schon gehört, den schönen Satz:

„Ein Mitarbeiter ist immer auch die Visitenkarte des Unternehmens!"

So abgedroschen diese Formulierung auch klingen mag – es stecken trotzdem zwei sehr wesentliche Aspekte darin:

1. Der Mitarbeiter ist oft die erste Kontaktperson für Kunden, Lieferanten etc. Auch für den so genannten „internen Kunden" ist sie meist die erste Ansprechperson, bevor sich die Tür zum Chef öffnet. Der erste Eindruck, den sie hinterlässt, ist also für ihren Chef, für ihr Büro, ja für die ganze Firma von oft prägender Bedeutung. Viele Chefs sind sich dieser Wirkung nicht nur bewusst, sie legen auch ganz besonders viel Wert auf einen positiven Eindruck – wir hören das in unseren Gesprächen mit Vorgesetzten immer wieder.
2. Der zweite Aspekt ist uns meist viel weniger bewusst. Der erste Eindruck, den eine Sekretärin oder ein Office-Mitarbeiter bei einem Besucher hinterlässt, ist auch beeinflusst vom Unternehmen selbst, von den räumlichen Gegebenheiten, vom sonstigen Erscheinungsbild des Umfeldes, ja vom Gesamtimage, das ein Unternehmen in den Köpfen der Besucher schon vorweg hat. Wer in eine renommierte Anwaltskanzlei geht, erwartet dort beispielsweise keine Sekretärin mit hellblau gefärbten Haaren und offen zur Schau getragenem Bauchnabel-Piercing.

Damit besteht also immer auch eine Wechselbeziehung zwischen mir und meinem Unternehmen. Ich präge das Image meines Unternehmens mit, und genau dieses Image hat auch Auswirkungen auf mein Image. Wer sich also so gar nicht mit dem Image seines eigenen Unternehmens anfreunden kann, wer sich dort völlig fehl am Platz fühlt, der wird auch genau das ausstrahlen und sein erster Eindruck auf andere wird immer zwiespältig ausfallen.

Image und Stil

„Image ist die Summe aller Erwartungen und Vorstellungen, die subjektiv mit einer Person, einem Produkt oder einem Unternehmen verbunden sind" – so die Definition von Image in den Lehrbüchern. Es handelt sich daher um ein subjektives Bild, das abhängig ist von der jeweiligen Wahrnehmung des Einzelnen, von seinen Erwartungen, bisherigen Erfahrungen, Vorurteilen und eben den oben schon erwähnten Rahmenbedingungen. Es bildet sich aus vielen kleinen Mosaiksteinen. Stehen wir dann dieser Person, diesem Produkt oder Unternehmen gegenüber, entscheidet der erste Eindruck sofort, ob wir das Bild verfestigen oder korrigieren. Dieser Prozess läuft blitzschnell in unserem Unterbewusstsein ab. Vor allem visuelle Merkmale spielen dabei eine Rolle.

Worauf achten wir beim ersten Eindruck besonders?

Untersuchungen haben es ans Tageslicht gebracht:

70 % fallen auf das Aussehen, die Umgebung, das Visuelle
20 % auf die Stimme
10 % auf die Worte, die unseren ersten Eindruck prägen!

Der erste Eindruck eines Unternehmens wird geprägt vom Erscheinungsbild des Gebäudes, vom Zugang (Tür, Beschilderung, Lift, Stiegenhaus etc.) und vor allem von dem ersten Menschen, der dem Neuankömmling begegnet. Ein missmutiger Portier vermittelt nicht unbedingt den besten ersten Eindruck. Dringt der Besucher weiter ins Unternehmen vor, ist es meist die Sekretärin, die ihn begrüßt. Ihr Erscheinungsbild nimmt der Besucher noch deutlicher wahr, er zieht sofort Rückschlüsse auf ihre Arbeitsweise und das gesamte Klima im Büro. Und er zieht Rückschlüsse auf den Chef.

Ist es also im Sinne eines professionellen Unternehmensimages notwendig, dass jede Mitarbeiterin wie ein Supermodel aussieht und immer teuersten Designer-Kleider trägt?

Guter Stil – was ist das?

Gutes Aussehen ist immer eine Frage des Stils. Teuer bedeutet nicht zwangsläufig schön, und was wir als schön empfinden, ist sowieso von unserem subjektiven Geschmack abhängig. Natürlich gibt es ein jeweils aktuelles „Schönheitsideal", das nun einmal derzeit eher schlank, braun gebrannt und sportlich durchtrainiert erscheint. Doch das alles hat sehr wenig mit Ihrem Job zu tun. Sie wollen ja nicht durch Schönheit punkten, sondern wegen Ihrer Professionalität im Job geachtet werden. Ist es also völlig egal, wie sich Ihr Äußeres präsentiert? Zählen nur die „inneren

Werte"? Das ist aus unserer Sicht auch der falsche Schluss. Das äußere Erscheinungsbild ist nun einmal am wichtigsten, wenn es um den ersten Eindruck geht. Überlassen Sie also Ihr Aussehen nicht einfach dem Zufall.

Ist guter Stil einfach mit gutem Aussehen gleichzusetzen?

Guter Stil ist die Kunst, das eigene Aussehen zu optimieren und dabei vor allem auch durch Professionalität zu punkten. Es ist also immer eine Gratwanderung, besonders, was die passende Kleidung anbelangt.

Im Berufsleben haben sich je nach unterschiedlichen Bereichen verschiedene „Dress-Codes" entwickelt. Ein Dress-Code ist ein ungeschriebenes Gesetz über die jeweils passende Bekleidung. So trägt ein höherer Bankangestellter nun einmal einen dunklen Anzug mit hellem Hemd und dezenter Krawatte statt legerem Pullover und Jeans. Ein Kreativer in der Werbebranche ist dagegen eher mit dunklem, kragenlosem T-Shirt unter seinem schwarzen Designer-Anzug passend gekleidet. Die jeweilige Kleidung hilft so dem Betrachter, sich zu orientieren, die Zugehörigkeit zu einer bestimmten Gruppe zu erahnen. Wer aus diesem Bild herausfällt und zu viel Individualität beweist, hat es oft doppelt schwer, der Image-Erwartung anderer gerecht zu werden. Der Betrachter schließt von der zur Schau gestellten Eigenwilligkeit auf die Einstellung zur Arbeit: Der ordnet sich sicher nicht gerne unter, kann nur schwer in ein Team integriert werden oder nimmt sein Äußeres zu wichtig.

Bei Männern sind solche Dress-Codes noch stärker ausgeprägt als bei Frauen. Modische Extravaganzen haben da wenig Platz, konservativ ist nach wie vor angesagt. So gesehen kann Frau wohl noch lange warten, bis Mann mit Shorts, Transparenthemd und Sandalen im Büro auftaucht!

Ganz anders ist es bei Frauen. Modische Trends werden hier viel eher toleriert. Und modische Trends kommen und gehen in immer rascherer Folge. Der klassische Business-Look ist lange nicht solchen strengen Regeln unterworfen. Umso schwerer ist es da, den passenden Stil zu treffen. Ist es wirklich in Ordnung, mit bauchfreiem Top im Büro zu erscheinen? Müssen Strümpfe auch bei heißen Temperaturen sein? Wie kurz darf ein Rock sein? Einschlägige Modemagazine sind bei diesen Fragen auch nicht wirklich hilfreich: Erstens kann sich Frau die vorgeschlagenen Modelle, die oftmals leider sehr teuer sind, nicht leisten, und zweitens gehen Moderedaktionen wohl auch eher von der eigenen Situation aus: Für eine Mitarbeiterin in einem Moderessort ist ein knallbuntes, hautenges und superkurzes Lederkostüm vielleicht durchaus passend – aber auch in der Vorstandsetage eines Chemiekonzerns?

Hinterfragen Sie das Diktat der jeweiligen Mode kritisch. Mode symbolisiert auch immer ein gewisses Frauenbild: Die Phase, in der sehr männlich inspirierte Mode den Ton angegeben hat, als Herren-Anzüge, Nadelstreif und Männerschuhe mit flachen Absätzen im Büro „in" waren, vermittelte ein kämpferisches Frauenbild: das Bild der Frauen, die sich im Berufsleben durchkämpfen und die männliche Dominanz schwer akzeptieren. Derzeit ist wieder mehr Weiblichkeit angesagt: Frau trägt körperbetonte Kleidung, bunte Farben, leichte Stoffe und Highheels. Dieses Bild ist nicht sehr kämpferisch, da werden eher die viel zitierten Waffen der Frau eingesetzt!

Ist es nun legitim, diese Waffen einzusetzen? Bringt es mir im Berufsleben Vorteile, wenn ich versuche, meine weiblichen Reize bewusst hervorzuheben? Eines ist sicher: Ich erziele damit mehr Aufmerksamkeit seitens meiner männlichen Kollegen und Geschäftspartner. Doch entscheidend ist immer die Frage: Welches Bild möchte ich denn beim anderen hervorrufen? Welchen Eindruck möchte ich erwecken? Verlasse ich mich auf mein Können oder soll/muss ich mein Aussehen und meine Reize zur Hilfe nehmen?

Natürlich kann eine fachlich sehr kompetente Frau auch äußerst attraktiv sein. Doch allzu deutlich zur Schau gestellte Weiblichkeit wird von Männern oft als Schwäche gedeutet. Und bevor Sie jetzt geistig über diese männliche Denkweise herziehen, überlegen Sie bitte, was Sie von einem Mann halten würden, der zu einem Business-Meeting mit hautengem Anzug und weit geöffnetem Hemd erscheinen würde?

Ich muss mir also immer der Wirkung bewusst sein, die mein Outfit hervorruft. Professionelles Styling bedeutet aber nicht, nur mehr in formlosen, unauffälligen Sackkleidern, flachen Sportschuhen und völlig „schmukklos" herumzulaufen. Bringen Sie Ihre Vorzüge ruhig zur Geltung, aber bitte ohne zu übertreiben.

Tipps für ein perfektes „Erfolgsstyling" – speziell für Frauen:

Tipp

- ✔ Der **Schnitt Ihrer Kleidung** sollte immer Ihre Figur positiv unterstreichen, ohne aufdringlich zu wirken. Der richtige Schnitt kann Schwachstellen kaschieren und Vorzüge zur Geltung bringen.

- ✔ **Zu viel nackte Haut** wirkt freizeitmäßig. Ein kurzer Rock sollte höchstens drei Fingerbreit über dem Knie enden. Tiefe Ausschnitte ermöglichen unter Umständen zu tiefe Einblicke und falsche Erwartungen. Strümpfe sind kein unbedingtes Muss mehr im Business-Look, aber nackte Beine bzw. Füße sollten immer besonders gepflegt sein.
- ✔ Ein buntes und fröhliches **Durcheinander** von verschiedensten Mustern, Farben und Materialien lenkt vom Inhalt der extravaganten Verpackung ab. Ihre Persönlichkeit kommt so nicht gut zur Geltung, wird verdeckt und die Kleidung wird zur Verkleidung.
- ✔ Korrekter Business-Look bedeutet vor allem auch das Vermeiden von typischen **„Bekleidungsfehlern"**. Der Saucenfleck gut sichtbar auf der Bluse wirkt ebenso unprofessionell wie ein aufgerissener Saum oder ein fehlender Knopf. Reservestrümpfe, ein Nähzeug für Notfälle und ein Fleckputztuch im Schreibtisch sowie eine eingehende Prüfung der eigenen Kleidung am Morgen vor dem Aufbruch ins Büro können diese „Unfälle" leicht minimieren.
- ✔ Vermeiden Sie **„Stylingsünden"**, wie etwa abgesprungener Nagellack oder verlaufene Wimperntusche. Sicher kann das eine oder andere Malheur passieren und sollte auch nicht überbewertet werden. Wer jedoch immer wieder mit nur halb lackierten Fingernägeln und ungepflegten Haaren im Büro gesehen wird, vermittelt sicher kein professionelles Bild.
- ✔ Achten Sie beim Einkauf auf gute **Kombinationsmöglichkeiten** Ihrer Kleidung. Wer seinen persönlichen Stil gefunden hat und auch weiß, welche Farben zu ihm passen, der wird gut kombinieren können. Sie wollen ja nicht, dass jeder Ihr neues Kostüm lobt, sondern Sie wollen Komplimente über Ihr Aussehen bekommen!
- ✔ Die **Schuhe** sind ein wesentlicher Blickfang, wenn es um den optischen Eindruck einer Person geht. Vor allem müssen Sie ja auch einen ganzen Tag lang damit gehen – wer das schon einmal mit zu engen, drückenden Schuhen gemacht hat, weiß, wie unangenehm das sein kann. Gerade im Sommer, wenn Sandalen mit dünnen Riemchen und Schnallen angesagt sind und die Füße wegen der hohen Temperaturen ohnehin empfindlicher sind, kann es zu Problemen kommen. Die schönsten Designer-Sandaletten wirken nicht, wenn der Fuß darunter mit Pflastern, roten Flecken und Blasen übersät ist.

- **Hohe Absätze** vermitteln dem Betrachter immer das Gefühl, dass seine Trägerin nicht gerade viel und schnell unterwegs sein kann. Andererseits passen zu einem perfekt gestylten Outfit nun einmal keine flachen Gesundheitsschuhe. Die Art der Schuhe bestimmt ja auch entscheidend den **Gang ihrer Trägerin**. Mit Hausschuhen ist der Gang nun einmal anders als mit eher hochhackigen Pumps. Jede Art von Pantoffeln bzw. Schlapfen vermittelt ein Freizeitgefühl. Und auch der professionellste Gesamteindruck wird nun einmal durch klappernde Pantoletten in bunten Sommerfarben mit Riemchen und Schleifchen beeinträchtigt!
- Zum Styling gehört auch noch das übrige **„Beiwerk"**, wie etwa Handtasche, Brille, Schmuck und Uhr. Auch hier gilt: Weniger ist mehr! Auch wenn Modeschmuck derzeit der letzte Schrei ist: Zu viel an glitzerndem Beiwerk verhindert einen professionellen Eindruck! Als Faustregel gilt: Sie sollten nicht mehr als fünf stark glänzende Teile tragen. Lieber ein edles, schönes Schmuckstück als fünf Glitzerkettchen! Die Handtasche sollte zweckmäßig und groß genug sein, um den täglichen Bedarf an zu befördernden Utensilien aufnehmen zu können.
- Vermeiden Sie alles, was Ihr **Gesicht verdeckt**! Die meisten Menschen schauen ihrem Gegenüber vor allem ins Gesicht, in die Augen. Sind diese durch dunkle Sonnenbrillen verdeckt, ist der erste Eindruck meist negativ: Das ist jemand, der etwas zu verbergen hat! Das Tragen von Sonnenbrillen in geschlossenen Räumen sollte daher wirklich nur den Darstellern in Mafia-Filmen vorbehalten bleiben.
- Auch **Frisuren**, die das halbe Gesicht verdecken, vermitteln einen unsicheren, unprofessionellen Eindruck. Wer sein Gesicht versteckt, der will niemand an sich heranlassen. Auch das schönste Lächeln ist dann nicht sichtbar.
- Auch ein **Zuviel an Make-up** versteckt die Persönlichkeit, lässt Frau wie eine Maske, eine Maschine wirken. Sie wollen ja auch nicht für Ihre „maskenbildnerischen" Fähigkeiten, sondern für Ihre berufliche Professionalität geschätzt werden. Beim Make-up gilt deswegen dasselbe wie bei der Bekleidung: Es soll Ihre Vorzüge, Ihre Persönlichkeit unterstreichen und in den Vordergrund rücken – und nicht zum Selbstzweck werden!

Auch in einem Zeitalter, in dem viele starre Regeln aufgeweicht werden und die Mode immer vielfältiger wird, gelten doch noch viele ungeschriebene Gesetze. Sie sollen sich in erster Linie in Ihren Kleidern wohl fühlen und Sie müssen sich auch selbst attraktiv finden – wer sich selbst nicht mag, den werden auch die anderen nicht mögen! Doch beachten Sie dabei stets auch die Wirkung, die Ihr „Styling" beim jeweiligen Betrachter hervorruft. Wollen Sie genau diese Wirkung erzielen? Bedenken Sie dabei, dass Sie im Berufsleben eben auf andere Betrachter treffen als in Ihrer Freizeit!

Stopp

Tabus in der Business-Kleidung für sie und ihn

- generell: zu viel Haut, z. B. bauchfreie Kleidung, zu tiefe Ausschnitte
- Spaghettiträger-Oberteile für Damen
- T-Shirts
- transparente Stoffe
- übertriebenes Make-up
- Unterwäsche sichtbar
- Dreiviertelhosen (elegante 7/8-Hosen sind erlaubt)
- weiße Socken, Motivsocken, zu kurze Socken
- „Fliege" statt Krawatte bei Herren
- Hawaii-Hemden
- generell: zu intensive Muster
- Hemd über der Hose außen getragen
- sichtbare Piercings bzw. Tätowierungen
- Ohrstecker bei Herren
- zu viel auffälliger Modeschmuck
- Jeans im Freizeit-Look
- extreme Haarfarben bzw. Haarschnitte
- lange Haare bzw. „Haarzöpfe" bei Herren
- Sonnenbrille bzw. Kappe im Büro
- Gesundheitssandalen, Sportschuhe, Flipflops

1.2 Business-Etikette

Selbstcheck

Testen Sie Ihr Etikette-Wissen

- ☐ Wo steht der Brotteller beim großen Gedeck?
- ☐ Was tun Sie, wenn Sie bei Tisch eine kurze Rede halten sollen?
- ☐ Dürfen Raucher während des Essens rauchen?
- ☐ Wo sitzt der Ehrengast bei einem Essen?
- ☐ Darf man mit einem Longdrink anstoßen?
- ☐ Was bedeutet der Ausdruck „Let's go Dutch" nach einem Geschäftsessen?
- ☐ Muss eine Tischreservierung in einem Lokal, die nicht wahrgenommen wird, abgesagt werden?
- ☐ Was tun Sie, wenn Sie eine Konferenz mit externen Teilnehmern stören müssen?
- ☐ Müssen Sie anklopfen, wenn der Chef eine Besprechung mit einem Kunden hat und Sie dem Chef eine Information geben?

Lösungen auf Seite 383

Mit der „Business-Etikette" verhält es sich ähnlich wie mit den Dress-Codes. Starre Vorgaben gibt es immer seltener, die Freiheiten und damit die Gefahr, sich „daneben" zu benehmen, werden immer größer. Es ist ganz einfach ein Ausdruck unserer Zeit, dass wir viele Normen über Bord werfen und nach dem Motto „Erlaubt ist, was gefällt" leben. Das ist insofern eine positive Entwicklung, als sie dem Einzelnen mehr Entfaltungsmöglichkeiten und Mut zur Eigenständigkeit lässt. Trotzdem bedarf es im menschlichen Zusammenleben gewisser Regeln. Es ist vor allem auch ein Ausdruck der gegenseitigen Wertschätzung, wenn ich meinem Gegenüber höflich und rücksichtsvoll begegne. Ich muss meine Individualität in keiner Weise einschränken, wenn ich gewisse Regeln des Miteinanders respektiere.

Doch welche Etikette-Regeln sind nun wirklich noch gültig, was ist endgültig „out" und überholt? Wir merken in unseren Schulungen eine wachsende Unsicherheit gerade in diesem Bereich. Die Nachfrage nach Business-Etikette-Seminaren steigt laufend. Wir sind sicher, dass gerade im Büro das richtige Benehmen ein wesentliches Kriterium des Erfolges ist.

So wird beispielsweise von der Sekretärin des Chefs erwartet, dass sie in den Fragen der Etikette genau Bescheid weiß. Sie ist oft **die** Instanz im Unternehmen, die zu Rate gezogen wird, wenn es um knifflige Fragen des Benimms geht. Haben Sie einmal das richtige Gefühl für gutes Benehmen entwickelt, werden Sie auch in unvorhergesehenen Situationen immer angebracht reagieren und so an Kompetenz in Ihrem Umfeld gewinnen. Sehen Sie diese Regeln also nicht als Einschränkung, sondern als Unterstützung Ihrer Professionalität!

Im folgenden Teil haben wir die aktuellen Regeln in Etikette-Checklisten – nach Themenbereichen geordnet – zusammengefasst.

Tipp

Erstellen Sie eine **„Corporate Behavior Guideline"** für Ihr Unternehmen zum allgemeinen kundenorientierten Auftritt mit folgenden Inhalten:

- ✔ Der erste Eindruck
- ✔ Business-Dresscode
- ✔ Dresscode für Frauen
- ✔ Dresscode für Männer
- ✔ Begrüßung
- ✔ Die richtige Anrede
- ✔ Smalltalk
- ✔ Handy-Knigge
- ✔ Geschäftsessen
- ✔ Kundenveranstaltungen
- ✔ Raucher-Knigge
- ✔ Umgang mit Fettnäpfchen und Pannen
- ✔ Allgemeine Dos und Don'ts

Ein Muster, wie eine solche Corporate Behavior Guideline aussehen kann, finden Sie auf der nächsten Seite:

Muster

Liebe Mitarbeiterinnen,

liebe Mitarbeiter,

(Text der Einleitung des Vorstands bzw. der Ausbildungsverantwortlichen)

Ziele dieser Richtlinien:

- Unterscheidung von Mitbewerbern durch kompetentes Auftreten und aktuelle Standards in der Kundenbetreuung
- Positives Gefühl und sicheres Auftreten aller Mitarbeiter/-innen
- Gleiche Bekleidungsstandards für interne und externe Mitarbeiter/-innen
- Erhöhen von Kundenbindung und Kundenakzeptanz führt zum Geschäftserfolg
- Unternehmerisches Denken aller Mitarbeiter/-innen soll gefördert werden (welche Auswirkungen hat welcher Auftritt?)
- Stimmigkeit im Team – Zielgruppenstimmigkeit z. B. bei Betreuern junger Kundengruppen

Allgemeiner Inhalt dieser Richtlinien/Standards:

- Umgang mit Kunden und Kollegen
- Umgang mit Kundeninformationen
- Verhalten außerhalb des Unternehmens als Vorbildwirkung
- Mindeststandards für die Bekleidung
- Telefonverhalten für den positiven ersten Eindruck
- E-Mail-Standards
- Konsequenzen bei Nichteinhalten dieser Richtlinien

Etikette-Checkliste 1

Die richtige Begrüßung:

- ☐ Der/die **„Rangniedrigere" grüßt den „Ranghöheren"** (die rangniedrigere Person wartet, bis die ranghöhere Person die Hand zur Begrüßung reicht). Weiters gilt: Der Mann grüßt die Frau, der Jüngere den Älteren.
- ☐ Der/diejenige, der/die einen **Raum betritt**, in dem sich bereits andere Personen aufhalten, grüßt (gleichgültig ob Damen, Herren, Senioren oder Kinder).
- ☐ Bei **Gruppen**, auf die Sie treffen, wird zuerst der Ranghöchste begrüßt, dann der Reihenfolge nach. Je nach persönlicher Sicht können hier danach auch alle Damen, dann die Herren (vom ältesten zum jüngsten) begrüßt werden.
- ☐ Beim Betreten eines bereits voll besetzten **Aufzuges** kann das Grüßen fremder Personen unterlassen werden (wobei ein freundliches „Guten Tag" immer passt!) – WICHTIG: der **Ritualblick**, ein kurzer Blickkontakt, der signalisieren soll, dass „keine Gefahr" vom Eintretenden ausgeht.
- ☐ Der **Handschlag** markiert Beginn und Ende des Gespräches und drückt persönliches Interesse am anderen aus. Ein angemessener Händedruck – nicht zu fest und nicht zu „lasch" – sollte auch immer ohne Barrieren erfolgen. Zum Beispiel nicht über einen Tisch hinweg!
- ☐ Ein **Handkuss** gehört nicht mehr ins aktuelle Geschäftsleben, ist jedoch kein Fauxpas.
- ☐ Die **offene Körperhaltung** dem anderen gegenüber ist wichtig, sie signalisiert ein „Willkommenheißen" und Professionalität.
- ☐ Ziel des Begrüßens ist stets das Schaffen der **gleichen „Wellenlänge"** – am besten funktioniert das über den **Blickkontakt**!
- ☐ Der andere verdient Ihre ungeteilte **Aufmerksamkeit** – hören Sie bewusst zu, statt selbst sofort in einen Begrüßungsmonolog zu verfallen.

Stopp

Was Sie vermeiden sollten

- Saloppe „Grußformeln" wie „Grüß' Sie" bzw. „Mahlzeit"
- Hände in den Taschen während der Begrüßung
- Fehlender Blickkontakt
- Knochenbrecher-Handschlag

Etikette-Checkliste 2

Das Vorstellen und Bekanntmachen

- ☐ Der **Rangniedrigere wird dem Ranghöheren** namentlich vorgestellt bzw. der Herr der Frau, der Jüngere dem Älteren.
- ☐ Bei **Gleichrangigen** gilt: Alter vor Jugend, Dame vor Herr.
- ☐ Der **Gast wird dem Gastgeber** vorgestellt.
- ☐ **Neuankommende** werden den bereits Anwesenden vorgestellt.
- ☐ **Einzelpersonen** werden einer Gruppe vorgestellt.
- ☐ Bei **kleineren informellen Gruppen** kann auch ohne Beachtung von Geschlecht oder Alter und Rang einfach der Reihe nach begrüßt bzw. vorgestellt werden.
- ☐ Im Beruf **stehen** sowohl Damen als auch Herren grundsätzlich **auf**.
- ☐ Im gesellschaftlichen Leben kann die Frau sitzen bleiben, wenn ihr jemand vorgestellt wird.
- ☐ **Sich selbst vorzustellen** wird zunehmend üblich.
  Verwenden Sie beispielsweise Formulierungen wie:

  „Guten Tag, Vorname, Nachname."

  „Mein Name ist..."

  „Darf ich mich vorstellen, mein Name ist..."

  „Darf ich Ihnen Herrn/Frau... vorstellen."

  „Ich stelle vor – Herr/Frau..."

  „Darf ich Sie mit Herrn/Frau... bekannt machen."

  „Das ist Herr/Frau..."

Tabus beim Vorstellen

Stopp

- Eigenen akademischen Titel nennen
- Floskeln, wie „Sehr angenehm"

Etikette-Checkliste 3

Die richtige Anrede

- ☐ Am wichtigsten ist, es den **Namen des anderen korrekt** auszusprechen.
- ☐ Besser ist es **nachzufragen**, statt zu schweigen, wenn Sie den Namen nicht richtig verstanden haben. Wer Unklarheiten gleich beseitigt, signalisiert damit, dass ihm der andere wichtig ist.
- ☐ Schaffen Sie sich **Eselsbrücken als Merkhilfe**. Wer den Namen des anderen sofort laut wiederholt, merkt ihn sich besser!
- ☐ Beachten Sie **Namensschilder** dezent, ohne darauf zu starren.
- ☐ **Akademische Titel und Funktionstitel** sind nach wie vor wichtig, entweder den höchsten akademischen Grad (z. B. Herr Dr. Maier) oder einen Funktionstitel (z. B. Herr Direktor) verwenden.
- ☐ **Doppelnamen** müssen berücksichtigt werden, wer ihn selbst anführt, legt auch Wert darauf.
- ☐ Halten Sie Blickkontakt bei der Anrede!

Stopp

Tabus bei der Anrede

- „Wie war Ihr Name?"
- „Fräulein" bzw. „Gnädige Frau"

Etikette-Checkliste 4

Der richtige Umgang mit Visitenkarten

- ☐ Nehmen Sie Visitenkarten immer **bewusst** entgegen, stecken Sie sie nie einfach achtlos ein – das signalisiert dem anderen Nichtachtung seiner Person!
- ☐ Dazu gehört auch, dass Sie sie vor dem Übergeber **lesen** und nicht einfach ungelesen weglegen.
- ☐ Klären Sie **Unklarheiten** bezüglich der Namensaussprache etc. sofort.
- ☐ Verwenden Sie angeführte **Titel**.
- ☐ Stecken Sie die Visitenkarte erst am Ende des Gespräches weg.
- ☐ Wenn nötig, Notizen nur **unbemerkt** auf der Rückseite machen.

Tabus beim Umgang mit Visitenkarten

Stopp

- Visitenkarte ungelesen in der Tasche verschwinden lassen
- Visitenkarte zusammenlegen
- Visitenkarte achtlos ablegen und vergessen
- Visitenkarte als Notizpapier verwenden

Etikette-Checkliste 5

Der Vortritt

- ☐ Der Mann lässt die Frau (in einen Raum hinein) **vorgehen**.
- ☐ Der Mann geht beim **Hinuntergehen** voraus, beim **Hinaufgehen** hinterher.
- ☐ Beim Betreten eines Restaurants etc. geht der Mann voraus.
- ☐ Ansonsten gilt hier: der **Ranghöhere vor dem Rangniedrigeren** (der Ältere vor dem Jüngeren, der Gast vor dem Gastgeber).
- ☐ Beim Betreten des eigenen Büros mit einem Kunden gilt, dass der Ortskundige vorausgeht – außer es handelt sich um „überschaubare" Wege.
- ☐ Sprechen Sie aber das Vorausgehen direkt an, z. B.:
  „Ich gehe vor und zeige Ihnen gerne den Weg in unser Besprechungszimmer."
  „Darf ich Sie in mein Büro bitten ..."
- ☐ Wenn Ihnen allerdings der **Vortritt gelassen** wird, nehmen Sie ihn mit einem freundlichen „Danke" auch sofort an, um keine „Wissenschaft" daraus zu machen.
- ☐ Achtung: Ein **„Ladys first"** ist in der heutigen Geschäftswelt unüblich!

Stopp

Tabus beim Vortritt

- Gleichzeitig durch die Eingangstür gehen
- Sich vordrängen
- Formulierungen wie: „Sie kennen sich bei uns ja eh aus, oder?"

Etikette-Checkliste 6

Spielregeln rund um die Gästebewirtung/als Gastgeber/ bei Geschäftsessen

- ☐ Die Reihenfolge beim **Einschenken von Getränken** in einer kleineren Runde:
  - Ältere Damen vor den jüngeren.
  - Ältere Herren vor den jüngeren.
  - An einer großen Tafel darf der Reihe nach eingeschenkt werden.
- ☐ Getränke und Kaffee werden **von rechts** ein- bzw. nachgeschenkt.
- ☐ Speisen auf Tellern werden **von rechts** hingestellt bzw. abgeräumt.
- ☐ Speisen auf Platten oder Schüsseln werden **von links** angeboten bzw. abgeräumt.
- ☐ Brot- und sonstige Beistellteller werden ebenfalls **von links** eingestellt und abserviert.
- ☐ Bei der **Auswahl des Lokals** sollte immer der Wunsch des Kunden respektiert werden, er erwartet jedoch häufig einen Vorschlag von Ihnen. Vorreservieren ist empfehlenswert und macht einen positiven Eindruck.
- ☐ Als Gastgeber **einige Minuten vorher** anwesend sein.
- ☐ Nie unentschuldigt **zu spät kommen**.
- ☐ **Sitzpositionen** beachten – der wichtigste Gast sitzt direkt neben dem Gastgeber.
- ☐ Zunehmend üblich wird, dass jeder Gast für sich **bestellt**, der Gastgeber zum Schluss.
- ☐ Sie als Gastgeber **heben Ihr Glas** und trinken Ihren Tischnachbarn bzw. Ihren Gästen zu.
- ☐ Sie als Gastgeber **beginnen zu essen**, wenn alle Gäste die Speisen vor sich stehen haben.
- ☐ Geschäftliches im Idealfall **erst nach Beendigung des Hauptganges** besprechen.
- ☐ Die **Rechnung** nicht vor dem Kunden begleichen.
- ☐ Wein bzw. Getränke schenkt der Ober nach.
- ☐ Die **Serviette** – egal ob Stoff- oder Papierserviette – sollte immer benutzt werden!

- ☐ Beim **Abservieren** verändern wir nichts am Gedeck, bis es vom Personal abgedeckt wird – und das erst, wenn der letzte Gast fertig gegessen hat.
- ☐ **Ellenbogen** gehören in jedem Fall vom Tisch.
- ☐ Langstielige **Gläser** am Stiel nehmen.
- ☐ Lassen Sie bei einem **Buffet** dem Kunden den Vortritt.
- ☐ **Klare Suppen** werden in Tassen mit einem Unterteller serviert. Die Tassen können – wenn sie nicht aus Silber oder anderen Metallen sind – zum Mund geführt werden, um den Rest zu trinken.
- ☐ Mit dem **Brot** wird (bei uns) nicht aufgetunkt, das gehört nur in Frankreich zum guten Ton!
- ☐ **Knödel** werden nicht geschnitten, sondern mit Gabel und Messer „aufgerissen".
- ☐ **Anstandsreste** sind bei uns unüblich, aber auch kein Diskussionsthema!

Stopp

Tabus rund um die Gästebewirtung

- Den Gast zum Trinken animieren – das ist falsch verstandene Gastfreundschaft!
- Den Gast mit gut gemeinten Ratschlägen überfahren: „Sie müssen einfach das köstliche Leberschnitzel nehmen!"
- Jede Form von Angeberei

☑

Etikette-Checkliste 7

Ihr korrektes Benehmen als Gast

- ☐ Am wichtigsten ist es, den **Namen des anderen richtig** auszusprechen.
- ☐ Kommen Sie nie zu früh zu einer Einladung. Je kleiner der Kreis der Gäste, desto pünktlicher ist man. **Pünktlichkeit** ist die Wertschätzung für den anderen.
- ☐ Wenn Sie **Blumen** mitbringen, werden diese ohne Papierhülle überreicht.
- ☐ Der Besucher hilft seiner Begleiterin aus dem Mantel, der Gastgeber bringt die **Garderobe** unter.
- ☐ Der Gast **trinkt nicht** am Buffet oder während er herumgeht.
- ☐ Der Gast nimmt **nur wenig** auf den Teller. Speisen werden nicht gemischt!
- ☐ **Wein- und Sektgläser** werden am Stiel gehalten.
- ☐ **Aufstehen** sollte man nur zwischen den Speisengängen (Serviette auf den Tisch legen!).
- ☐ Beim **Weiterreichen von Speisen** lassen Sie den Tischnachbarn sich zuerst bedienen.
- ☐ **Servietten** werden einmal gefaltet auf den Schoß gelegt, nach dem Essen (nicht zusammengelegt) neben den Teller, Papierservietten werden auf den Teller oder auch daneben gelegt.
- ☐ **Zuprosten** erfolgt nur durch den Gastgeber (durch Glasheben).
- ☐ **Suppenteller** werden nicht geneigt.

Tabus als Gast

Stopp

- Handys bei Tisch
- Mit dem Besteck oder gar dem Essen „spielen", die Papierserviette zerdrücken
- Aufstehen, um sich Salz o.Ä. zu holen

Etikette-Checkliste 8

Spielregeln rund um Handy, Pager etc. (Handy-Knigge)

- ☐ Bei Vorträgen, Konzerten, Theateraufführungen, Tagungen etc. immer vorher auf lautlos schalten oder noch besser **abschalten**!
- ☐ Für **unvermeidliche Telefon-Gespräche** bei einer Besprechung: eingeschaltetes Gerät griffbereit halten, auf lautlos oder Leuchtsignal stellen.
- ☐ Vorweg darauf **hinweisen**, dass das Handy eingeschaltet ist, und um Verständnis bitten.
- ☐ Das Gespräch sollte immer möglichst **leise und kurz** geführt werden.
- ☐ Sich am besten von unfreiwilligen Zuhörern **entfernen**.
- ☐ Handy-Gespräche **bei Tisch** zu führen, ist tabu!
- ☐ Bedenken Sie immer, wer aller **mithört** und welche Informationen dadurch an „falsche Ohren" gelangen können.
- ☐ Achten Sie auf einen dezenten **Rufton**: Die neuesten Hits aus den Charts wirken nicht sehr professionell im Geschäftsleben.
- ☐ **SMS-Aktivitäten** vor anderen wirken im Geschäftsleben unprofessionell.

Stopp

Tabus rund um Handy, Pager etc.

- Auffällige Covers und sonstiges Zubehör
- Jede Form von Ignorieren von Handy-Verboten
- Wer sein Handy ständig hektisch in Griffnähe haben muss, wirkt meist unsicher und „pseudo-wichtig".

Etikette-Checkliste 9

Spielregeln rund um das Rauchen (Raucher-Knigge)

- ☐ Ein **Rauchverbot** muss von allen, auch vom Gast respektiert werden!
- ☐ Wenn der **Gast nicht raucht**, auch als Gastgeber nicht rauchen!
- ☐ Während des Essens **nie vor dem Dessert** rauchen.
- ☐ Der Herr **gibt** der Dame **Feuer** (was aber auch durchaus umgekehrt sein kann!).
- ☐ Im **Geschäftsleben** gibt sich die Dame auch selbst Feuer.
- ☐ **Pfeifen** oder **Zigarren** nicht bei Tisch rauchen.
- ☐ In **Autos** nur nach ausdrücklicher Nachfrage rauchen.

Tabus rund um das Rauchen

Stopp

- Kaffeeuntertassen oder andere Gegenstände als Aschenbecher missbrauchen.
- In der Gegenwart von Kindern oder Schwangeren, besonders bei Tisch, rauchen.

Etikette-Checkliste 10

Spielregeln rund um das Auto/Taxi

- ☐ Beim **Ein- und Aussteigen** geht der Fahrer vorne um das Auto herum und öffnet der Frau die Tür.
- ☐ Beim **Aussteigen** gegebenenfalls die Hand zur Unterstützung reichen. Eine jüngere Dame ist einer älteren auch dabei behilflich.
- ☐ Eine **ranghöhere Person** wird aus Respekt sowohl von einer Fahrerin als auch von einem Fahrer zuvorkommend behandelt.
- ☐ Wenn es die Verkehrssituation nicht erlaubt, der Dame zu helfen, ist es unangebracht, sich über die Beifahrerin zu beugen und den Türöffner zu betätigen.
- ☐ Während der Fahrt sollten Sie fragen, ob es zu warm bzw. kalt ist.
- ☐ Der **Ehrenplatz im Firmenwagen** ist hinten rechts, ansonsten sitzt der ranghöchste Mitfahrer vorne rechts neben dem Fahrer.
- ☐ Der **Beifahrer** darf sich aussuchen, auf welchem Platz er sitzen möchte.
- ☐ Sie dürfen auf das **Anschnallen** bestehen.
- ☐ Am Fahrtziel angekommen, bleibt die Frau im Taxi so lange sitzen, bis der Herr beim Fahrer bezahlt hat, und zwar auch dann, wenn beide getrennt zahlen und die Frau zuerst bezahlt hat.

Stopp

Tabus rund um das Auto/Taxi

- Unbedingt seine Rallye-Fahrkünste demonstrieren zu müssen.
- In einem Nichtraucher-Taxi rauchen.

Zum Schluss: Was tun, wenn ein Fauxpas passiert ist?

Entschuldigen Sie sich kurz, aber ohne übertriebene „Selbstanklagen“ und peinliche Entschuldigungsfloskeln. Je mehr Sie reden, umso größer wird die Gefahr, gleich im nächsten Fettnäpfchen zu landen.

Machen Sie kein Drama aus der Situation: Kleine Pannen passieren jedem, sie machen uns menschlich und manchmal sogar liebenswert – vor allem dann, wenn wir auch über uns selbst lachen können!

Etikette-Checkliste 11

Spielregeln rund um das Du-Wort

- ☐ Im gesellschaftlichen Leben bestimmt an sich der Ältere den **Zeitpunkt**, um dem Jüngeren das Du-Wort anzubieten.
- ☐ Der **Ranghöhere** kann dem Rangniedrigeren – egal ob älter oder jünger – das Du-Wort anbieten, auch der Herr darf der Dame den Vorschlag machen, ab jetzt „Du" zueinander zu sagen.
- ☐ Es ist durchaus üblich, Personen, mit denen man privat per „Du" ist, bei **offiziellen Anlässen formal anzureden**.
- ☐ Die **Ablehnung** des Du-Worts ist möglich – eventuell mit einer charmanten und höflichen Begründung.

Tabus rund um das Du-Wort

Stopp

- Ohne klärende Worte nach der Verbrüderung auf der letzten Betriebsfeier wieder zum „Sie" zurückkehren.
- Als neuer Mitarbeiter sofort mit allen per „Du" sein.

Sonderfall: Kundenveranstaltung

Kundenveranstaltungen sind meist mit enormem Aufwand verbunden. Umfangreiche Planungen, Vorbereitungen und Organisationshürden gilt es zu bewältigen. Alles muss bis ins Detail passen, die Nerven der Beteiligten liegen blank. Sind Sie mit im „Organisationskomitee", gilt es, arbeitstechnisch optimal ans Werk zu gehen. Endlich ist die Planungsarbeit erledigt und der Zeitpunkt X rückt heran. Doch jetzt beginnt unter Umständen erst die richtige Bewährungsprobe: Wie verhalten Sie sich als Kundenbetreuer bei so einem Anlass? Wo lauern die Tücken und Gefahren? Als Hilfe sollen die folgenden Tipps dienen:

Tipp

- ✔ Sehen Sie die **Betreuung der Gäste** während der Kundenveranstaltung **als Chance** und nicht als Belastung. Es geht schließlich auch um Ihre potenziellen neuen Kunden!
- ✔ Achten Sie auf angemessene Kleidung, z. B. sportlich am Golfplatz oder festlich am Abend.

- ✔ **Fremde Gäste** werden in der Regel erst nach Vorstellung durch die Gastgeber begrüßt. Vermeiden Sie peinliche Einstiegsfragen, zum Beispiel bei einem Kunden-Golfturnier nach dem Handicap.
- ✔ Sie als **Gastgeber** Ihres Tisches geben das **Placement** vor: Je ranghöher der Gast, desto näher bei Ihnen. Der weibliche Ehrengast sitzt rechts neben Ihnen, der männliche Ehrengast links neben Ihnen bzw. Ihrer Begleitung.
  Tabu: Zwei Frauen sitzen nebeneinander! Zusammen gehörende Personen werden nicht direkt nebeneinander gesetzt, sondern gegenüber.
  Achten Sie darauf, dass unter Ihren Gästen angeregte Gespräche möglich sind, runde Tische sind kommunikationsfreundlich.
- ✔ Bitten Sie Ihre Gäste zu Tisch und geben Sie auch das **Zeichen zum Essensbeginn**.
- ✔ Achten Sie auf **Smalltalk** mit allen geladenen Gästen: Jeder Gast soll sich willkommen fühlen.
- ✔ Machen Sie sich im Vorhinein **mit den Räumlichkeiten vertraut**. Besprechen Sie **Besonderheiten und Wünsche diskret** mit dem **Servierpersonal**.
- ✔ **Tischdekoration**: Bieten Sie zum Ende gegebenenfalls die Dekoration zum Mitnehmen an.
- ✔ Vor dem Essen wird meist ein **Cocktail** serviert und Ansprachen werden gehalten. Haben Sie auch hier einen aufmerksamen Blick auf Ihre Gäste und informieren Sie sie über den Ablauf des weiteren Abends.
  Vorsicht: Bei einem Cocktail sind Ihre akrobatischen Künste gefragt, wenn Sie mit dem Glas in der Hand Gäste begrüßen! (Achtung: mit einem Cocktail-Glas prostet man sich nicht zu!).
  Ein Fauxpas ist das Trinken bzw. Essen im Gehen!
- ✔ Wenn Sie zu einer **Gruppe** dazukommen: Nicht gleich unterbrechen, sondern zuhören, bei offensichtlichem Interesse der anderen grüßen, sich kurz vorstellen und dann zum Thema mitsprechen.

Exkurs für Herren während einer Kundenveranstaltung:

Aufforderung zum Tanz:

Tipp

- Jackett vor dem Auffordern zuknöpfen!
- Auffordern durch: „Darf ich bitten?", „Wollen wir tanzen?"
- Ehemann oder Begleiter um Erlaubnis fragen, ist out (wobei ein kurzes „Gestatten Sie?" als rhetorische Frage zum Begleiter noch möglich ist). Der Begleiter der Dame bleibt so lange stehen, bis sie sich entfernt hat, und erhebt sich wieder, wenn die Dame zum Tisch zurückkehrt.
- Der Herr geht links, wenn er die Dame zur Tanzfläche führt.
- Ist die Tanzfläche nicht weit entfernt und überschaubar, wird der Dame der Vortritt gelassen. Ist der Saal voll und unübersichtlich, geht der Herr voraus.
- Ein kurzer Blickkontakt vor dem Tanz und ein „Danke" danach sind heute angebracht. Zurückbringen zum Platz ist auch noch üblich, entfernen Sie sich erst dann, wenn die Dame Platz genommen hat.
- In der Regel wird nach jedem Musiktitel applaudiert.
- Achten Sie darauf, dass Sie als Kundenbetreuer mit jeder Dame an Ihrem Tisch tanzen. Alles andere käme einer Beleidigung gleich. Nehmen Sie Ablehnungen nicht persönlich.

Regeln für das Ende der Veranstaltung:

- Sprechen Sie gegebenenfalls die Fotos an, die den einzelnen Gästen im Nachhinein zugesandt werden.
- Sie als Gastgeber haben das Schlusswort. Bedanken Sie sich für das Kommen. Vereinbaren Sie gegebenenfalls weitere Gespräche bzw. bestätigen Sie bereits getroffene Abmachungen.
- Sie als Gastgeber sollten bis zum Ende der Veranstaltung anwesend sein!!
- Was tun mit „Sitzenbleibern"? Lassen Sie den Abend eventuell an einem anderen Ort ausklingen.
- Begleiten Sie Ihre Gäste hinaus. Organisieren Sie, wenn gewünscht, ein Taxi.

1.3 Kundenempfang

Sie betreten ein großes Bürogebäude und stehen zunächst verwirrt vor der großen Tafel beim Eingang – wo müssen Sie hin? Ein mürrischer Portier ist auch keine große Hilfe. Haben Sie dann endlich das richtige Stockwerk bzw. das gewünschte Büro gefunden, ist das Schild an der Tür schwer zu lesen. Trotzdem klopfen Sie vorsichtig an – keine Reaktion. Nach einem weiteren erfolglosen Versuch treten Sie mutig ein und merken sofort, dass Sie ungelegen kommen: Ein Mitarbeiter rührt seinen Kaffee um und macht Ihnen durch unwirsche Gesten klar, dass Sie es einmal im 3. Stock, Zimmer 387, probieren sollten ...

Möchten Sie, dass sich Ihre Kunden, Klienten oder Patienten genauso fühlen?

„Das ist typisch Amt, so arg ist es bei uns wirklich nicht“, denken Sie sich vielleicht. Zugegeben, das Beispiel ist etwas überzeichnet – aber viele Dienstleistungsunternehmen, die Kunden empfangen, unterscheiden sich nur durch die Größe und Anzahl der Büroräume von dem oben geschilderten Beispiel. Daher sollte professioneller Kundenempfang – egal ob in Firmen, Geschäften, Arztpraxen, Ambulatorien etc. – zum Standard werden. Der Kunde von heute erwartet sich neben der fachlichen Dienstleistung angenehme Rahmenbedingungen, unter denen diese erbracht wird. Und gerade hier fällt der Empfangsstelle bzw. den Mitarbeitern in der Kundenbetreuung ein großer Part zu. Ihnen muss bewusst gemacht werden, wie wichtig und entscheidend ihre Stellung als Visitenkarte des Unternehmens ist. Scheinbar geringfügige Faktoren prägen den ersten Eindruck und können den Grundstein für eine erfolgreiche Geschäftsbeziehung liefern. Professioneller Kundenempfang ist jedoch kein Ergebnis von Zufällen und spontanen Handlungen – im Gegenteil, Professionalität ist erlernbar und nicht zuletzt eine Frage der inneren Einstellung!

Was sind nun die Eckpfeiler professionellen Kundenempfangs? Neben der **persönlichen Einstellung** des gesamten Teams und **einem gepflegten Erscheinungsbild** ist eine kundenorientierte Kommunikation ein wesentlicher Erfolgsfaktor jedes Unternehmens. Dabei geht es letztlich nicht nur um die **Beherrschung der Kommunikationsgrundlagen** zwischen Sender und Empfänger, sondern um folgende fünf Gebote:

1. Es gibt keine zweite Chance, einen **ersten Eindruck** zu hinterlassen. Gefühle und Einstellungen beeinflussen den ersten Eindruck, und das nicht nur am Telefon. Auch die schönsten Räumlichkeiten und eine höfliche Begrüßung werden negativ aufgefasst, wenn sich der Kunde

in schlechter Stimmung befindet. Sie müssen oftmals besonders freundlich sein, um den Kunden in eine angenehme Stimmung zu versetzen.

2. Drücken Sie sich **klar und verständlich** aus, formulieren **Sie konkret und bestimmt**. Nur wer diesen Grundsatz berücksichtigt, wirkt kompetent, ohne unhöflich zu sein. Kommunikationsprofis formulieren so, dass der Nutzen des Kunden im Vordergrund steht. Setzen Sie die „**Brille des Kunden**" auf, sehen Sie dessen Wünsche als Hintergrund für professionelle Kundenbetreuung.
3. Eine entscheidende Rolle in der Kommunikation spielt der richtige Einsatz von **Fragen**: „Wer fragt, der führt!" Mit Fragen lässt sich jedes Gespräch in die gewünschte Richtung lenken, ohne dass es dem anderen auffällt. Jemand, der uns Fragen stellt, nimmt uns ernst, interessiert sich für uns. Ebenso hilfreich sind Fragen in schwierigen Gesprächen, in Konfliktgesprächen, denn sie helfen ein positives Gesprächsklima zu schaffen.
4. **Gehen Sie auf den Kunden ein**: Konzentrieren Sie sich auf Ihren Gesprächspartner, hören Sie ihm unvoreingenommen zu. Signalisieren Sie ihm durch eine offene Körpersprache und beispielsweise einem zustimmenden Kopfnicken, dass er Ihre ganze Aufmerksamkeit hat. Halten Sie beim Zuhören den Blickkontakt zum Gesprächspartner aufrecht, was vor allem in Zeiten des Computers am Empfang nicht mehr selbstverständlich ist.
5. Versuchen Sie, die eigenen **Emotionen** im Sinne eines sachlichen Gesprächs **zurückzunehmen** – jetzt ist der Kunde König und seine Emotionen sind wichtig!

Über die persönlichen Eckpfeiler hinaus empfehlen wir, öfters Ihren Empfangs- und Informationsbereich bewusst zu durchleuchten. Betriebsblindheit ist bekanntlich die häufigste Berufskrankheit. Sorgen Sie für ein Willkommen-Gefühl, indem Sie sämtliche Zutrittsbarrieren, wie undeutliche Beschriftungen, schwer zu öffnende Türen oder hohe Empfangspulte reduzieren. Identifizieren Sie mit der Brille des Kunden „Ihre" Problemzonen und sorgen Sie vor allem für **gut markierte Wege und Beschriftungen** sowie **„offene Türen**".

Ist der Kunde nun in Ihr Büro gelangt, wird er **professionelle Informationen** sehr zu schätzen wissen. Er freut sich über sofortiges Handeln und ein höfliches „Wie ist Ihr Name?". Der Empfang sollte die „Schaltzentrale" für alle Informationen der täglichen Kundenkontakte sein. Geben

Sie daher den Empfangsmitarbeitern Name und Titel des Kunden bekannt, die beabsichtigte Dauer der Besprechung, den internen Ansprechpartner des Besuchers oder die Verfügbarkeit der eigenen Mitarbeiter.

Vermitteln Sie Ihrem Kunden das Gefühl, ein gern gesehener Gast in Ihrem Unternehmen zu sein. Was erwarten Sie selbst als Kunde? Sie wollen, dass Ihr Gegenüber die **Spielregeln rund um das Grüßen und das Vorstellen** beherrscht. Und genau das erwartet auch Ihr Kunde von Ihnen. **Zusatzdienstleistungen** – wie etwa das Anbieten von Parkscheinen – geben dem Kunden letztlich wirklich das Gefühl, Gast und nicht unliebsamer Systemstörer zu sein.

So wie der erste Eindruck das Bild des Kunden von Ihrem Unternehmen beeinflusst, zählt auch der **letzte Eindruck**. Ein Lächeln und ein freundlicher Abschiedsgruß bleiben im Gedächtnis und schaffen eine positive Basis für den nächsten Besuch. Dadurch wird Ihre Dienstleistung abgerundet und wirkt nach außen professionell.

Checkliste Besucherempfang

- ☐ Am wichtigsten ist es, den Namen des anderen korrekt auszusprechen.
- ☐ Empfangsstelle vom Kundenbesuch informieren
- ☐ Eine eventuelle Wartezeit positiv formulieren (rasch, sofort)
- ☐ Information über Titel bzw. entsprechende Ansprache an den Empfang weitergeben
- ☐ Die Raumreservierung vornehmen bzw. die verantwortliche Stelle informieren
- ☐ Abklären, welche Informationen der Empfang an den Kunden weitergeben soll
- ☐ Den Gesprächspartner sofort informieren, dass der Kunde da ist
- ☐ Den Besucher persönlich und unverzüglich vom Empfang abholen
- ☐ Den Garderobeplatz bereithalten
- ☐ Die Sitzgelegenheiten gemütlich anordnen
- ☐ Den Empfangsbereich überprüfen: Sauberkeit, Luft, allgemeines Erscheinungsbild
- ☐ Den Lesestoff auf guten Zustand überprüfen
- ☐ Gute „Arbeitsbedingungen" für den Besucher schaffen, wie z. B. Schreibmaterial, PC-Anschluss, Telefon
- ☐ Erfrischungen bereithalten:
Kaffee (koffeinfrei, Süßstoff, Zucker, Milch, Obers)
Tee
Kalte Getränke, vor allem Mineralwasser
Kekse (frisch!)
- ☐ Aschenbecher säubern und bereitstellen
- ☐ Den Kunden mit Namen bzw. mit Titel ansprechen
- ☐ Sitzplatz, eventuell „Zusatzdienstleistungen" anbieten (Hotelbestätigung etc.)
- ☐ Die nötigen Besprechungsunterlagen kopieren bzw. vorbereiten
- ☐ Zu Beginn oder vor der Besprechung dem Kunden Besprechungsunterlagen übergeben
- ☐ Dem Besucher das Gefühl geben, willkommen zu sein

- ☐ Den Besucher nie alleine lassen und zum Besprechungszimmer begleiten
- ☐ Die Einteilung der Besprechungszimmer nochmals überprüfen
- ☐ Notfalls sicherstellen, dass auch der Gesprächspartner weiß, wo die Besprechung stattfindet
- ☐ Nochmalige Überprüfung des Besprechungsraumes (siehe Checkliste Besprechung, Seite 265)
- ☐ Den Besucher hinausbegleiten, darauf achten, dass nichts vergessen wurde
- ☐ Freundliche Verabschiedung

Checkliste Wartebereich

1. Sauberkeit:

- ☐ Ist der Tisch sauber? – keine Essensreste, Glasränder, Asche, Staub etc.
- ☐ Ist der Teppich sauber? – keine Kaffeeflecken, Asche etc.
- ☐ Ist der übrige Raum ordentlich aufgeräumt? – keine Papierreste, ungeordnete Stühle, keine Unterlagen der vorhergehenden Besprechung etc.
- ☐ Sind die Aschenbecher ausgeleert und gesäubert?
- ☐ Stehen keine Kaffeetassen etc. vom Vorbesuch herum?

2. Lesestoff:

- ☐ Ist er aktuell?
- ☐ Ist das Lesematerial in gutem Zustand?
- ☐ Gibt es auch nichtfachlichen Lesestoff (Stadt-Informationen, Tageszeitungen)?

3. Anordnung:

- ☐ Befinden sich Geschäftsunterlagen im Blickfeld des wartenden Kunden/Klienten?
- ☐ Wird für die Entgegennahme der Garderobe gesorgt?
- ☐ Fühlt sich der Kunde nicht „weggesperrt"? – z. B. in einen Raum mit verschlossenen Türen, in dem er das Gefühl hat, vergessen zu werden.
- ☐ Hat er Ablagemöglichkeiten für seine Unterlagen?
- ☐ Gibt es Block und Kugelschreiber?
- ☐ Ist ein Netzanschluss für den Laptop vorhanden?
- ☐ Kann der Kunde ungestört telefonieren, wenn er das möchte?
- ☐ Ausschalten des „Wartezimmereffekts": Lassen Sie, wenn möglich, nicht mehrere Kunden gemeinsam warten!

Tabus im Kundenempfang

Stopp

- Empfang ist nicht über die Ankunft des Besuchers informiert.
- Der Empfang ist unbesetzt.
- Der Besucher muss den Weg zu seinem Gesprächspartner „suchen".

- Längeres Warten bei der Sprechanlage
- Längere Wartezeit ohne Betreuung, ohne Aufmerksamkeit
- Schlechte Raumluft
- Unordentlich wirkende Büros und Schreibtische
- Kaffeetassen und „Jausen-Utensilien" der Mitarbeiter
- Privatgespräche mit Kollegen
- Privatgespräche am Telefon
- Mitanhören von unangenehmen Gesprächen im Team
- Kaffeetassen von vorhergehenden Besuchern

Alle hier angeführten Punkte sind Mosaiksteine, die es gilt, bei der Kundenbetreuung zu beachten. Professionalität schafft Sicherheit, Sicherheit führt zu Selbstvertrauen und zu Vertrauen des Geschäftspartners in Sie und Ihr Unternehmen. Gerade dieser Punkt ist ein entscheidender Erfolgsfaktor, mit dem Sie ein Stück weiter vorne sind als so mancher Mitbewerber.

Smalltalk

Ist Ihr Kunde nun gut bei Ihnen gelandet, beginnt oft die schwierigste Phase beim Kundenempfang. Wie überbrücke ich die Wartezeit? Was soll ich bloß mit einem wildfremden Menschen reden? Ist der Kunde schon bekannt, fällt es oft leichter. Ist mir der andere auf Anhieb sympathisch, fällt der Einstieg auch nicht schwer. Doch was tun mit den Unsympathischen, Wortkargen, den Kommunikationsmuffeln?

Viele halten Smalltalk nur deswegen für oberflächlich, weil ihnen im entscheidenden Moment einfach nicht das Richtige einfällt und sie daher nur einfallslose Bemerkungen, etwa über das Wetter, parat haben. Dabei müssen Sie nicht unbedingt der geborene Alleinunterhalter sein, um eine geeignete Bemerkung zu finden, mit der Sie ein Gespräch beginnen. Wenn Sie einige Grundregeln beachten, wird es Ihnen leicht gelingen, den anderen in ein nettes Gespräch zu verwickeln.

Sinn dieses Erstgespräches ist es, das Interesse des anderen zu wecken, Gemeinsamkeiten herauszufinden und die Basis für eine zukünftige Gesprächskultur zu schaffen. Smalltalk ist somit sicher nicht belanglos und unnütz – er hilft, eine Kundenbeziehung vom ersten Moment an positiv zu gestalten und dem Kunden ein „Wohlfühl-Zeichen" zu geben. Beweisen Sie gerade hier Ihre kommunikative Kompetenz!

Tipp

- **Zeigen Sie Interesse!**
  Stellen Sie eine einfache Frage: „Wie war die Anreise?", „Sind Sie zum ersten Mal hier?"
  So geben Sie Ihrem Besucher die Möglichkeit, selbst zu wählen, wie viel Smalltalk er will. Antwortet er bereitwillig, ergibt sich daraus leicht ein lockeres Gespräch. Antwortet er jedoch eher einsilbig, will er wohl eher in Ruhe gelassen werden.
- **Suchen Sie nach gemeinsamen Themen!**
  Meist ist der Kunde an Dingen interessiert, die sowohl sein wie auch Ihr Unternehmen betreffen. Eine Form von „Branchen-Talk" bietet sich daher an. Oder Sie sprechen ein gemeinsames Erlebnis, zum Beispiel einen gemeinsamen Messebesuch des Kunden mit Ihrem Chef, an.
- **Vertrauen Sie auf Ihre Phantasie!**
  Jeder von uns hat genug Phantasie, um ein geeignetes Thema zu finden. Oft hinterfragen wir kritisch jeden Einfall und verwerfen ihn, weil wir glauben, den anderen damit zu langweilen. Lassen Sie einfach Ihren Gedanken freien Raum, bevor Sie auf jemanden zugehen. Smalltalk funktioniert nur in entspannter Atmosphäre.
- **Bereiten Sie sich vor!**
  Wer sich rechtzeitig informiert, welcher Kunde kommt, kann sich schon im Vorfeld überlegen, welche Einstiegsfrage er stellt bzw. über welche Themen man reden könnte.
- **Informieren Sie sich zu aktuellen Ereignissen!**
  Nehmen Sie sich die Zeit, täglich Zeitung zu lesen. Das liefert Ihnen genügend Gesprächsstoff, Sie bleiben auf dem Laufenden. Und Sie punkten mit aktuellem Wissen!
- **Formulieren Sie positiv!**
  Smalltalk hat nichts mit gemeinsamem Jammern – über das Wetter, die steigenden Benzinpreise, die heutige Jugend oder was auch immer – zu tun. Sie wollen Ihren Kunden ja positiv stimmen, daher sollten Sie auch verbal Optimismus ausdrücken.
- **Wählen Sie das richtige Thema!**
  Es ist immer unverfänglich, wenn Sie sich über eines der folgenden Themen unterhalten: Hobbys, Sport, Beruf, Reisen, Kultur, aktuelle Geschehnisse oder der Anlass, bei dem das Treffen stattfindet. Ungeeignet sind hingegen Themen wie Politik, Religion, Rassenfragen, Krankheiten, Betriebsgeheimnisse, persönliche Probleme etc.

- ✔ **Halten Sie sich kurz!**
  Niemand möchte einen Fachmonolog hören. Auch, wenn Sie noch so viel zum Thema zu sagen haben, weniger ist hier immer mehr! Es geht beim Smalltalk nicht darum, ein Thema umfassend abzuhandeln, sondern man liefert sich gegenseitig so etwas wie Denkanstöße!
- ✔ **Bemühen Sie sich nicht krampfhaft um Humor!**
  Humor ist eine wunderbare Sache, lässt sich aber leider nicht erzwingen. Wo man bewusst versucht, besonders witzig zu sein, ist der Humor schnell verschwunden. Versuchen Sie es also erst gar nicht, wenn es sich nicht von selbst ergibt! Erzählen Sie einen Witz auch wirklich nur dann, wenn Sie ihn gut vortragen können. Nichts ist peinlicher, als mitten drinnen stecken zu bleiben oder durch falsche Erzählweise die Pointe zu „killen".

Stopp

- Machen Sie aus dem Gespräch **kein Verhör**! Mehr als drei Fragen sollten Sie nicht unmittelbar hintereinander stellen!
- Hüten Sie sich vor **Pauschalurteilen und Verallgemeinerungen**. Teilt der andere Ihr Urteil nicht, ist das Gespräch meist beendet, bevor es noch begonnen hat!
- Ziehen Sie nicht **über Dritte** her! Das ist nicht nur unfair, sondern lässt in Ihrem Gesprächspartner die Vermutung hochkommen, Sie könnten über Ihn genauso reden!
- **Geschmacklose Witze** und bemühter Humor killen die Stimmung. Alle Arten von menschenverachtenden Witzen, egal ob rassistisch oder sexistisch sind absolut tabu!
- Schneiden Sie **keine „tief schürfenden Themen"**, wie z. B. Weltanschauungen oder Rassenfragen, an.
- Werden Sie **nicht zu persönlich**. Wer dem anderen seine letzten Privatgeheimnisse entlocken will, wirkt nur aufdringlich.

Signalisiert Ihr Kunde kein Interesse an Smalltalk, dann erweisen Sie ihm auch den Gefallen und lassen ihn in Ruhe. Manche Gäste wollen sich einfach in Ruhe auf den Gesprächstermin vorbereiten. Ein freundliches Lächeln und das Anbieten von Sitzplatz, Getränk etc. sind dann genau richtig. Arbeiten Sie auch an Ihrem Schreibtisch weiter. Doch seien Sie sich bewusst, dass der wartende Kunde alles mithört und meist auch recht genau beobachtet.

Ist die Wartezeit für den Kunden beendet, führen Sie ihn in den Besprechungsraum. Nehmen an der Besprechung mehrere Personen teil, ist die Vorweg-Organisation komplizierter. Sind alle informiert, wo die Besprechung stattfindet? – Nur eine von vielen Fragen. Um Ihnen die Organisation der Besprechung, des Meetings mit dem externen Gast zu erleichtern, haben wir einige Punkte zu einer Checkliste zusammengefasst:

Checkliste Technik und Organisation

- ☐ Teamorientierte, informative Vergabe der Sitzungs- und Besprechungszimmer
- ☐ Gibt es diskrete Vermerke in den jeweiligen Sitzungs- und Besprechungszimmern, wer sie wann benützt?
- ☐ Ist der Raum genügend lange frei? (Pufferzeiten einplanen)
- ☐ Wissen Sie, in welchem Raum die Besprechung stattfinden wird?
- ☐ Haben Sie auch die anderen Besprechungsteilnehmer informiert, in welchem Raum die Besprechung stattfinden wird?
- ☐ Ist ausreichend Platz vorhanden?
- ☐ Ist die notwendige technische Ausrüstung vorhanden?
  - Daten-/Videobeamer
  - PC, Fernbedienung, Anschlusskabeln
  - elektronische Präsentationstafel oder Flipchart
  - Stifte, Folien
  - Verlängerungskabel, Steckdosen
  - Pinnwand und Material
  - Taschenrechner
  - Schreibmaterial
- ☐ Sind die Stühle bequem und gut angeordnet?
- ☐ Ist die Beleuchtung, Heizung und Belüftung in Ordnung?
- ☐ Welche Lärmquellen könnten stören bzw. müssen vermieden werden? (Telefon, Geräusche aus dem Nebenraum etc.)
- ☐ Werden auch während der Besprechung Erfrischungen oder Kekse angeboten?
- ☐ Gibt es saubere Aschenbecher?

Auch der letzte Eindruck zählt

„Sie finden ja ohnehin alleine hinaus!“

Wer diesen Satz als Verabschiedung hört, kommt sicher nicht so gerne wieder. Er verlässt das Unternehmen mit dem Gefühl, ein Störfaktor gewesen zu sein, bei dem alle froh sind, wenn er wieder weg ist. Die „verbale Falltür“ hat sich geöffnet und „spült“ ihn nach draußen.

Wenn Sie Ihre Kunden nicht so entlassen wollen, sollten Sie noch die folgenden Tipps beachten:

Tipp

- ✔ **Schenken Sie dem Besucher noch einmal Ihre ganze Aufmerksamkeit:** Ein freundliches Lächeln und eine offene, ihm zugewandte Körpersprache beweisen, dass er bei Ihnen willkommen war.
- ✔ **Fragen Sie, ob Sie noch etwas für ihn tun können:** Möchte er, dass Sie ihm noch ein Taxi rufen? Gibt es noch einen Weg zu erklären?
- ✔ **Achten Sie darauf, dass er nichts vergisst.** Es kann sehr aufwändig werden, wenn Sie Unterlagen nachschicken müssen, und hinterlässt beim Kunden stets ein ungutes Gefühl.
- ✔ **Begleiten** Sie Ihn zur Ausgangstüre bzw. zum Aufzug.
- ✔ **Ein freundlicher Abschiedsgruß** gibt ihm das Gefühl, wirklich willkommen gewesen zu sein!

Checkliste zur Vorbereitung eines Besuchs beim Kunden

Manchmal sind die Rollen auch einfach vertauscht: Der Kunde kommt nicht zu Ihnen, Sie müssen zu ihm. Als kleine Hilfe für diese Situation haben wir die folgende Checkliste für Sie erstellt:

- ☐ Was ist mein **Ziel**, was will ich erreichen?
- ☐ Kontaktieren Sie einen potenziellen **Neukunden** maximal drei Mal, um einen Termin auszumachen, danach ist nach Abstimmung mit dem zuständigen Vorgesetzten die weitere Vorgangsweise abzuklären.
- ☐ Genügend **Visitenkarten** einstecken bzw. spezielle Kundeninformationen, Imagefolder etc. griffbereit haben.
- ☐ Wann ist der beste **Zeitpunkt**?
- ☐ **Präsentieren** Sie Ihr **Unternehmen** prägnant, ohne mit zu vielen Zahlen zu langweilen, erläutern Sie dem Gesprächspartner die Bedeutung des Themas, Ihre Zielsetzung und Aufgabenstellung. Welche Argumente sprechen im Allgemeinen für Ihr Unternehmen?
- ☐ Wichtige **Informationen** zur Person/Sache vorbereiten.
- ☐ Was war beim letzten Kundenbesuch? Was ist von damals für mich noch **offen**?
- ☐ Wichtige **Telefonate im Vorhinein** erledigen. Sie sollten Ihr Handy nur im absoluten Notfall aufgedreht lassen!
- ☐ Planen Sie bei der Anreise genügend **Puffer** für Unvorhergesehenes ein.
- ☐ Informieren Sie sich genau über die **Anreise**: Routenplaner, interaktive Fahrpläne etc. aus dem Internet.
- ☐ Nehmen Sie eine **„Notration"**, z. B. einen Müsliriegel, mit, ein knurrender Magen ist kein schönes Begleitgeräusch bei einem Besuch, oder essen Sie rechtzeitig.

Checkliste: eine Kundenveranstaltung oder eine Konferenz planen

1. Vorentscheidungen

- ☐ Veranstaltungsart
- ☐ Zielformulierung
- ☐ Teilnehmerkreis
- ☐ Wer hat den Vorsitz? Wer begrüßt?
- ☐ Ehrengäste?
- ☐ Wer von der Presse nimmt teil?
- ☐ Wer führt das Protokoll?
- ☐ Welche Referenten?
- ☐ Wann ist der genaue Termin?
- ☐ Wie lange dauert das Meeting, die Konferenz?
- ☐ Welcher Ort?
- ☐ Wie sind die Kosten?
- ☐ Benötigt man technische Geräte?
- ☐ Unterbringung der auswärtigen Teilnehmer
- ☐ Bewirtung
- ☐ Nebenveranstaltungen
- ☐ Fotograf

2. Einladungen sollten beinhalten

- ☐ Veranstaltungsart
- ☐ Veranstaltungsziel
- ☐ Veranstaltungszeit
- ☐ Veranstaltungsdauer
- ☐ Veranstaltungsort
- ☐ Veranstaltungsleiter
- ☐ Telefonnummer, Adresse des Ortes
- ☐ Teilnehmerkreis
- ☐ Referenten
- ☐ Mitzubringende Unterlagen
- ☐ Teilnehmergebühren
- ☐ Weitere voraussichtliche Kosten
- ☐ Anreisemöglichkeiten/Zubringerdienst
- ☐ Parkplätze/Zufahrtsskizze
- ☐ Nebenveranstaltungen
- ☐ Damenprogramm
- ☐ Rahmenprogramm
  - ☐ Besichtigungen
  - ☐ Werksbesichtigungen
  - ☐ Stadtrundfahrten
  - ☐ Kinderprogramm
  - ☐ Theater, Oper
  - ☐ Museen
  - ☐ Sehenswürdigkeiten
- ☐ Bewirtung
- ☐ Kleidungsfragen
- ☐ Termin für Rücksendung der Antwortkarten
- ☐ Ansprechpartner für Detailfragen /Veranstaltungssekretariat

3. Nach Eingang der Antwortkarten oder Rückmeldungen

- ☐ Antwortkarten auswerten
- ☐ Teilnehmerliste erstellen
- ☐ Tischkarten anfertigen
- ☐ Namensschilder anfertigen

- ☐ Anwesenheitsliste vorbereiten
- ☐ Hotelzimmer bestellen
- ☐ Sonstige Wünsche erfüllen (z. B. Theaterkarten)

4. Der Tagungsraum

- ☐ Auswahl des passenden Raumes
- ☐ Beleuchtung
- ☐ Belüftung
- ☐ Verdunkelung
- ☐ Blumenausstattung, Tischdekoration
- ☐ Akustik
- ☐ Anordnung der Tische und Sessel
  - ☐ Theaterbestuhlung
  - ☐ Klassenraum-Bestuhlung
  - ☐ Fischgrätanordnung
  - ☐ Block- oder Konferenztafel
  - ☐ Bankettbestuhlung
  - ☐ U-Form
  - ☐ E-form
  - ☐ T-Form
  - ☐ Cocktailempfang mit Stehtischen
- ☐ Sitzordnung/Sitzplan
- ☐ Tischkarten
- ☐ Firmenemblem
- ☐ Dekoration
- ☐ Rednerpult, Referententisch
- ☐ Mikrophon
- ☐ Lautsprecher
- ☐ Zusätzliche Beleuchtung
- ☐ Möglichkeit für Simultandolmetscher
- ☐ Bewirtung während des Meetings
- ☐ Informationstisch
- ☐ Pressetisch
- ☐ Platz für den Protokollführer
- ☐ Nebenräume
- ☐ Uhr
- ☐ Telefon, Internetzugang, Fax
- ☐ Garderobe
- ☐ Sanitätsräume
- ☐ Toiletten
- ☐ Hinweisschild für die Außentür („Bitte nicht stören")
- ☐ Aschenbecher
- ☐ Gläser, Getränke
- ☐ Verlängerungskabel
- ☐ Schreibmaterial (Kugelschreiber oder Schreibblöcke mit Firmenlogo)
- ☐ Getränke für Referenten

5. Veranstaltungsunterlagen

- ☐ Firmenlogo auf der ersten Seite oder auf jeder Seite?
- ☐ Form der Unterlagen (Ringmappe, Ordner etc.)
- ☐ Beschriftung der Unterlagen
- ☐ Tagesordnung/Programme
- ☐ Teilnehmerlisten (Vorsicht Datenschutz!)

- ☐ Namensschilder zum Anstecken
- ☐ Bewertungsbogen
- ☐ Begrüßungsschreiben
- ☐ Schreibmaterial (Kugelschreiber oder Schreibblöcke mit Firmenlogo)
- ☐ Stadtplan bzw. Hotelprospekt

6. Technische Hilfsmittel

- ☐ Overhead-Projektor, Video-Beamer
- ☐ Folien
- ☐ Stifte
- ☐ Ersatzzubehör
- ☐ Projektionswand
- ☐ Diaprojektor mit Zubehör
- ☐ Pinnwand mit Zubehör
- ☐ Blatthalterungen an den Wänden
- ☐ Moderationsmaterial/-unterlagen
- ☐ Flipchart mit Zubehör
- ☐ Papier
- ☐ Schreibmaterial
- ☐ Tonband-/Aufnahmegerät
- ☐ Videoanlage
- ☐ Filmkamera
- ☐ LC-Display
- ☐ Video-Großraumprojektor
- ☐ Leuchtstab, Zeigestab
- ☐ Mehrfachstecker, Verlängerungskabel
- ☐ Filmprojektor mit Zubehör
- ☐ Wandtafel mit Kreide
- ☐ Aktenvernichter
- ☐ Raumverdunkelung
- ☐ Leinwand
- ☐ Laserpointer
- ☐ Dolmetscheranlage

7. Sonstiges

- ☐ Visitenkarten der unternehmensinternen Teilnehmer bereitlegen
- ☐ Namensschilder
- ☐ Teilnehmerliste auflegen und betreuen
- ☐ Hinweisschilder anbringen
- ☐ Reservierte Plätze für Referenten, Gäste, Presse
- ☐ Türkontrolle
- ☐ Unterlagen für Redner
- ☐ Sicherheitskonzept – Maßnahmen zur Sicherheit

8. Durchführung der Veranstaltung

- ☐ Abholung der Teilnehmer
- ☐ Begrüßungsschreiben im Hotel, Geschenk
- ☐ Zubringer zum Meeting oder zur Konferenz
- ☐ Außen-/Innenbeschilderung
- ☐ Übernahme der Parkplatzgebühren
- ☐ Übernahme der Garderobegebühren
- ☐ Versorgung der Chauffeure

- ☐ Empfang der Gäste
- ☐ Betreuung der Gäste
- ☐ Betreuung der Presse
- ☐ Pressemappen
- ☐ Betreuung der Referenten
- ☐ Garderobe
- ☐ Sanitäre Einrichtungen
- ☐ Bewirtung
- ☐ Ausleeren der Aschenbecher
- ☐ Lüften
- ☐ Fotograf
- ☐ Sicherheitsvorkehrungen für besonders gefährdete Gäste
- ☐ Nebenveranstaltungen betreuen
- ☐ Botendienst
- ☐ Telefonzentrale

9. Bereitlegen von:

- ☐ Bus-/Bahnfahrpläne
- ☐ Flugplan
- ☐ Stadtplan
- ☐ Hotelführer
- ☐ Tageszeitungen
- ☐ Veranstaltungskalender
- ☐ Nähzeug
- ☐ Kopfschmerztabletten
- ☐ Kleiderbürste, Fleckenwasser
- ☐ Erste-Hilfe-Kasten

10. Verabschieden der Teilnehmer

- ☐ Geschenke, originell verpackt
- ☐ Hinweise für Rückreise
- ☐ Verkehrsmeldungen im Radio beachten
- ☐ Verabschiedung

11. Nachbearbeitung

- ☐ Räumen des Tagungsraumes
- ☐ Rückgabe entliehener Geräte
- ☐ Unterlagen sortieren und aufbewahren
- ☐ Abrechnung mit Hotel
- ☐ Bezahlen von Honoraren
- ☐ Dankschreiben an Referenten und eventuell Teilnehmer
- ☐ Bezahlung der Nebenveranstaltung
- ☐ Überweisung der Rechnungen
- ☐ Protokollanfertigung
- ☐ Auswerten des Protokolls und anderer Notizen
- ☐ Termine eintragen und überwachen
- ☐ Nachbesprechung mit Chef und Mitarbeitern
- ☐ Checklisten überarbeiten
- ☐ Ermittlung der Gesamtkosten
- ☐ Presseveröffentlichungen auswerten
- ☐ Fotos verschicken

1.4 Umgang mit ausländischen Kulturen und Gesprächspartnern

Selbstcheck

Testen Sie Ihre internationalen Umgangsformen:

- ☐ Sie müssen für Ihren Chef einen Gesprächstermin mit einem italienischen Geschäftspartner in Rom vereinbaren. Da Ihr Chef am Morgen einen vollen Terminkalender hat und um 15:00 Uhr schon wieder abfliegt, setzen Sie den Termin für 13:00 Uhr in Ihrer römischen Niederlassung an. Die Assistentin des Geschäftspartners reagiert irritiert und stimmt nur nach einigem Zögern zu. Warum wohl?

- ☐ Eine Gruppe von Geschäftspartnern aus den USA ist bei Ihnen zu Besuch. Am Abend gehen Sie gemeinsam in ein beliebtes Lokal. Die Stimmung ist gut und Ihr Kollege macht einer Amerikanerin ein – zugegeben etwas blumiges – Kompliment. So ist es eben seine Art, jeder im Haus kennt ihn. Doch die Dame findet das ganz und gar nicht amüsant. Sie verabschiedet sich kühl und weg ist sie! Was hat Ihr Kollege da verbrochen?

- ☐ Ein Kunde aus Japan besucht zum ersten Mal Ihr Unternehmen. Er überreicht bei der Begrüßung allen gleich seine Visitenkarten. Sie nehmen die Karte, die Ihr Chef bekommen hat und Ihnen gleich weitergereicht hat, damit Sie sie zu den Unterlagen geben, an sich und stecken sie in die Klarsichthülle, damit sie nicht verloren geht. Ihr Kunde quittiert diesen Vorgang mit einem fast unmerklichen Stirnrunzeln. Warum ist die sprichwörtliche asiatische Freundlichkeit so plötzlich aus seinem Gesicht verschwunden?

- ☐ Sie begleiten den Vorstandsvorsitzenden zum ersten Mal auf eine Dienstreise nach Finnland. Sie fühlen sich geehrt und sind voller Neugier auf das Land. Die Geschäftspartner dort sind auch sehr freundlich und herzlich – gar nicht so, wie Sie sich die kühlen Skandinavier vorgestellt haben. Als der Niederlassungsleiter aus Helsinki Sie auch noch zu einem Saunabesuch zu sich nach Hause einlädt, wird Ihnen die Gastfreundschaft doch etwas unheimlich. In eher knappem und irritiertem Ton lehnen Sie ab. Ihr Chef aber versucht, Ihnen unter dem Tisch irgendwelche Zeichen zu geben. Was ist denn jetzt los?

Lösungen auf Seite 383

Kommen Ihre Besucher aus dem Ausland oder sind Sie in einem internationalen Unternehmen tätig und haben öfter mit Mitarbeitern aus anderen Ländern zu tun, ist es unumgänglich, einige Grundregeln im Umgang mit anderen Sitten und Eigenheiten zu beherrschen. Es geht dabei vor allem darum, Missverständnisse zu vermeiden und ein Klima der gegenseitigen Toleranz und Akzeptanz als Grundlage für eine gute Zusammenarbeit zu schaffen. Sie müssen deswegen fremde Sitten und Gebräuche nicht übernehmen oder imitieren, Sie sollten aber den **Hintergrund kennen und akzeptieren**.

Begegnen Sie ausländischen Besuchern grundsätzlich mit **Offenheit und Interesse**. Es ist besser, sich im Notfall über bestimmte Bräuche zu erkundigen, als ins Fettnäpfchen zu treten. Wer nachfragt, bekundet Interesse. Aus so einer Frage kann ein interessantes Gespräch entstehen.

Es geht auch nicht darum, die jeweilige Landessprache perfekt zu beherrschen. Wer jedoch ein paar Sätze sprechen kann oder zumindest eine **Begrüßung in der Landessprache** zu Stande bringt, zeigt damit Interesse über das rein Geschäftliche hinaus und schafft so eine angenehme Atmosphäre.

Zunächst das Begrüßen: Ist es üblich, sich mit Händedruck zu begrüßen, schaut man sich in die Augen oder ist gar eine heftige Umarmung angesagt? Der Handschlag ist eine sehr europäische Form der Begrüßung. In vielen anderen Kulturen ist er nicht so verbreitet. Vor allem als Frau ist es in manchen Kulturen nicht üblich, beim Begrüßen in irgendeiner Form die Initiative zu ergreifen. Warten Sie also im Zweifelsfall ab, wie der andere auf Sie zukommt. Eine freundliche Geste, ein Lächeln und ein „Herzlich willkommen“ – in welcher Sprache auch immer – ist nie falsch.

Es gilt jedoch folgender Grundsatz: Nach **Business-Etikette** sind die jeweiligen Sitten und Gebräuche **des Gastlandes vorrangig**. Ein ausländischer Besucher kann also nicht unbedingt erwarten, dass bei Ihnen alles so wie zu Hause abläuft. Diese Regel entbindet Sie aber nicht von der Verpflichtung, auf den fremden Gast einzugehen, sein Verhalten richtig zu verstehen und die Hintergründe zu bedenken. Viele Missverständnisse ließen sich so vermeiden.

Wir wollen und können hier nicht auf alle Länder und deren Eigenheiten eingehen, das würde den Rahmen dieses Kapitels sprengen. Wir wollen sozusagen stellvertretend einige Länder herausgreifen und jeweils auf einige Besonderheiten hinweisen. Sollten Sie darüber hinaus Informationen benötigen, sind Fachliteratur, Internet und Bibliotheken hilfreich. Scheuen Sie auch nicht davor zurück, in der Botschaft des jeweiligen Landes anzurufen – gerne wird man Ihnen dort Auskunft geben und sich über Ihr Interesse freuen.

Europäische Staaten

Skandinavien

In den skandinavischen Ländern wird im Geschäftsleben viel Wert auf die Gleichberechtigung gelegt. Frauen werden ohne Vorbehalte und ganz selbstverständlich in jeder Position akzeptiert. Besonders in **Dänemark** ist der Anteil von Frauen in Führungspositionen sehr hoch.

Bekleidungsvorschriften und Tischmanieren entsprechen im Prinzip den unseren. **Gastgeschenke** sollten nicht zu protzig sein, beliebt sind eher kleine, persönliche Mitbringsel oder Blumen.

Termine sollten pünktlich eingehalten werden. Das Wochenende ist für geschäftliche Termine und Besprechungen absolut tabu. Ebenso sind Termine nach Büroschluss (ca. 16:00 Uhr) nicht sehr beliebt. In **Dänemark** gilt auch die Mittagszeit zwischen 11:00 Uhr und 14:00 Uhr als „Sperrzone".

In kleineren Unternehmen herrschen in Skandinavien oft sehr flache Hierarchien vor.

In **Finnland** legt man auf förmliche Anreden großen Wert, Titel sind üblich. Teilweise gilt das auch für **Schweden**.

Stopp

Tabus:

- Smalltalk über Themen wie europäische Integration in Dänemark und Norwegen
- Gespräche über Alkoholmissbrauch in Finnland

Frankreich

Die Bekleidungsregeln für Business-Kleidung entsprechen in etwa den unseren, die **Geschäftsgarderobe** ist eher **formell** und **dunkel** gehalten, nach Büroschluss geht es legerer zu. Auf gute Kleidung wird jedoch immer Wert gelegt. Ausgedehnte und **gepflegte Geschäftsessen** sind sehr **wichtig**, der kulinarische Genuss steht dabei jedoch im Vordergrund. Persönliches Kennenlernen passt besser dazu als reine Geschäftsgespräche – die müssen bis nach dem Dessert warten. Im Restaurant wird gewartet, bis der Kellner den Platz zuweist. Eine Besonderheit bei den Tischsitten betrifft das allgegenwärtige **Weißbrot**: Es ist während des gesamten Essens am Tisch und dient nicht zuletzt zum Auftunken von Saucen – für den Franzosen ein Zeichen der Wertschätzung an den Koch! Es darf jedoch nur stückweise abgebrochen werden – weder abbeißen, noch schneiden.

Gastgeschenke, wie etwa Blumen, werden schon am Morgen des Einladungstages ins Haus geschickt.

Französische Unternehmen sind häufig sehr autoritär geführt, Hierarchien sind wichtig. **Beziehungen** und **Netzwerke** bestimmen häufig das Wirtschaftsgeschehen. Ein Mindestmaß an Kenntnissen über Eliteschulen und Universitäten sowie über gesellschaftlich bedeutende Kreise kann nie schaden. Titel sind daher wichtig und gehören dementsprechend genannt. Auf betonte Höflichkeit wird großer Wert gelegt, die Wahrung der Privatsphäre ist aber sehr wichtig.

Kenntnisse der **französischen Sprache** und Kultur öffnen viele Türen. Franzosen stellen Ihre eigene Sprache über den Gebrauch von Fremdsprachen, es gibt für fast jedes „Fremdwort" einen französischen Ausdruck – den zu kennen, hilft (z. B. in der Computersprache).

Tabus:

Stopp

- Die Bedeutung der „Grande Nation" in Frage stellen
- Politik und Religion sind absolut ungeeignet für Smalltalk.

Italien

Überschwängliches Begrüßen und Händeschütteln ist in Italien **üblich**. Die Kleidung ist wichtig, vor allem Frauen sind im Geschäftsleben besonders modisch und elegant gekleidet. Im Bezug auf die Gleichberechtigung gibt es in Italien ein starkes Nord-Süd-Gefälle. Im fortschrittlicheren Norden ist sie absolut üblich, im konservativen und katholischen Süden gelten noch traditionellere Werte. Generell ist dem Italiener seine **Familie sehr wichtig**: Fragen nach den Kindern des Geschäftspartners und das Zeigen von Fotos der eigenen Kinder wirken daher sehr positiv.

Im Restaurant wartet man, bis der Kellner den Tisch zuweist. Die Tischsitten sind sehr von der gesellschaftlichen Schicht abhängig. Meist steht jedoch der Genuss am Essen vor perfekten Tischmanieren. Ein Mittagessen dauert daher auch etwa zwei bis drei Stunden. Einladungen zum Mittagessen sind daher beliebter als Geschäftsbesprechungen um die Mittagszeit.

Grundsätzlich ist es in Italien durchaus üblich, Geschäftspartner auch privat zu sich nach Hause einzuladen. **Gastgeschenke**, wie Blumen (in der Papierhülle mit dem Namen des Blumenladens!), werden schon am Vormittag ins Haus geschickt.

Pünktlichkeit wird nicht ganz so erwartet wie bei uns. **Titel sind sehr wichtig** und die Ansprache mit z. B. „dottore“ bzw. „dottoressa“ ist üblich.

Stopp

Tabus:

Themen wie Innenpolitik, Korruption, Mafia und die Südtirol-Problematik

Spanien

Die spanischen Männer legen viel Wert auf einen eleganten Geschäftsanzug mit weißem Hemd. Im Geschäftsleben gehen die Uhren anders als bei uns. Der gesamte Tagesablauf ist nach hinten verschoben. **Geschäftstermine** finden frühestens zwischen 9:00 Uhr und 10:00 Uhr statt. Die Mittagspause beginnt um ca. 13:00 Uhr und dauert mindestens bis 15:00 Uhr, kann im Sommer aber auch bis 16:00 Uhr gehen. Dafür sind Geschäftstermine um 21:00 Uhr durchaus üblich. Meist wird bis 22:00 Uhr gearbeitet. Abendesseneinladungen beginnen daher nie vor 22:00 Uhr, gegessen wird erst oft um 23:00 Uhr. Sie sollten daher nie zu früh zu einer Abendeinladung erscheinen, lieber bis zu 30 Minuten später. Blumen sollten ebenfalls schon vorher geschickt werden.

Grundsätzlich sehen Spanier Pünktlichkeit anders. **Verspätungen** von 30 Minuten bis zu einer Stunde sind **durchaus üblich**. Rechnen können Sie damit jedoch nicht, erscheinen Sie lieber pünktlich – oft erscheinen Ihre spanischen Geschäftspartner aus Höflichkeit Ihnen gegenüber auch pünktlich!

Auch in Spanien wird die **Familie** sehr wichtig genommen und eignet sich gut als **Thema** für den **Gesprächseinstieg**.

Stopp

Tabus:

- Kritik am Stierkampf oder am spanischen Nationalstolz
- Nichtachtung der Sprach- und Bevölkerungsgruppen

Portugal

In Portugal ist protokollgerechte Bekleidung sehr wichtig. Erkundigen Sie sich vorher genau über die passende Kleidung. Männer verhalten sich Frauen gegenüber sehr höflich und respektvoll. Die **Gesellschaftsordnung** ist traditionell geprägt. Zu freizügige Kleidung oder Verhalten bei Frauen wird nicht geschätzt. Im Zweifel sollten die Knie eher bedeckt sein!

Es wird erwartet, dass Sie **Termine pünktlich** einhalten. Geschäftsverhandlungen erfolgen oft sehr wortreich und umständlich, die Portugiesen kommen nicht gerne sofort zum Punkt. Nehmen Sie sich also Zeit. Es kann auch nie schaden, bei wichtigeren Terminen seinen Anwalt gleich mitzubringen. **Akademische Titel sind wichtig** und werden auch verwendet.

Tabu:

Stopp

Der Vergleich Spanien – Portugal!

Großbritannien

Die Briten haben einen ausgeprägten Hang zu Traditionen. **Titel und Anreden** sind daher **wichtig**. Es ist allerdings auch üblich, sich bereits nach kurzer Zeit mit dem Vornamen anzureden. Händeschütteln ist höchstens beim ersten Kennenlernen üblich, ansonsten genügt eine verbale Begrüßung oder eine angedeutete Verneigung in angemessener Entfernung. Zu viel Körperkontakt wird als aufdringlich empfunden, **„Understatement“** und **vornehme Zurückhaltung** sind gefragt.

Die **Kleidung** ist sehr **konservativ** und **dezent**, besonders auch bei Frauen im Geschäftsleben. Einladungen mit dem Kleidungshinweis „black tie“ sind im Smoking zu besuchen.

Korrekte Tischmanieren sind entscheidend. Unterschiede gibt es beim Gebrauch von Löffel und Gabel: Der Löffel wird während des Essens mit der Breitseite zum Mund geführt und die Gabel wird mit dem Rücken nach oben gehalten.

Pünktlichkeit ist oberstes Gebot. Eine Verspätung von mehr als 10 Minuten wird bereits als unangenehm registriert. Termine vor 9:00 Uhr morgens, am Freitagnachmittag und Montagmorgen werden nicht gerne gesehen.

Respektieren Sie die britischen Eigenheiten – egal, ob es sich um das berühmte Schlangestehen, die Tea Time oder die Clubs mit Zutrittsverbot für Frauen handelt. Achten Sie auch auf die unterschiedliche regionale Herkunft und sprechen Sie daher nie nur von „dem Engländer“!

Stopp

Tabus:

- Zu lautes Sprechen
- Fragen nach der Familie
- Das Thema Nordirland

Irland

Iren unterscheiden sich nicht nur durch die vorherrschende (und im gesellschaftlichen Leben immer noch sehr wichtige) Religion von den Briten. Sie sind mehrheitlich katholisch. Die Iren sind sehr **herzlich** und **gastfreundlich**. Es gelten etwas **zwanglosere Verhaltensformen**, sie geben sich gerne lockerer und informeller als die Briten. Trotzdem ist die Kleidung im Geschäftsleben eher formell und bei besonders festlichen Anlässen ist festliche Kleidung mit Smoking und langem Abendkleid gefragt.

Die Tischmanieren sind grundsätzlich britisch, nach der Arbeit geht aber der Ire lieber in ein gemütliches Pub als in einen Herrenclub.

Als Verhandler können sich Iren als sehr hartnäckig und ausdauernd erweisen. Sie sind besonders stolz auf den wirtschaftlichen Aufschwung der letzten Jahre.

Stopp

Tabus:

- Fragen zu Religion, Abtreibung und Nordirland
- Das Verhältnis zu Großbritannien

Russland

Die Russen sind grundsätzlich sehr herzlich und gastfreundlich. **Persönliche Beziehungen** spielen daher im Geschäftsleben **eine große Rolle** und wollen gepflegt sein. Die Floskel „Wie geht's?“ ist in Russland hingegen nicht üblich.

Titel werden nur bei hochgestellten Persönlichkeiten verwendet, sonst genügt die Anrede mit dem Nachnamen.

Die meisten russischen Geschäftsleute beherrschen zwar recht gut die englische Sprache, für eine Reise nach Russland sind trotzdem Grundkenntnisse der kyrillischen Schrift von Vorteil: So können Sie zumindest Straßen und Hinweistafeln entziffern.

Männer reichen sich bei der **Begrüßung** und beim Verabschieden gerne und ausgiebig die Hände, Frauen gegenüber ist das eher unüblich. Bleiben Sie als Frau in so einer schwierigen Situation ruhig, freundlich und trotzdem sachlich. Ein russischer Gast, der auf diese Weise vielleicht Ihre Gefühle verletzt, tut es sicher nicht mit Absicht.

Die **Business-Kleidung** entspricht in etwa unseren Standards. Im Winter kann man ohne weiters mit Winterstiefeln zu einer Einladung erscheinen und sich die Schuhe dann dort anziehen. Das **Essen** ist eher schwer und **üppig** – machen Sie gute Miene dazu, dem Russen ist die Gastfreundschaft bei Tisch sehr wichtig. Dazu gehört auch Alkohol, vor allem Hochprozentiges.

Tabus:

Stopp

Politik eignet sich kaum in einem Land als Thema zum zwanglosen Smalltalk – aber in Russland ist dieses Thema besonders heikel. Innenpolitische Konflikte, Korruption und Armee sind absolute Tabu-Themen.

Polen

Die Polen verstehen sich als alte europäische Kulturnation und rechnen sich gerne dem Westen zu.

Auch die Polen sind sehr herzlich und gastfreundlich. Die **Umgangsformen** sind besonders höflich und traditionell. So haben Titel, schriftlich und mündlich, eine große Bedeutung. Vornamen werden schnell gebraucht, auch wenn man sonst per „Sie" ist. Männer begrüßen sich mit Handschlag, Frauen werden oft noch mit einem traditionellen Handkuss bedacht. Händeschütteln über die Türschwelle hinweg gilt jedoch als schlechtes Omen. Als Gastgeschenke sind Alkoholika und Blumen (auf eine ungerade Zahl achten!) sehr beliebt.

Besonders punkten können Sie bei einem polnischen Geschäftsfreund, wenn Sie ihm zum **Namenstag** gratulieren. In Polen wird nämlich der Namenstag gefeiert, nicht der Geburtstag!

Polen sind nicht immer sehr verlässlich, wenn es um die Einhaltung von Absprachen geht. Schicken Sie besser eine schriftliche Erinnerung. Dafür beherrschen Polen perfekt die **Kunst der Improvisation**. „Irgendwie geht das schon!" ist ein beliebtes Motto, auch im Geschäftsleben.

Stopp

Tabus:

- Vom „ehemaligen Osten" sprechen
- Nichtachtung des polnischen Nationalstolzes und der (katholischen) Religion

Tschechische Republik

Die Tschechen sind sehr stolz auf ihre staatliche Eigenständigkeit, der alte Staatsname Tschechoslowakei oder gar „Tschechei" (ein von den Nazis häufig verwendeter Begriff!) gelten als absolut verpönt und können eisiges Schweigen nach sich ziehen.

Begrüßt wird mit Handschlag und leichter Verbeugung. Männer warten, bis ihnen die Frau die Hand zur Begrüßung reicht. „Ahoi" ist ein gängiger Gruß, auch wenn Tschechien nicht unbedingt als Seefahrernation bekannt ist. Bevor man ein Privathaus betritt, werden häufig die Schuhe ausgezogen. **Titel** sind wichtig, vor allem der Ingenieur ist ein Statussymbol – ebenso wie westliche Autos!

Verabredungen werden nicht ganz so genau eingehalten wie bei uns. Auch hier gibt es einen großen Hang zur Improvisation. Trotzdem wird **Pünktlichkeit** erwartet.

Bierkneipen gelten als Ort des gesellschaftlichen Lebens, sie eignen sich auch für Geschäftsbesprechungen.

Stopp

Tabus:

- Über Probleme wie Umweltschutz oder unsichere Atomkraftwerke reden

Slowakei

Grundsätzlich gelten in der Slowakei ähnliche Verhaltensmuster wie bei uns. Slowaken sind ausländischen Besuchern gegenüber sehr aufgeschlossen, sie fühlen sich wohl „im Westen". Die **Begrüßung** ist herzlich und erfolgt mit Handschlag. Im freundschaftlichen Umfeld sind Küsschen auf beide Wangen üblich. Es ist ebenfalls ratsam, die Schuhe vor Betreten der Wohnung auszuziehen.

Eine üppige **Bewirtung** ist wichtig. Wer nur Chips und Nüsse serviert, wird bei einem Slowaken nicht punkten. Alkohol, vor allem Schnaps, gehört dazu: Es gehört in der Slowakei zum guten Ton, ein leeres Glas sofort wieder aufzufüllen. Sollten Sie daher genug getrunken haben, ist es ratsam, einfach eine größere Menge im Glas zu belassen.

Tabu:

Stopp

- Mit dem „mächtigeren Bruder" Tschechien verglichen zu werden

Ungarn

Auch hier ist noch die K.u.K.-Vergangenheit merkbar. Traditionelle **Höflichkeiten** inklusive Handkuss sind nach wie vor gängig. Überhaupt ist die besondere Behandlung einer Frau als Dame sehr beliebt: Das Öffnen der Beifahrertür, das Helfen aus dem Mantel, das Türöffnen und den Vortritt lassen, gehören zum guten Ton.

Die **Kleidung** ist eher traditionell und besonders auf die Qualität der Schuhe wird Wert gelegt. Gutes und teures Schuhwerk ist in Ungarn ein Zeichen von Wohlstand.

Die Ungarn sind sehr großzügig und erwarten das auch bei einer Geschäftseinladung von ihren Geschäftspartnern. Humor ist ein wesentlicher Bestandteil der Gesprächskultur. Titel sind wichtig. Eine Besonderheit ist das Voranstellen des Familiennamens vor den Vornamen.

Geschäftliche Besprechungen dauern oft etwas länger, es gilt als nicht sehr höflich, sofort zum Kern der Sache zu kommen. Planen Sie daher für Besprechungen immer etwas mehr Zeit ein. Grundkenntnisse über die Kultur und Lebensart Ungarns sind dabei von entscheidender Bedeutung.

Tabus:

Stopp

- Knausern bei Einladungen
- Den Ungarn eine „melancholische Weltsicht" unterstellen

Slowenien

Die Slowenen sehen sich eher als Mitteleuropäer denn als Angehörige des Balkans. Sie sind aufgeschlossen und sehr stolz auf ihre wirtschaftlichen und politischen Errungenschaften.

Korrektes Auftreten und **Pünktlichkeit** sind wichtig. Die Benimm-Regeln entsprechen den unseren.

Bei der Gastfreundschaft und bei gemeinsamen Feiern zeigt sich dann auch das eher südländische Temperament der Slowenen. Schlagen Sie so eine private Einladung nicht aus.

Stopp

Tabu:

- Slowenien als „Ex-Jugoslawien" bezeichnen

Die baltischen Staaten

Die **Etikette** wird hier groß geschrieben und man pflegt eher einen etwas dezenteren und reservierteren Umgang miteinander. Trotzdem sind die Menschen nicht weniger gastfreundlich, es dauert eben oft ein bisschen länger, bis sich die herzliche Vertrautheit einstellt. Respektieren Sie die Privatsphäre Ihrer Geschäftspartner aus diesem Raum. Handschlag ist bei der Begrüßung üblich, allerdings eher unter Männern. Tischsitten und Bekleidungsregeln entsprechen den unseren. Das Thema Russland ist sensibel, nicht immer werden mit dem ehemals übermächtigen Bruder positive Gefühle verbunden.

Auch wenn wir hier die drei Baltischen Staaten in einen Topf werfen: Jeder ist für sich sehr stolz auf seine Identität und ein Lette ist eben ein Lette und kein Balte! Würdigen Sie daher die jeweilige **Identität** – dazu gehört auch, die einzelnen Hauptstädte nicht durcheinander zu bringen!

Stopp

Tabu:

- Einen Fremden einfach auf russisch anzusprechen

Außereuropäische Staaten

USA

Im amerikanischen Geschäftsleben sind Pünktlichkeit, Disziplin und Freundlichkeit besonders wichtig. Die Gleichstellung von Mann und Frau wird sehr ernst genommen. Ein zu intensiver Blickkontakt, ein Blick auf den Körper oder auch ein Kompliment können leicht missverstanden werden.

Lassen Sie sich durch die eher legeren **Umgangsformen** nicht täuschen: Das Hierarchiedenken ist in den USA stark ausgeprägt. Die Rangfolgen sind allerdings von außen nicht immer klar erkennbar, da akademische Titel oft weggelassen werden – einzige Ausnahme: der Doktor, der ein Arzt ist. Eine Begrüßung mit Handschlag ist eher unüblich.

Die **Geschäftskleidung** sollte korrekt sein: dunkler Anzug, die unerlässliche Krawatte und bei Frauen stets ein korrektes Business-Kostüm – keine hautengen Hosen oder zu kurze Röcke!

Amerikaner gehen davon aus, dass die Bewirtung nicht zu umfangreich und zeitraubend ist. Typisch europäische Gerichte sind jedoch sehr beliebt.

Bei **Geschäftsverhandlungen** stehen Effizienz und bewusste Kosten-Nutzen-Relationen im Mittelpunkt. Amerikaner kommen meist sehr schnell zum Punkt. Sie bevorzugen zügige, ergebnisorientierte Besprechungen. Die Anwesenheit eines erfahrenen Anwaltes kann nicht schaden und wird als selbstverständlich angesehen.

Trotz aller Effizienz: Geben Sie dem amerikanischen Gast stets das Gefühl, dass Sie Zeit für ihn haben. Der Humor sollte dabei auch nicht zu kurz kommen.

Tabu:

Stopp

- Aus der Sicht des überlegenen Europäers: das derzeit etwas sensible Verhältnis USA – Europa ansprechen!

Der arabische Raum

In den meisten islamischen Staaten gibt es keine Trennung zwischen Religion und Staat. Für den gläubigen Moslem ist daher Religion, Gesellschaft, Staat und Wirtschaft unlösbar miteinander verbunden. Daher sind auch ungewollte Verstöße gegen ein Höflichkeits- oder religiöses Gebot meist von weitreichenden Folgen. Es ist daher unerlässlich, sich über das jeweilige Land genau zu informieren und noch mehr Wert auf die jeweils erwarteten Normen zu legen. Wir wollen daher hier nicht zu sehr ins Detail gehen.

Halten Sie als Frau Distanz, meiden Sie Körperkontakt (kein Handschlag) und zeigen Sie auch nicht auf andere Personen. Die linke Hand gilt als unrein und man sollte daher stets alles mit der rechten Hand überreichen. Je nach Land ist die Stellung der Frau sehr unterschiedlich, Zurückhaltung ist jedoch immer angebracht.

Tabu:

Stopp

- Einem Araber Fuß- oder Schuhsohlen entgegenstrecken, z. B. beim Übereinanderschlagen der Beine!

Japan

Die **Begrüßung** erfolgt durch eine Verbeugung, wobei die Handflächen auf den Oberschenkeln liegen sollen. Wie tief diese Verbeugung ist, hängt von Respekt und Rang ab. Das Austauschen von Visitenkarten bei der Begrüßung ist unerlässlich – sie sollten sofort gelesen und nicht weggesteckt werden. Drehen Sie beim Übergeben die Visitenkarte so, dass sie für den Empfänger lesbar ist.

Als Frau ist im Geschäftsleben **Zurückhaltung** am Platz! Japaner haben große Mühe, wenn eine Frau vor ihnen geht, denn eigentlich sollte „die Fußspitze der Frau nie vor der Fußspitze des Mannes" sein.

„Das Gesicht wahren" gilt für alle Asiaten als oberstes Ziel. Sie werden daher nie zugeben, dass sie etwas nicht wissen, nicht kennen oder nicht wollen. Japaner sagen daher fast nie „nein".

In Japan tritt man nicht direkt in **Geschäftsverbindung**, sondern durch Vermittlung einer angesehenen Institution oder eines angesehenen Unternehmers.

Neben geschäftlichen Begegnungen werden auch Freizeitbegegnungen erwartet, Geschäftsbeziehungen beruhen auf persönlichen Beziehungen.

Üben Sie sich in Geduld, eine geschäftliche Vereinbarung kommt erst nach einer Unzahl von Vorbesprechungen zustande (inkl. Prospekten, Angeboten, Visitenkarten!).

Japaner planen langfristig, Termine sollten daher nie zu kurzfristig vereinbart werden.

Pünktlichkeit ist oberstes Gebot.

Ein Geschenktipp: Japaner lieben klassische Musik!

Arbeitsessen sind im Anschluss an die Dienstzeit üblich und werden mit großem Aufwand betrieben – informieren Sie sich vorher über spezielle Tischsitten!

Verbeugen Sie sich auch bei der Verabschiedung.

Stopp

Tabus:

- dem Gastgeber den Rücken zukehren
- Betreten einer Wohnung mit Straßenschuhen

1.5 Beziehungen nach innen und außen bewusst gestalten

Ein positiver erster Eindruck und sicheres Auftreten im Wirrwarr der Business-Etikette sind wichtige Voraussetzungen für erfolgreiche Beziehungen im Berufsumfeld. Doch auch Beziehungen, die Erfolg versprechend begonnen haben, wollen professionell weitergeführt werden. Worauf kommt es dabei an?

Zunächst einmal auf die Souveränität in der Sprache. Wer seine Worte richtig wählt und die wichtigsten Kommunikationsregeln beachtet, kann seine Beziehungen bewusst positiv gestalten – egal, ob nach innen oder nach außen.

Souveränität in der Sprache

Unter Souveränität in der Sprache verstehen wir die Fähigkeit, offen, ehrlich, sachlich und doch sehr bestimmt zu kommunizieren. Die eigenen Argumente werden mit Nachdruck vorgebracht, Gespräche verwandeln sich weder zu Monologen noch zu Duellen. Es geht nicht um Sieg und Niederlage, Dominanz und Unterwerfung, sondern um Konsens und Lösungen.

Tipps zur verbalen Kommunikation:

Tipp

- ✔ **Setzen Sie die Brille des Gesprächspartners auf.** Nur, wer versucht, den anderen zu verstehen, kann mit ihm ein gutes Gespräch führen. Was ist der Nutzen des anderen, wo sind seine Widerstände, Zweifel und Gegenargumente? Wie sieht er die Situation?
- ✔ **Zuhören zählt auch zur Kommunikation.** Wer dem anderen Raum zum Sprechen gibt, erfährt viele interessante Informationen. Gute Zuhörer sind in unserer Zeit der Selbstdarsteller und Vielredner gern gesuchte Gesprächspartner. Nur, wer den anderen reden lässt und ihm auch zuhört, kann die richtigen Argumente finden – die Argumente, die auch treffen, die den Nutzen des anderen in den Vordergrund rücken. „Höre heraus, was dein Gegenüber will und verpacke dein Argument so, als wäre es das Argument deines Gegenübers."

  „Sag ihm, was er davon hat, wenn er das tut, was du willst."
- ✔ **Achten Sie auf das Feedback und gehen Sie darauf ein.** So können Unklarheiten rechtzeitig aus der Welt geschafft werden.

- **Formulieren Sie kompetent: klar, einfach, positiv und konkret!** Wer immer nur in Möglichkeitsformen spricht, erweckt das Gefühl, sich nicht festlegen zu wollen, sich seiner Sache nicht so sicher zu sein. Streichen Sie also alle Formulierungen mit „hätte", „wäre", „könnte", „würde", „eventuell" und „vielleicht " aus Ihrem Wortschatz. Ebenso verhält es sich mit Negativ-Formulierungen. Sagen Sie nicht, was nicht geht, sondern sagen Sie, was Ihrer Meinung nach möglich ist.
- **Beachten Sie die Emotion des anderen** und sprechen Sie sie, wenn nötig, auch an: „Ich verstehe Ihre Verärgerung und genau deswegen ist es aus meiner Sicht wichtig, dass wir diese Angelegenheit jetzt klären." Nur wer auch die – oft gut – versteckten Emotionen des anderen erkennt und auf sie reagiert, kann zur sachlichen Klärung und zur Verständigung gelangen.
- **Beweisen Sie Sachlichkeit: Worte wie „konkret", „genau", „sachlich"** unterstreichen diese Zielsetzung. „Was konkret meinen Sie mit unguten Veränderungen?", „Suchen wir gemeinsam nach einer sachlichen Lösung."
- **Setzen Sie gezielt Fragen ein.** Wer fragt, der führt! Gerade in Situationen, in denen Sie sich vom anderen „überfahren" fühlen und Ihre Schlagfertigkeit Sie im Stich lässt, helfen Fragen, Zeit zu gewinnen. Sie spielen den Ball zurück und zwingen den anderen, noch einmal sein Anliegen zu erklären. In der Zwischenzeit können Sie sich Ihre weitere Gesprächstaktik überlegen. „Sie meinen, wir sollen Punkt B noch einmal überarbeiten?" Ist Ihr Gegenüber aggressiv, sein Angriff sehr emotional, dann zwingen Sie ihn durch eine Frage, seinen Vorwurf noch einmal zu wiederholen. Beim zweiten Mal ist jeder Vorwurf schon etwas weniger emotional und heftig. Die Sache, um die es geht, tritt mehr in den Vordergrund. Mit Fragen lassen sich Gespräche sehr gekonnt führen. Der andere bekommt das Gefühl vermittelt, dass Sie sich für ihn und sein Anliegen interessieren, seine Meinung ist gefragt, Sie nehmen ihn ernst. Und so merkt er gar nicht, wie Sie ihn in die von Ihnen gewünschte Richtung lenken.
- **Benutzen Sie immer wieder den Namen Ihres Gesprächspartners.** Wer sich von Anfang an die Namen seiner Partner einprägt und diese oft auch ausspricht, punktet im Gespräch. Denn jeder Mensch hört seinen eigenen Namen gerne. Jedes Gespräch bekommt damit eine persönliche Note und Sie unterstreichen Ihr persönliches Interesse am Gegenüber.

- **Unterbrechen Sie Vielredner mit einer Frage.** Müssen Sie einmal einen offenbar nicht enden wollenden Wortschwall Ihres Gesprächspartners stoppen, dann tun Sie das elegant mit einer Frage und mit der Nennung seines Namens: „Herr Meier, ist Ihnen die Verkürzung der Redezeiten in unseren Meetings auch ein Anliegen?"

Doch zu einem souveränen Auftritt gehört nicht nur das gesprochene Wort: Auch und gerade die nonverbale Kommunikation unterstreicht Kompetenz und Souveränität im Gespräch.

Tipps zur nonverbalen Kommunikation:

Tipp

- **Achten Sie auf einen „sicheren Standpunkt":** Beide Füße fest auf den Boden gestellt geben Ihnen die nötige Bodenhaftung. Wer auf einem Bein steht, der findet auch mit seinen Worten weniger Halt, gerät leicht ins Schwanken. Das gilt übrigens auch im Sitzen: Nützen Sie die Sitzfläche ganz aus, stellen Sie beide Beine auf den Boden – so verleihen Sie Ihren Argumenten automatisch mehr Nachdruck. In schwierigen Situationen ist es noch besser, wenn Sie einfach aufstehen. Ein Trick, der sich auch am Telefon als hilfreich erweist!
- **Eine offene Haltung und ein fester Blickkontakt** – ohne den anderen anzustarren oder zu fixieren – sind ebenfalls Zeichen von Souveränität. Verstecken Sie sich nicht hinter Ordnern, Laptops, Pulten und Ähnlichem, gehen Sie bewusst auf den anderen zu – das signalisiert Stärke und Selbstvertrauen.
- **Achten Sie auf den nötigen Abstand.** Missachtet jemand „in der Hitze des Gefechtes" die nötige Distanz und rückt Ihnen immer näher, so weichen Sie nicht zurück, sondern verlagern Sie unmerklich das Gewicht nach vorne und drehen Sie dem „Angreifer" leicht Ihre Schulter zu. Das schiebt ihn meist augenblicklich zurück.

Viele der oben angeführten Tipps klingen sehr einfach – und sind dann im Ernstfall doch ziemlich schwierig umzusetzen. Das richtige kommunikative Verhalten kann nur in kleinen Schritten trainiert und automatisiert werden. Probieren Sie daher den einen oder anderen Punkt im privaten Umfeld aus. Sie werden überrascht sein, wie einfach sich diese Verhaltensmuster aneignen lassen, wenn Sie nicht unter Druck stehen. Es fällt dann mit der Zeit auch im beruflichen Umfeld leicht, seine Gesprächstaktik umzustellen. Viel Erfolg!

1.6 Sicherer Umgang mit allen Hierarchieebenen – Machtspiele am Arbeitsplatz

Immer dort, wo Menschen auf mehr oder weniger engem Raum zusammenwirken, kommt es gelegentlich zu Machtkämpfen. Jede Gesellschaft braucht ihre Ordnung. Nur so kann verhindert werden, dass sämtliche Energie für die Erreichung und Verteidigung der Macht des Einzelnen oder einer Gruppe verbraucht wird. In jedem Unternehmen gibt es mehr oder weniger klar definierte Machtstrukturen. Das Organigramm legt fest, wer in welchem Bereich eingeordnet ist, wer übergeordnet und wer untergeordnet ist – und wer ganz an der Spitze steht. Schön säuberlich steht da jeder Name im passenden Kästchen, durch Striche und Pfeile mit den anderen verbunden. Doch was in solchen Strukturübersichten nicht eingetragen ist, sind jene Stellen, die ständig unter Strom stehen. Jene Stellen, an denen Interessen offen oder verdeckt, sachlich begründet oder rein emotional aufeinander prallen. Diese Stellen gibt es auch in der bestdurchdachten Struktur.

Manche dieser Konflikte sind sachlich begründet. Wenn Kompetenzen und Zuständigkeiten zwischen den Abteilungen und den einzelnen Stelleninhabern nicht abgeklärt sind, kommt es naturgemäß zu Spannungen.

Doch der meist größere Teil der Konflikte entsteht im emotionalen Bereich. Ist eine Führungskraft zu schwach, um ihren Führungsanspruch wahrzunehmen, entsteht ein Machtvakuum, das sofort andere Mitarbeiter füllen wollen. Fühlt sich der eine oder andere im Machtgefüge des Unternehmens nicht richtig eingeordnet, entstehen ebenfalls Spannungen. Prallen hier unterschiedliche Persönlichkeiten – zum Beispiel eher konservativ bzw. risikoscheu auf jung, draufgängerisch und unerfahren – aufeinander, entstehen Machtkämpfe. Je größer die Unsicherheiten in einem Unternehmen, desto größer auch die Spannungen und desto massiver die Auswirkungen auf den Arbeitsprozess. Gerade in Zeiten von Fusionen und Umstrukturierungen ist das der Fall. Jeder bangt um seine Position und ist verunsichert. In Krisenzeiten, in denen alle Energien für den Unternehmenserfolg wichtig wären, werden eben diese Energien für interne Machtkämpfe verbraucht.

Und mitten in diesem Szenario steht der einzelne Mitarbeiter! Wie sollen Sie sich also verhalten? Möglichst raushalten, neutral bleiben oder eifrig mitmischen? Die richtige Strategie ist gefragt!

Zunächst einmal ist es wichtig, die meist versteckten Machtkämpfe zu entlarven, zu durchschauen. Erst, wenn ich weiß, wer was mit wem oder gegen wen anstrebt, kann ich mich entscheiden, wie ich mich verhalte.

Die Art und Weise, wie sich zwei Mitarbeiter grüßen, lässt beispielsweise tief blicken. Sehr dominante Personen (nicht immer nur Chefs) begrüßen andere gerne mit dem typischen „Knochenbrecher-Griff". Oft wird dann auch noch mit der anderen Hand jovial auf die Schulter oder den Oberarm des anderen geklopft. Was auf den ersten Blick freundschaftlich wirkt, ist eigentlich eher ein Zeichen für „Du, werd mir nur ja nicht zu groß, bleib in deinem Rahmen, sonst klopfe ich dich wieder hinein!"

Ein ähnliches Zeichen ist auch, wenn jemand beim Handschlag noch seine zweite Hand obendrauf legt. Was so herzlich wirkt, ist auch ein Zeichen von Dominanz. Wer mit vorgestreckten Händen auf den anderen zugeht, dabei aber die Hände nicht seitlich hält, sondern gerade vor den Körper, der „schiebt" den anderen bei der Begrüßung schon weg. Meist ist dann der Arm beim Händeschütteln durchgestreckt. Der andere ist auf die „richtige Distanz" gebracht.

Wer hingegen bei der Begrüßung eine oder sogar beide Hände immer in den Hosentaschen lässt, beweist damit seine eigene Unsicherheit – oder drückt eine ziemliche Überheblichkeit aus: „Wegen dir nehme ich noch lange nicht meine Hände aus der Tasche!" Schauen Sie also einmal genau hin, wie sich Ihre Kollegen begrüßen!

Die „hierarchische" Kommunikation

Die Art und Weise der gegenseitigen Kommunikation spiegelt auch häufig die Stellung zueinander wider. Nimmt einer den anderen nicht ganz ernst, merkt das der Beobachter auch an der Art des Zuhörens.

1. Zuhörfehler

Er nickt zwar gelegentlich, streut vielleicht auch noch hin und wieder ein „Ach, was Sie nicht sagen!" ein, aber sein Gehör hat eindeutig auf Durchzug geschaltet. Der Redner wird durch dieses „Pseudo-Zuhören" immer mehr verunsichert und beginnt zu stocken oder verliert ganz den Faden. Viele Vorgesetzte machen diesen „Zuhörfehler". Sie meinen, ohnehin schon zu wissen, was der andere sagen wird, und müssen immer mindestens zwei Dinge gleichzeitig tun, um ihrer wichtigen Position gerecht zu werden. Also lesen sie ein Schriftstück durch oder kontrollieren eine Zahlenreihe, während sich der arme Untergebene mit seiner Botschaft abmüht, die ja doch nie ankommt!

Tipp

Wie reagieren Sie als Mitarbeiter, wenn Ihr Chef so ein Zuhörverhalten an den Tag legt? Am besten, Sie stellen ihm zwischendurch eine Frage, z. B.

„Herr XY, sehen Sie das auch so?"

„Ist dieser Punkt für das Projekt wichtig?"

„Teilen Sie diesbezüglich meine Meinung?"

Eine Frage zwingt den Gesprächspartner zu reagieren. Er wird in diesem Moment sicher von seiner „Zweit-Tätigkeit" aufblicken und Ihnen wieder seine Aufmerksamkeit widmen.

Tipp

Wenn Sie merken, dass derzeit kein Durchdringen zu seinem Bewusstsein möglich ist, weil er mit einer umfassenden Angelegenheit ziemlich gefordert ist, dann formulieren Sie die Frage anders:

„Ich sehe, Sie sind im Moment beschäftigt. Ist es in Ihrem Sinn, wenn wir die Angelegenheit später klären?"

Besser vertagen, als nicht gehört zu werden!

2. Killerphrasen

Sehr beliebt im rhetorischen Machtkampf sind auch die typischen **Killerphrasen**. Das sind Sätze, die dann eingesetzt werden, wenn die sachlichen Argumente ausgehen. Sie sollen den anderen mundtot machen und tatsächlich ist es oft schwierig, auf eine Killerphrase sachlich-souverän zu antworten.

Stopp

„Herr Selig, so geht das sicher nicht! Da könnte ja jeder kommen ..."

„Das haben wir alles schon ausprobiert, das funktioniert in unserer Abteilung nicht!"

„Da fehlt Ihnen die Erfahrung! Wenn man erst zwei Monate in der Firma ist, kann man eben nicht mitreden!"

„Jetzt werden Sie nicht gleich wieder so emotional, Frau Häferl!"

„Tut mir Leid, wo gehobelt wird, da fliegen eben auch Späne!"

Gerade Sprichwörter sind sehr beliebt. Sie bitten etwa einen Kollegen um Auskunft und er antwortet Ihnen: „Na, da müssen Sie schon selber im Archiv kramen! Ohne Fleiß, kein Preis!" Wer da keine Aggression in sich hochsteigen fühlt, ist wohl ein Heiliger.

Auch gegen Killerphrasen wehren Sie sich am besten mit einer Gegenfrage:

Tipp

„Wollen Sie damit ausdrücken, dass Sie die Antwort auf meine Frage nicht kennen? Haben Sie nicht letzte Woche in der Abteilungssitzung darüber referiert?"

Gehen Sie dabei erst gar nicht direkt auf das Gesagte ein. Wer versucht, sich zu verteidigen („Aber ich bin doch gar nicht unsachlich, Herr Schlau!"), der lässt sich auf das Spiel des anderen ein und läuft Gefahr, mit der nächsten Killerphrase bombardiert zu werden.

„Frau Häferl, wir kennen das ja! Wenn es ums Thema Zahlen geht, fehlen Ihnen ja oft die Worte!"

Tipp

Besser ist es in einer solchen Situation, den verbalen Angriff einfach zu überhören:

„Welcher Punkt ist für Sie konkret noch unklar, Herr Schlau?"

3. Kindsprache

Über- und Unterordnung haben in der Kommunikation ihre eigenen Sprachmuster. Wer sich bewusst unterordnet, spricht meist in der so genannten „Kindsprache": Er wählt bewusst Worte, die eine fast kindliche Sichtweise bekunden, und appelliert dabei beim anderen an seinen Helfer- bzw. Elterninstinkt.

„Bitte, hilf mir doch, du kannst das ja viel besser als ich!"

Stopp

„Also das war mir jetzt zu schnell! Können Sie mir das nicht noch einmal erklären?"

„Muss ich denn das wirklich alles ganz alleine machen?"

Man sieht förmlich den trotzigen Schmollmund, der solche Äußerungen begleitet. Wer so argumentiert, hofft auf Hilfe, zieht sich gerne in die Rolle der/des Hilflosen zurück. Er darf sich dann aber auch nicht wundern, wenn seine Kompetenz angezweifelt wird. Diese Gesprächstaktik wählen übrigens nicht nur weibliche Mitarbeiter, sondern es gibt auch jede Menge Chefs und sonstige männliche Mitarbeiter, die mit dieser Masche das weibliche Helfersyndrom ansprechen wollen. Was als kleiner Junge bei der Mutter funktioniert hat, funktioniert meistens auch bei den eigenen Mitarbeitern!

Wenn Sie zu dem Typ Mitarbeiter gehören, der immer wieder in genau diese Falle tappt, dann wird es Zeit, damit anders umzugehen. Auch wenn das „Kleine-Jungen-Lächeln" noch so unwiderstehlich ist, irgendwann fühlen Sie sich doch ausgenützt.

Tipp

Begegnen Sie diesen verbalen Überrumpelungsversuchen mit konsequenter „Erwachsenensprache". Lassen Sie sich nicht in die Elternrolle drängen. Verwenden Sie bewusst sachliche Formulierungen:

„Bei welchem Punkt genau brauchen Sie meine Hilfe?"

„Ich kann diese Aufgabe gerne für Sie erledigen, mache dann aber Aufgabe X erst morgen. Ist das so für Sie in Ordnung?"

Überlassen Sie ruhig dem Vorgesetzten die Entscheidung, welche Aufgabe zuerst erledigt wird. Dadurch vermeiden Sie, dass Sie sich aus lauter Gutmütigkeit und falsch verstandener „Mütterlichkeit" unter einem Berg von Arbeit wieder finden. Alles können Sie nicht gleichzeitig erledigen!

4. Falscher Humor

Ein weiteres verbales Machtmittel – meist von Männern eingesetzt – ist falscher Humor. Wer sich immer auf Kosten anderer lustig macht, ist oft nur zu feige, sich direkt mit Konflikten auseinander zu setzen. „Habt Ihr heute die Schneider schon gesehen? Mit diesen hohen Absätzen wird sie auf der Schleimspur zum Chef sicher ausrutschen, ha, ha, ha!" Diese Art von Humor kann sehr verletzend sein. Werden Sie Zeuge so eines erquickenden Heiterkeitsausbruches, ist es zunächst angebracht, nicht mitzulachen. Nicht einmal ein mitleidig-freundliches Lächeln sollte Ihnen hier auskommen. Schauen Sie doch den „Witzbold" einfach mit offenem, interessiertem, aber sehr ernstem Gesichtsausdruck an. Das verunsichert ihn sicher noch mehr als eine heftige Verteidigung der betroffenen Person. Denn nichts ist peinlicher, als wenn jemand einen Witz erzählt und keiner lacht. Das vertreibt falschen Humor wirkungsvoller als Moral-triefende Worte.

Sind Sie selbst die Betroffene, so bedarf es meist noch wirkungsvollerer Waffen. Und Vorsicht: Solche Situationen sind nicht selten der Beginn von Mobbing.

Tipp

Reagieren Sie nicht direkt auf den Inhalt des Gesagten. Zeigen Sie zunächst mitleidige Gelassenheit. Aber ziehen Sie eine klare Grenze:

„Ich verstehe, dass es für Sie leichter ist, in dieser Form zu argumentieren, aber in Zukunft möchte ich Probleme mit Ihnen auf einer sachlichen Ebene klären. Danke für Ihr Verständnis."

Machen Sie sich nicht zum willigen Opfer, das mit hochrotem Kopf und verlegenem Lächeln im nächsten Kämmerchen verschwindet. Zeigen Sie dem „Angreifer“, dass er Sie so nicht treffen kann, dass Sie ihn vielmehr durchschaut haben – er ist ganz einfach zu unsicher, um sich offen mit Ihnen auseinander zu setzen.

5. Die „territoriale Hackordnung"

Ein beliebtes Machtspiel im Büro wird über den „Territorialkampf“ ausgetragen. Wer hat wo sein Büro? Klar, der oberste Chef hat sein vom Designer gestaltetes Büro in der obersten Etage, vier Mal so groß wie alle anderen (obwohl er ohnehin meist außer Haus ist) und mit herrlichem Panoramablick! Dieses Klischee ist immer noch weit verbreitet. Um zu demonstrieren, wie gleichwertig doch alle Mitarbeiter sind und wie wichtig dem Unternehmen Teamwork ist, wurde die Idee des Großraumbüros geboren.

Doch so manche Chefs kommen mit dieser „Gleichmacherei“ nicht ganz zu recht. Da haben sie sich nun mit allen Mitteln an die Spitze gekämpft und nun sollen sie freiwillig auf die äußeren Zeichen der Macht verzichten? Das widerspricht dem Persönlichkeitsbild des klassischen Führertyps. Er braucht viel Platz. Und er braucht Respekt – wehe, wenn sich ein unbedarfter Fremder auf seinen Firmenparkplatz stellt! Dann schickt er seine Mitarbeiter quer durchs Haus, nur um den Übeltäter ausfindig zu machen. Wie reagiert man nun souverän auf derartige „Revierkämpfe“?

Tipp

Sehen Sie solche „Hierarchie-Allüren" gelassen. Konzentrieren Sie sich auf Ihren Arbeitsplatz. Gestalten Sie ihn so, dass Sie sich wohl fühlen.

Reagieren Sie auf Anordnungen Ihres Vorgesetzten, die rein seiner „Machterhaltung" dienen, sehr sachlich und ruhig. Spiegeln Sie ihm sein Anliegen und setzten Sie es in Beziehung zu der Tätigkeit, die Sie dadurch vernachlässigen müssten:

„Sie möchten, dass ich den Besucher ausfindig mache, der auf Ihrem Parkplatz steht. Ich verfasse gerade den Bericht für die Konzernleitung. Ist es für Sie in Ordnung, wenn dieser Bericht dann erst um 14:00 Uhr fertig wird?"

1.7 Umgang mit Medien und Journalisten

Immer mehr Unternehmen haben erkannt, wie wichtig das Erscheinungsbild nach außen ist, und wollen es nicht einfach dem Zufall überlassen. Gezielte PR (Public Relation) ist angesagt. Das öffentliche Bild eines Unternehmens wird dabei oft von den Medien geprägt. Der richtige Umgang mit den Vertretern dieser Medien ist daher enorm wichtig. Und obwohl PR eigentlich Chefsache ist, kommt genau in diesem Bereich dem direkten Mitarbeiter besondere Bedeutung zu.

Die richtige Einstellung zu PR ist in allen Bereichen eines Unternehmens entscheidend und soll jedenfalls von oben nach unten getragen werden. Wichtigste Grundlage ist dabei die interne und externe Kommunikation. Auch in diesem Bereich nehmen z. B. der Assistent oder die unmittelbaren Mitarbeiter eine zentrale Stellung ein:

- Sie „transportieren" überwiegend die Kommunikation ihres Chefs.
- Sie sind erster Ansprechpartner für Journalisten.
- Sie bekommen von ihrem Chef PR-Aufgaben – auch eigenverantwortlich – übertragen.
- Sie bestimmen als „Visitenkarte" das Image des Unternehmens entscheidend mit.
- Sie pflegen die Kontakte zu schon bekannten Journalisten.
- Sie haben die Chance zur informellen Kommunikation und erfahren so mehr als andere Stellen im Unternehmen.

Der Umgang mit Journalisten

Der erste Ansprechpartner für einen Journalisten ist meist die Sekretärin. Egal, wie der Kontakt zum Unternehmen grundsätzlich zustande gekommen ist, irgendwann landet er meist bei ihr. Oft versucht er dann schon bei ihr wichtige Informationen zu erlangen. Er weiß ja, dass sie zu den „bestinformierten" Personen im Unternehmen gehört!

Klären Sie daher grundsätzlich und rechtzeitig mit Ihrem Chef bzw. dem Management ab, inwieweit Sie Auskunft geben dürfen. Auch wenn Sie jetzt vielleicht denken, dass so ein Fall bei Ihnen nie eintreten wird, kann das rascher geschehen, als einem lieb ist. Ein großer Unfall in einem Werk, ein plötzlich auftretender Verdacht gegen die Geschäftsleitung etc. und schon stehen Sie im Kreuzfeuer der Medien. Auch in einem kleinen, „unscheinbaren" Unternehmen kann das passieren. In solchen Situationen sind Sie dann meist – wenn unvorbereitet – überrollt!

Die richtige Behandlung von Journalisten will gelernt sein – schließlich haben Sie ja einen Profi in Fragetechnik und „Würmer aus der Nase ziehen" vor sich! Was also sollen Sie beachten?

Checkliste Umgang mit Journalisten

- ☐ Je besser es Ihnen gelingt, den Journalisten zum **„Partner"** zu machen, desto wohlwollender wird auch er mit Ihnen umgehen. Zeigen Sie jedoch Ablehnung und Feindschaft, wird er alle seine „Waffen" auspacken. Signalisieren Sie also Verständnis für seine Arbeit und betonen Sie die Tatsache, dass es Ihnen auch um das Aufdecken der Wahrheit geht.
- ☐ Berücksichtigen Sie den **Zeitdruck**, unter dem Journalisten meist arbeiten. Sie haben keine Zeit, auf ausführliche Hintergrundinformationen zu warten. Informieren Sie daher über jene Tatbestände, über die schon gutes Informationsmaterial vorliegt.
- ☐ Bleiben Sie immer bei der **Wahrheit**. Lügen und Halbwahrheiten können in Journalistenhänden sehr gefährlich werden. Sagen Sie lieber weniger, aber diese Fakten müssen stimmen.
- ☐ Hören Sie den Fragen des Journalisten genau zu. **Konzentrieren** Sie sich auf sie und versuchen Sie, auch zwischen den Zeilen zu lesen. Fragen Sie lieber noch einmal nach, wie eine bestimmte Formulierung gemeint ist. Lassen Sie sich nicht durch eine geschickte Fragetechnik überrumpeln!
- ☐ Ziehen Sie sich nötigenfalls auf Ihre Stellung als **„nur der Mitarbeiter"** zurück. Verweisen Sie auf die verantwortlichen Stellen und Mitarbeiter. In so einer Situation können Sie Ihre Kompetenz ruhig auch einmal herunterspielen!
- ☐ Üben Sie **keinen Druck** auf Journalisten aus: „Wir sind ja ein so guter Anzeigenkunde Ihrer Zeitung, da werden Sie doch sicher nichts Negatives über unser Unternehmen berichten wollen!" Solche Sätze wecken den Widerspruchsgeist jedes ambitionierten Journalisten erst recht.
- ☐ Vertrösten ist ebenfalls eine schlechte Taktik. „Später" ist für einen Journalisten meist zu spät, nämlich nach Redaktionsschluss. Klären Sie daher immer genau ab, **bis wann** er die Information benötigt, wann seine „Deadline" ist.
- ☐ Wichtig ist, dass Sie **intern** im Haus **abgesprochen** haben, wer wann wofür zuständig ist. Gibt es einen PR-Verantwortlichen, ist mit ihm abzuklären, welche Informationen Sie weitergeben dürfen und welche Anfragen Sie an ihn weiterleiten sollen.

- Informationen über bestehende Geschäftsverbindungen, aktuelle Kunden oder Klienten sind für die Öffentlichkeit tabu! Lassen Sie sich durch keinen noch so guten Trick dazu hinreißen, solche Informationen preiszugeben! Den Hinweis, dass Sie **über bestehende Geschäftsbeziehungen** keine Auskunft erteilen können, muss jeder Journalist akzeptieren.
- Informationen „unter der Hand", „so ganz privat" oder „unter uns" sind unprofessionell und können für Sie sehr folgenschwer werden. Kein Chef kann solche **Indiskretionen** dulden. Selbst wenn Sie die Stelle gerade gekündigt haben und nicht besonders gut auf Ihren alten Arbeitgeber zu sprechen sind, gehört so etwas absolut nicht zum guten Ton. Diese Art von Rache kann für Sie auch in Ihrer beruflichen Zukunft Nachteile mit sich bringen, weil Sie damit rechnen können, von findigen Journalisten auch weiterhin als „guter Informant" registriert zu werden.
- Meist als Fettnäpfchen wird es empfunden, einen Journalisten um die Durchsicht und Korrektur des Artikels vor der Veröffentlichung zu ersuchen.

Presseaussendungen

- Bevor Sie eine Presseaussendung verfassen, überlegen Sie genau, welches **Zielpublikum** Sie damit ansprechen wollen. Dementsprechend wählen Sie dann das jeweilige Medium: allgemeine Presse, Wirtschaftspresse, Fach- oder Branchenzeitschriften, regionale oder überregionale Presse. Länge, Stil und Inhalt richten sich nach dem Zielmedium.
- Legen Sie sich eine **Mediendatei** an, in der Sie Namen, Adressen und Telefonnummern der jeweiligen Journalisten sammeln. Dazu gehört noch die Information über das zugehörige Medium, dessen Erscheinungsweise und Hinweise, wie die Kontakte bisher zu dem jeweiligen Journalisten verlaufen sind.
- Beachten Sie den jeweiligen **Redaktionsschluss**, um Ihre Presseaussendung rechtzeitig weiterleiten zu können. In einer informationsärmeren Zeit – „Sauregurkenzeit" – sind solche Presseaussendungen oft leichter unterzubringen als in Zeiten vieler, aktueller Tagesereignisse.
- Es gibt verschiedene Möglichkeiten, solche **Informationen** zu **gestalten**: entweder als Leserbrief, als Exklusivgeschichte, als reine Hintergrundinformation, als „Hard News" oder „Soft News".

- Die Wahl der passenden **Darstellungsform** ist Sache des PR-Verantwortlichen in Ihrer Firma. Sollten Sie diese Aufgabe im Einzelfall delegiert bekommen, sichern Sie sich bei Ihrem Chef ab, ob Sie die richtige Form gewählt haben.
- Versetzen Sie sich beim Verfassen in die Lage des Redakteurs: Jede Presseaussendung muss einen **Neuigkeitswert** haben. Wer nur heiße Luft und Altbekanntes wieder aufwärmen will, wird nicht auf Gegenliebe des Redakteurs stoßen.
- Der **Aufhänger** einer Presseaussendung ist das Wichtigste: Er muss das Interesse des potentiellen Lesers sofort wecken. Beachten Sie daher für Ihren Text immer die fünf Ws: Wer? Wann? Wo? Was? Wie?
- Professionalität zeigt sich in der **Gestaltung** des Berichtes. Wenn er für das Medium sofort übernehmbar ist und der Redakteur nicht mehr umformulieren und recherchieren muss, haben Sie gute Arbeit geleistet. Dazu gehört aber auch, dass der Beitrag sofort als Presseaussendung erkennbar ist.
- Vergessen Sie nicht, einen Hinweis auf die **jeweilige Kontaktperson** für weitere Fragen anzugeben, und zwar vollständig mit Vor- und Zunamen, Position und Telefondurchwahl bzw. Mobiltelefonnummer. Ebenso wesentlich sind Datum und Absender.
- Verzichten Sie darauf, den Firmennamen in jedem zweiten Satz zu erwähnen. Das wirkt unnötig aufdringlich und penetrant. **Vermeiden** Sie Personenkult und Selbstbeweihräucherung sowie einen allzu **„werblichen“** Stil. Indiskrete Informationen über die Konkurrenz oder „Schlechtmachen“ geben ebenfalls kein gutes Bild ab! Wenn Sie Zusatzinformationen versprechen, dann liefern Sie diese auch prompt.

Scheuen Sie sich nicht vor dem Kontakt mit Journalisten. Sie versuchen ebenso wie Sie, ihren Job gut zu machen. Nur ein gemeinsames Vorgehen und kein ängstliches Gegeneinander können Ihrem Unternehmen dienen. Selbst wenn Sie Informationen verweigern (müssen), bleiben Sie immer freundlich und verständnisvoll für die Anliegen der „Öffentlichkeit“. Souveränität beweisen Sie durch konsequent bestimmtes Auftreten. Wenn Sie einmal „Nein“ gesagt haben, dann bleiben Sie auch dabei!

1.8 Kommunikation am Telefon

Selbstcheck

Was prägt den ersten Eindruck am Telefon?

- ☐ Die Stimme
- ☐ Die Worte
- ☐ Die Begrüßung
- ☐ Die Körperhaltung
- ☐ Die Hörerhaltung
- ☐ Die technischen Möglichkeiten Ihrer Telefonanlage

Wie reagieren Sie auf folgende Äußerungen am Telefon?

1. „Da sind sicher nicht Sie zuständig, das bespreche ich lieber mit dem Herrn Direktor!"
2. „Ihr Chef hat mich nicht zurückgerufen! Ist das bei Ihnen so üblich?"
3. „Es ist aber eilig – schicken Sie mir doch einstweilen den Entwurf!"
4. „Ihre Produkte sind viel zu teuer und außerdem brauche ich derzeit nichts!"
5. „Ich möchte mir das lieber noch einmal überlegen, das erscheint mir alles noch viel zu unsicher!"
6. „Sie haben so eine umwerfende Telefonstimme! Haben Sie heute schon etwas vor?"

Ist es Ihnen schwer gefallen, die richtigen Antworten zu finden?

Lösungen auf Seite 384

Unbestritten, E-Mail wird in Zukunft als Kommunikationsmittel immer wichtiger. Doch nach wie vor ist das **Telefon die klare Nummer Eins** im Berufsleben. Ungefähr 70 Prozent aller Kontakte zu Kunden und Geschäftspartnern erfolgen telefonisch. Gerade im Zeitalter des immer größer werdenden Zeitdrucks und der immer rascher zu treffenden Entscheidungen ersetzen Telefongespräche häufig persönliche Treffen. Ist doch auch ganz einfach, denn Telefonieren kann ja schließlich jeder. Wenn das Gespräch zu lang und langsam lästig wird, beendet man das Gespräch mit irgendeiner Ausrede. Ganz einfach, oder?

Warum haben wir dann manchmal dieses ungute Gefühl, wenn wir den Telefonhörer auflegen? Was macht es oft so schwierig, dem anderen verständlich zu machen, was wir wollen? Warum frustriert es einen Mitarbeiter so oft, wenn ein Anrufer sich an ihm vorbei „ans Cheftelefon" schummelt mit einem Anliegen, das eigentlich er hätte klären können? Oder ein Kunde beendet das Gespräch verärgert, nur, weil er seinen Erklärungsversuchen nicht zugehört hat? Liegt das an dem zunehmend aggressiven Ton der anderen?

Ganz so einfach ist es also nicht mit dem Telefonieren.

Wer die Fehler jedoch immer nur am anderen Ende der Leitung sucht, wird sein Telefonverhalten nicht verbessern können.

Es ist sehr wohl eine Frage der Professionalität am Telefon, ob ich meine Ziele im Gespräch erreiche bzw. ob ich am anderen Ende verstanden werde. Telefonkompetenz ist das Schlagwort, mit dem wir uns in diesem Kapitel befassen werden. Die oft zitierten Begriffe Freundlichkeit und Kompetenz spielen dabei eine zentrale Rolle.

Der erste Eindruck am Telefon

Beim Großteil Ihrer Kunden- und Geschäftsbeziehungen erfolgt der erste Kontakt über das Telefon. Deshalb trifft der Begriff „Visitenkarte des Unternehmens" hier ganz besonders zu. Doch was prägt diesen ersten Eindruck? Was können Sie aktiv dazu tun, um diesen Eindruck positiv zu gestalten? Auf was achtet der Anrufer zunächst?

Wie schon erwähnt, ist es sicher nicht der Inhalt Ihrer Worte, der diesen allerersten Eindruck prägt. Bis zu neunzig Prozent wird dieser Eindruck von der Art und Weise, wie Sie etwas sagen, beeinflusst. Nur zehn Prozent der Wirkung gehen davon aus, was Sie sagen! Das sind wohl sehr beeindruckende Zahlen! Es lohnt sich daher, über die Wirkung der eigenen Stimme nachzudenken. Die optischen Beurteilungskriterien, die beim persönlichen Kennenlernen den Hauptteil des ersten Eindrucks bilden, fehlen ja am Telefon. So bleibt uns nur die Stimme, der Tonfall, der Sprechrhythmus zur ersten Einschätzung. Den Rest des Bildes schaffen wir uns in unserer Vorstellung. Ist es Ihnen auch schon einmal so ergangen, dass Sie jemanden nur am Telefon gekannt haben und sich immer so einen dunklen, großen, attraktiven Latin-Lover-Typen zur sonoren, erotischen Stimme vorgestellt haben? Und dann, als er endlich vor Ihnen stand, war die Enttäuschung groß: klein, blond, rundlich-gemütlich und irgendwie alles andere als erotisch!

Grundsätzlich empfinden wir tiefe Stimmen als angenehm, kompetent und vertrauenserweckend. Hohen Stimmen ordnen wir dagegen eher die Eigenschaften unsicher, nervös und hektisch zu. Was also tun, wenn Sie nun einmal über eine hohe Stimme verfügen? Aus einem Sopran ist schwer ein Bass zu machen!

Tipp

Je schneller Sie sprechen, desto höher klingt Ihre Stimme. Reden Sie daher immer bewusst etwas langsamer, das macht Ihre Stimme tiefer und steigert so Ihre „stimmliche Kompetenz".

Ist Ihre Stimme eher tief, reden Sie etwas schneller, mit bewussten Höhen und Tiefen, so kommt Farbe in Ihre Stimme. Sie können am Telefon ruhig etwas übertreiben, die Übermittlungstechnik filtert einen Teil der Wirkung weg!

Haben Sie schon einmal ein Telefonseminar besucht? Dann haben Sie sicher etwas über das Lächeln am Telefon gehört! Wie bei einem Instrument klingt diese Stimme auch einfach anders, wenn sie durch zusammengezogene Lippen hindurch muss oder sich bei einem lächelnd geöffneten Mund entfalten kann. Wir hören, ob der andere gerade liegt, bequem im Stuhl hängt oder aufrecht neben dem Schreibtisch steht. Je aufrechter Ihre Haltung beim Telefonieren, desto voller klingt Ihre Stimme. Sollten Sie die Angewohnheit haben, den Hörer immer zwischen Kopf und Schulter einzuklemmen, schadet das nicht nur Ihrer Stimmwirkung, sondern zunehmend auch Ihrem Wohlbefinden: Verspannungen, Rücken- und Kopfschmerzen sind die Folgen! Müssen Sie beim Telefonieren die Hände frei halten, um beispielsweise die Datenbank am PC zu bearbeiten, so schaffen Sie sich ein Headset (Kopfhörer mit eingebautem Mikrofon), das Sie an das Telefon koppeln, an. Diese Investition lohnt sich allemal!

Atmen Sie immer kurz durch und vor allem bewusst aus, bevor Sie zum Hörer greifen. Das entspannt und hilft Ihnen, die negative eigene Stimmung ein wenig abzubauen. Konzentrieren Sie sich auf einen netten, unschuldigen Menschen am anderen Ende. Der kann nichts dafür, dass Sie vielleicht gerade schlecht gelaunt sind. Er ist nicht dafür verantwortlich. Lächeln Sie also schon, bevor Sie abheben, das bringt Sie in die richtige Stimmung und beeinflusst den ersten Eindruck so positiv wie sonst kaum etwas!

Ein wesentlicher Bestandteil des ersten Eindrucks ist das Melden. Das haben mittlerweile viele Unternehmen erkannt und stecken viel Energie und Geld in die Festlegung der Begrüßungsformulierung sowie die zugehörige Schulung der Mitarbeiter. „Firma ABC-AG. Susanna Schauer am Apparat, guten Tag, was kann ich für Sie tun?“, kommt es da im schönsten Ton durch den Hörer. Der Anrufer muss sich erst einmal besinnen: Den Firmennamen hat er nicht so ganz gehört, doch das „Was-kann-ich-für-Sie-tun?“, bei dem sich die Stimme von Fräulein Schauer zu ungeahnten Höhen aufschwingt, erweckt seine Aufmerksamkeit. Ist er nun ein Zyniker, will er es genau wissen: „Was Sie für mich tun können? Na, ziemlich viel! Fangen wir an mit einem Abendessen?“ Die verdutzte Frau Schauer wird in ihrer Antwort gleich eine Oktave tiefer klingen. Kommt das Gespräch dann auf das tatsächliche, sehr fordernde Anliegen des Anrufers, ist die eingebläute Freundlichkeit des Begrüßungssprüchleins wie weggeblasen!

Wir finden, solche Einleitungstiraden sind einfach viel zu lange, stören die Konzentration des Anrufers und wirken unecht, künstlich. Beginnen Sie besser mit dem Gruß, das gibt dem Anrufer Zeit, sich auf das Gespräch einzustellen – das dauert immer den Bruchteil einer Sekunde, da der andere ja nicht weiß, wann genau Sie abheben. Außerdem filtert die Technik die ersten Impulse weg. Sprechen Sie den Firmennamen möglichst langsam aus, auch wenn Sie ihn hundert Mal am Tag sagen müssen. Gerade die vielen Abkürzungen in den Firmennamen machen es zunehmend schwerer, sie zu verstehen. Erst jetzt kommt der eigentlich wichtigste Teil, Ihr Name. Das ist meist die einzig neue Information für den Anrufer. Welche Tageszeit gerade ist, weiß er. Und dass er bei der Firma ABC angerufen hat, weiß er auch. Aber wer dort abhebt, das ist meist neu für ihn! Der Vorname wirkt immer positiv und persönlich: Eine Susanna Schauer merkt man sich eher als Frau Schauer! Ist Ihr Name allerdings sehr lange oder schon der Firmenwortlaut sehr umfangreich, können Sie den Vornamen auch weglassen. Überhaupt sind wir der festen Überzeugung, dass das Wesentlichste Ihre Einstellung zur gewählten Meldeform ist. Sie sagen diesen Spruch tagtäglich, Sie müssen damit leben. Besser nicht so perfekt vom Inhalt her, dafür freundlich und echt! Wie wir ja schon erwähnt haben, ist es nicht der Inhalt, der beeindruckt, sondern die Art und Weise, wie Sie etwas sagen!

Checkliste erster Eindruck am Telefon

- ☐ Vor dem Abheben tief durchatmen – Bauchatmung!
- ☐ Ausatmen ist besonders wichtig
- ☐ Aufrechte Haltung, gerader Oberkörper
- ☐ Entspannte Gesichtszüge – Lächeln
- ☐ Richtig melden:
  - Langsam und deutlich sprechen
  - Keine zu lange Formulierung
  - Angemessene Höflichkeit – der Gruß drückt Ihre Persönlichkeit aus
  - Gruß, Firmenname und dann der eigene Name
  - Kurze Pause vor dem eigenen Namen – er ist die wichtigste Information für den Anrufer!
  - Eigene akademische Titel werden nicht genannt
  - Vorname – je nach Situation
  - Keine leeren Floskeln!
  - Interesse auf den Anrufer lenken
- ☐ Umständliche Einleitungen vermeiden, zur Sache kommen
- ☐ Warten, denn Zuhören kann auch ein Anfang des Gespräches sein
- ☐ Geduldig und hilfsbereit bleiben
- ☐ Professionelles Weiterverbinden: Nennen Sie dem Kunden Name, Abteilung, Durchwahl des zuständigen Mitarbeiters. Informieren Sie diesen kurz über den Wunsch des Kunden oder Inhalt des Gesprächs
- ☐ Vor dem endgültigen Weiterverbinden höflich verabschieden

Telefongespräche vorbereiten

Die richtige Vorbereitung ist die Grundlage, aktive Telefongespräche erfolgreich zu führen. Nützen Sie diesen Vorteil!

Planen Sie Ihre Telefonliste immer gleich zu Beginn Ihres Arbeitstages:

Checkliste Telefongespräch vorbereiten

- ☐ Welche Telefonate haben heute höchste Priorität?
- ☐ Welche Telefonate lassen sich „bündeln" und zu einem ruhigen Zeitpunkt, zum Beispiel um 14:00 Uhr, erledigen?
- ☐ Welcher Anruf ist vom Vortag noch offen? Dieser gehört ganz oben auf die Liste!
- ☐ Welche Ziele verfolge ich mit dem jeweiligen Anruf?
- ☐ Welche Argumente helfen mir?
- ☐ Welchen Einwänden werde ich mich möglicherweise gegenübersehen und wie reagiere ich darauf?
- ☐ Welcher Zeitpunkt ist für welchen Anruf günstig?
- ☐ Wer ist mein Ansprechpartner? Kenne ich seinen Namen, seine Position, seine Titel? Kennt er mich?
- ☐ Weiß der andere schon, worum es geht? Wie sind seine Vorkenntnisse?
- ☐ Welche Unterlagen benötige ich noch? Was muss ich bereithalten?
- ☐ Habe ich einen Notizblock oder – noch besser – einen Telefonvordruck zur Hand?
- ☐ Geht es um eine Terminvereinbarung: Wann sind die günstigsten Termine? Welche Alternativen kann ich anbieten?

Tipp

Nennen Sie bei Terminvereinbarungen den Termin, der Ihnen lieber ist, an zweiter Stelle! Wir Menschen tendieren dazu, das Letztgehörte zu präferieren.

Professionelles Gesprächsverhalten am Telefon

Checkliste Gesprächsführung am Telefon

- ☐ Lassen Sie Ihren Anrufer nicht unnötig lange warten. Nach maximal dreimaligem Läuten sollte jemand abheben.
- ☐ Sollte aufgrund von Überlastung das rasche Melden nicht möglich sein:
  - Umleiten zur Telefonzentrale oder zu einem anderen Mitarbeiter
  - Einsatz einer persönlichen Mailbox, auf der der Anrufer seinen Wunsch oder seine Bitte um Rückruf deponieren kann.
- ☐ Achten Sie am Anfang auf den Namen des anderen!
- ☐ Fragen Sie sofort nach, wenn Sie den Namen nicht verstanden haben, klären Sie die Ungewissheit möglichst gleich.
  - „Wie schreibt sich Ihr Name genau? Ich möchte gerne die wichtigen Punkte mitnotieren!“
- ☐ Buchstabieren als Hilfe. Notfalls buchstabieren Sie (siehe auch S. 91).
- ☐ Ist Buchstabieren nicht möglich, wiederholen Sie lautmalerisch, was Sie gehört haben. Sollten Sie den Namen falsch wiederholen, wird der andere Sie korrigieren. Niemand lässt seinen Namen gerne falsch im Raum stehen!
- ☐ Formulieren Sie positiv, konkret und bestimmt.
- ☐ Sagen Sie dem anderen, was Ihr Unternehmen für ihn tun kann, und nicht, was nicht möglich ist.
  - „Herr XY ruft Sie gerne morgen um 10:00 Uhr zurück.“
    Statt: „Er ist heute leider nicht mehr im Haus!“
- ☐ Die „Für-Sie“-Sprache rückt den anderen und seinen Nutzen in den Vordergrund. Klären Sie offene Punkte sofort, fragen Sie nach.
- ☐ Verpacken Sie nicht zu viele Informationen in einen Satz.
- ☐ Ziehen Sie keine voreiligen Schlüsse.
- ☐ Holen Sie bei Ihrem Gesprächspartner am Telefon Feedback ein.
- ☐ Setzen Sie Fragen gekonnt ein.
- ☐ Kein Fachchinesisch, keine Abkürzungen, die der Anrufer nicht kennt!
- ☐ Unterbrechen Sie nur, wenn es unbedingt nötig ist.

- ☐ Wenn Sie den anderen unterbrechen müssen, weil Sie zum Beispiel merken, dass er bei Ihnen an der falschen Adresse ist, tun Sie das, indem Sie ihn mit dem Namen ansprechen und möglichst mit einer Frage formulieren:
  - „Frau Maier, ist es Ihnen recht, wenn ich Sie mit Frau Huber aus der Finanzbuchhaltung verbinde? Sie wird Ihnen über die Zahlungsbedingungen gerne Auskunft geben!"
- ☐ Fühlen Sie sich im Moment auf dem falschen Fuß erwischt oder haben Sie die nötigen Informationen nicht parat, ist es besser, einen Rückruf anzubieten.
  - „Ich möchte Ihnen gerne eine ausführliche Antwort zu Ihrer Frage geben und werde mich gleich informieren. Wann darf ich Sie zurückrufen?"
- ☐ Nehmen Sie Rückrufe ernst. Vereinbaren Sie fixe Termine für den Rückruf.
  - „Ich richte meinem Chef aus, dass er Sie zurückruft. Wann kann er Sie erreichen? ... Gut, dann wird er Sie morgen zwischen 15:00 Uhr und 16:00 Uhr zurückrufen!"
- ☐ Erziehen Sie Ihre Mitarbeiter dazu, dass das auch keine leere Versprechung bleibt! Machen Sie ihnen ihren eigenen Nutzen klar, wenn sie Rückruftermine einhalten. Bleiben Sie hartnäckig und tragen Sie den Rückruf als Termin in die jeweilige Agenda ein.
- ☐ Fassen Sie am Schluss eines Telefongesprächs zusammen, zu welchen Ergebnissen Sie gemeinsam gelangt sind.
- ☐ Kontrollieren Sie, ob Sie alle wichtigen Fakten schriftlich festgehalten haben. So vermitteln Sie Kompetenz und Sicherheit.
- ☐ Danken Sie für das Gespräch und verabschieden Sie sich genauso freundlich und mit einem Lächeln wie bei der Begrüßung. Denn auch am Telefon zählt der letzte Eindruck!

Stopp

- Störende Geräusche: Drucker, Türöffner, Klingeln, Kopierer etc. können eine störende Lärmkulisse bilden.
- Private Gespräche, Gelächter und Musik im Hintergrund.
- Negativ besetzte Wörter: vielleicht, eventuell, könnte, wäre, hätte, ich habe nur, ich weiß nicht ....
- Entschuldigungsfloskeln, die nicht ernst gemeint sind: „Tut mir Leid ..."

EXKURS: Überbringen von schlechten Nachrichten am Telefon

Beispiel: Ein angekündigter Liefertermin kann nicht eingehalten werden.

Beginnen Sie mit

dem Kundenwunsch bzw. seiner Frage:

„Sie haben angefragt, ob der Liefertermin um eine Woche früher möglich ist …“

Sagen Sie danach dem Kunden

Ihre Aktion, Ihre Aktivität, die Sie gesetzt haben:

„Ich habe recherchiert …“

„Ich habe nachgefragt …“

„Ich habe mich erkundigt …“

Informieren Sie den Kunden in der Folge,

was möglich ist:

„Wir können am … liefern.“

Damit müssen Sie dem Kunden nicht sagen, was nicht möglich ist, das ergibt sich von selbst. *„Wir können nicht eine Woche früher liefern“* sollte der Kunde gar nicht erst hören.

Der Anrufbeantworter

Auch der Anrufbeantworter ist eine Visitenkarte für Ihr Unternehmen. Unprofessionelle Texte oder Funktionsstörungen prägen ein negatives Image nachhaltig! Auch übertriebene Originalität wirkt wenig ansprechend.

Durchleuchten Sie einmal kritisch den Umgang in Ihrem Unternehmen mit dem Anrufbeantworter:

Checkliste Anrufbeantworter

- ☐ Achten Sie immer auf den richtigen, aktuellen Text.
- ☐ Wird der Anrufbeantworter mit den Firmeninformationen wirklich nur außerhalb der Öffnungszeiten eingeschaltet?
- ☐ Wichtige Bestandteile für die Ansage:
  - Gruß, Firmenname,
  - Begründung, warum keine persönliche Entgegennahme des Gespräches möglich ist,
  - Geschäftszeiten bzw. Angaben, wann der Kunde wieder jemanden erreichen kann.
- ☐ Sprechen Sie den Text langsam und deutlich.
- ☐ Geben Sie nicht zu viele Informationen.
- ☐ Die Stimme soll positiv und freundlich klingen.
- ☐ Geben Sie Hinweise auf andere Stellen oder Mitarbeiter, die auch weiterhelfen können.
- ☐ Das Gerät von Zeit zu Zeit durch Kontrollanrufe testen.
- ☐ Welche Umleitungsmöglichkeiten bestehen noch?
- ☐ Einen eigenen Text für „Stress- und Überlastungszeiten" erstellen.
- ☐ Hören Sie den Anrufbeantworter sofort nach Arbeitsbeginn ab.

Tipp

Ob Chef oder Praktikant – für das Besprechen des Ansagetextes zählt nicht die Position im Unternehmen, sondern nur die Qualität der (Telefon-)Stimme!

Das Mobiltelefon

So wie die E-Mail unseren Schriftverkehr, so hat das Mobiltelefon unsere Telefonkommunikation revolutioniert. Wir sind immer und überall erreichbar, kein Ort mehr, wo das verräterische Klingeln nicht zu vernehmen ist. Wir können mit Freisprechanlagen und Headsets bei so gut wie jeder anderen Tätigkeit gleichzeitig auch telefonieren, mailen, SMSen, fotografieren …

Einen Haken hat die Sache aber: Der Telefonpartner hört alle Nebengeräusche – egal, ob auf der Straße, in der Bahn oder im Schwimmbad. Er wird von diesen Geräuschen gehörig abgelenkt. Die gegenseitige Verständigung leidet. Die Tonqualität erinnert nicht selten an die Radiosendungen der Frühzeit des Radios: mehr Rauschen als Worte! Der Anrufer zieht aus den Hintergrundgeräuschen seine eigenen Rückschlüsse. So liefert der mobile Telefonierer jede Menge unfreiwilliger Zusatzinformationen und gibt Anlass zu Spekulationen.

Am schlimmsten sind jedoch die Hintergrundgeräusche dann, wenn sie dem Anrufer das Gefühl geben, er spielt in der Aufmerksamkeit des anderen nur die „zweite Geige". Wer gerade mit Handgepäck, Ticket und Passkontrolle kämpft, hat auch wirklich nur einen geringen Teil seiner Aufmerksamkeit beim Telefonpartner!

Checkliste Mobiltelefon

- ☐ Ist die Verbindung so schlecht, dass Sie Mühe haben, den anderen zu verstehen, bitten Sie mit dem Hinweis auf die schlechte Verbindung um einen späteren Anruf.
- ☐ Sagen Sie nicht: „Ich kann **Sie** nicht verstehen." (emotionale Formulierung) Besser ist die Formulierung: „Ich kann Sie akustisch/auf Grund der schlechten Verbindung nicht verstehen." (sachliche Formulierung)
- ☐ Erkundigen Sie sich immer, ob der andere gerade ungestört telefonieren kann.
- ☐ Wer hört noch mit? Achtung Freisprechanlagen! Frage: „Ist es möglich, diesen Punkt jetzt zu besprechen?"
- ☐ Wenn benötigte Unterlagen fehlen: Bieten Sie lieber einen Rückruf an, als das Gespräch zum unnötigen „Zeitkiller" werden zu lassen!
- ☐ Mit den anderen Mitarbeitern genau abklären, in welchen Situationen Sie im Team Mobilnummern weitergeben dürfen.
- ☐ Bei Besprechungen, Essen etc. sollten Sie Ihr Handy unbedingt abschalten.
- ☐ Müssen Sie aus einem wichtigen Grund wirklich auch dann erreichbar sein, sprechen Sie diesen Umstand vor Beginn an. Stellen Sie das Telefon nach Möglichkeit auf lautlos.
- ☐ Eingeschaltete Handys sollten immer nur mit Tastensperre ins Jackett gesteckt werden. Nicht selten löst eine Berührung den Anruf einer gespeicherten oder der zuletzt angerufenen Nummer aus. Der so Angerufene kann nun unfreiwilliger Ohrenzeuge des gerade stattfindenden Gesprächs werden.

EXKURS: Die aktuellen Buchstabiertabellen

	Österreich	Deutsch	Englisch	Amerikanisch	International	NATO
A	**Anton**	Anton	Andrew	Abel (ei)	Amsterdam	Alfa
Ä	**Ärger**	Ärger				
B	**Berta**	Berta	Benjamin	Baker	Baltimore	Bravo
C	**Cäsar**	Cäsar	Charlie	Charlie	Casablanca	Charlie
Ch		Charlotte				
D	**Dora**	Dora	David	Dog	Dänemark	Delta
E	**Emil**	Emil	Edward	Easy	Edison	Echo
F	**Friedrich**	Friedrich	Frederick	Fox	Florida	Foxtrott
G	**Gustav**	Gustav	George	George	Gallipoli	Golf
H	**Heinrich**	Heinrich	Harry	How	Havanna	Hotel
I	**Ida**	Ida	Isaac	Item	Italia	India
J	**Julius**	Julius	Jack	Jig	Jerusalem	Juliet
K	**Konrad**	Kaufmann	King	King	Kilogramm	Kilo
L	**Ludwig**	Ludwig	Lucy	Love	Liverpool	Lima
M	**Martha**	Martha	Mary	Mike	Madagaskar	Mike
N	**Nordpol**	Nordpol	Nellie	Nan	New York	November
O	**Otto**	Otto	Oliver	Oboe	Oslo	Oscar
Ö	**Österreich**	Ökonom				
P	**Paula**	Paula	Peter	Peter	Paris	Papa
Q	**Quelle**	Quelle	Queenie	Queen	Quebec	Quebec
R	**Richard**	Richard	Robert	Roger	Roma	Romeo
S	**Siegfried**	Samuel	Sugar	Sugar	Santiago	Sierra
Sch	**Schule**	Schule				
T	**Theodor**	Theodor	Tommy	Tare	Tripoli	Tango
U	**Ulrich**	Ulrich	Uncle	Uncle	Uppsala	Uniform
Ü	**Übel**	Übermut				
V	**Viktor**	Viktor	Victor	Victor	Valencia	Victor
W	**Wilhelm**	Wilhelm	William	William	Washington	Whiskey
X	**Xaver**	Xanthippe	Xmas	X(eks)	Xanthippe	X-Ray
Y	**Ypsilon**	Ypsilon	Yellow	Yoke	Yokohama	Yankee
Z	**Zürich**	Zeppelin	Zebra	Zebra	Zürich	Zulu

1.9 Umgang mit Beschwerden

Professionalität zeigt sich in unserer „service-orientierten“ Berufswelt gerade im Umgang mit Kundenbeschwerden. Dabei sind längst nicht mehr nur die Service- oder Kundenbetreuungs-Abteilungen gefordert. Beschwerdemanagement wird immer mehr auch zur wichtigen Aufgabe in allen Office-Bereichen. Wie ein Mitarbeiter im Office mit einer Kundenbeschwerde umgeht, sagt daher viel über die Beschwerdekultur und die Kundenorientierung eines Unternehmens aus.

Doch es wird immer schwieriger, mit der zunehmend fordernden und manchmal auch sehr unfreundlichen, aggressiven Art vieler Kunden umzugehen. Wer dann auch noch gerade mit einer völlig anderen Tätigkeit beschäftigt ist, wird „kalt erwischt“. Umso schwerer ist es, dann noch den „Kommunikationsprofi“ herauszukehren.

Checkliste Umgang mit Beschwerden

- ☐ Bewahren Sie stets Ihre positive Einstellung: Sehen Sie eine Beschwerde als Herausforderung, als Chance, Ihre Professionalität unter Beweis zu stellen.
- ☐ Atmen Sie zunächst einmal durch – so bleiben Sie ruhig und gefasst
- ☐ Lassen Sie zunächst die Emotion des Kunden zu, reagieren Sie darauf z. B. mit: „Ich verstehe Ihre Verärgerung.“
- ☐ Nehmen Sie den Kunden und sein Anliegen immer ernst.
- ☐ Hören Sie genau und konzentriert zu.
- ☐ Trennen Sie die (hörbare) Emotion und die Sache.
- ☐ Erkennen Sie die wahren Ursachen einer Beschwerde – nicht immer ist es genau das, was Ihnen der Kunde auch sagt.
- ☐ Stellen Sie die richtigen Fragen:
  - Offene Fragen, um die Emotion zuzulassen und die wahren Hintergründe auszuloten
  - Informationsfragen, um Details zu klären
  - Zustimmungsfragen, um ein positives Gesprächsklima zu schaffen
  - Vorsicht mit geschlossenen Fragen, sie erwecken leicht den Charakter eines Verhörs.
- ☐ Formulieren Sie positiv, bestimmt und konkret.

- ☐ Vermeiden Sie Begriffe wie „Beschwerde", „Reklamation" und „Problem".
- ☐ Sprechen Sie nicht hastig und übereilt.
- ☐ Achten Sie darauf, dass Ihre Stimme nicht zu laut wird.
- ☐ Vermeiden Sie Fachausdrücke und firmeninterne Abkürzungen.
- ☐ Vorsicht mit Standard-Floskeln – sie haben oft einen negativen Effekt.
- ☐ Betonen Sie das gemeinsame Ziel und die Zusammenarbeit.
- ☐ Entschuldigen Sie sich für Fehler – Offenheit entwaffnet.
- ☐ Unterstellen Sie dem Kunden nicht, die Unwahrheit zu sagen, und schieben Sie ihm nie die Schuld zu.
- ☐ Bieten Sie Alternativen, zeigen Sie Initiative.
- ☐ Ist eine Lösung gefunden, holen Sie sich das positive Feedback des Kunden als Verstärker ein.

Stopp

Hier nun ein paar Negativbeispiele aus der „Beschwerde-Praxis":

- *„Jetzt ist es ganz schlecht, rufen Sie doch später wieder an."*
- *„Das ist ja überhaupt kein Problem, da brauchen Sie sich doch nicht so aufzuregen!"*
- *„Das kann ich mir nicht vorstellen, das haben wir noch nie gehabt."*
- *„Da haben Sie aber etwas gründlich missverstanden."*
- *„Da bin ich nicht zuständig!"*
- *„Ich werde Ihnen das jetzt noch einmal ganz genau erklären."*
- *„Tut mir leid, aber da muss ich Sie auf unsere Geschäftsbedingungen verweisen, die müssen Sie halt auch genauer lesen."*

Würden Sie als verärgerter Kunde bei solchen Äußerungen nicht auch in die Luft gehen?

Tipp

Eine zur Zufriedenheit des Kunden erledigte Beschwerde bleibt ihm besser im Gedächtnis als fünf problemlose Auftragsabwicklungen!

EXKURS: Wenn Kundenkritik zu persönlich wird

Ein Kunde, der sich beschwert, unterscheidet nicht zwischen Sache und Emotion. Er hat sich über Ihr Produkt, einen Mitarbeiter oder über Ihre Dienstleistung geärgert und Sie müssen nun dafür „gerade“ stehen. Es ist ihm auch völlig egal, wer vor ihm steht. Er meint also nicht Sie persönlich, genauso hätte es auch die Kollegin XY treffen können.

So kann seine Kritik auch sehr persönlich und beleidigend ausfallen. Außerdem hat nicht jeder Kunde ein Kommunikationsseminar besucht!

Wie reagieren Sie richtig, wenn die Angriffe „unter die Gürtellinie“ rutschen?

- Klären Sie auch hier möglichst sachlich die Ursache: Ist die Dienstleistung, ein Mitarbeiter oder Sie persönlich gemeint?
- Ist die Beschwerde sachlich und inhaltlich gerechtfertigt?
- Sprechen Sie den Kunden möglichst mit seinem Namen an.
- Vermeiden Sie ein Gespräch vor „Publikum“.
- Notieren Sie mit, während der Kunde spricht!
- Vermeiden Sie unsichere, vage Formulierungen.
- Sprechen Sie bewusst langsam und eher leise.
- Verwenden Sie „Wir“-Formulierungen:

  „Wir sind alle um unsere Kunden bemüht.“

  „Wir werden alles tun, um die Sache zu klären“.
- Entschuldigen Sie sich vor allem im Namen des Unternehmens.
- Bieten Sie notfalls ein Gespräch mit einem Vorgesetzten an.
- Bleiben Sie gelassen – der Kunde meint nicht Sie persönlich!
- Bei beleidigenden Äußerungen setzen Sie bestimmt, sachlich und höflich Grenzen.
- Leichtes, seitliches Wegdrehen „schiebt“ den Aggressor weg.

Tipp

Stellen Sie sich vor, Sie sind Chef einer Casting-Agentur. Sie suchen einen Schauspieler für die Rolle eines hochemotionalen Menschen, der grob und beleidigend mit seinen Mitmenschen umgeht. Beurteilen Sie nun insgeheim die Fähigkeiten Ihres Gegenübers. Würde er die Rolle bekommen?

1.10 Souverän in schwierigen Gesprächssituationen

Kompetenz beweist sich besonders in schwierigen Situationen. Beweisen Sie Ihre Kommunikationskompetenz gerade dann, wenn ein Gespräch nicht so angenehm verläuft oder Sie plötzlich auf Widerstände stoßen, mit denen nicht zu rechnen war. Wie gelingt es, sein Gegenüber trotzdem zu überzeugen?

Tipp

- ✔ **Akzeptieren** Sie die plötzlich veränderte Einstellung des anderen. Nehmen Sie seine Einwände ernst und zeigen Sie das auch.
- ✔ Am besten beweisen Sie Ihre Kompetenz, wenn Sie zunächst aufmerksam und genau **zuhören**.
- ✔ Sind Sie sich jedoch auch Ihrer **eigenen Emotionen** bewusst. Gestehen Sie sich ruhig ein, wenn Sie verärgert oder gekränkt sind. Solche Gefühle lassen sich nicht ganz verdrängen – es ist besser, sie sich bewusst zu machen.
- ✔ Gehen Sie auch auf die **Emotionen des anderen** ein. Sprechen Sie es direkt an: „Ich kann verstehen, dass Sie sich ärgern."
- ✔ **Trennen Sie jedoch die Emotion vom Sachinhalt**. Was steckt wirklich hinter den ärgerlichen Formulierungen? Zwingen Sie den anderen durch konkrete Fragen, sein Anliegen zu **präzisieren.** Wenn er noch einmal erklärt, worum es ihm geht, ist oft schon die erste Emotion verraucht.
- ✔ Auch wenn der andere sehr grob wird – **verletzen** Sie seine Gefühle nicht. Sonst rückt eine sachliche Verständigung in weite Ferne!
- ✔ Vermeiden Sie **Machtkämpfe** – es geht um die Sache, nicht um Sieg und Niederlage.
- ✔ Erklären Sie dem anderen, was **ER** davon hat, wenn er das tut, was Sie wollen. Argumentieren Sie immer mit **seinem Nutzen,** aus seiner Sicht!
- ✔ Vermeiden Sie **vorschnelle Urteile** und bleiben Sie auch im Laufe des Gespräches aufmerksam.
- ✔ Erzeugen Sie Verständnis beim anderen durch **Zustimmungsfragen**. „Sind wir einer Meinung, dass ..."
- ✔ Stellen Sie dem Einwand des anderen mehrere Pluspunkte gegenüber – wie auf einer Waage legen Sie so rhetorisch die stärkeren Argumente auf die Waagschale. Fachleute sprechen von der **„Plus/Minus-Methode"**.

- Suchen Sie immer den **kleinsten gemeinsamen Nenner**. Es ist besser, sich auf einen auch noch so kleinen Kompromiss zu einigen – das nächste Gespräch startet dann positiver!
- Formulieren Sie **bestimmt und positiv**.
- Setzen Sie **unerwartete Handlungen!**
- Sprechen Sie über die **Zukunft** und nicht über die Vergangenheit. Suchen Sie nach gemeinsamen Lösungen.
  „Wie sollen wir in Zukunft aus Ihrer Sicht vorgehen?"
- Verlieren Sie Ihr **Ziel** nicht aus den Augen. Bleiben Sie weich zum Menschen und hart in der Sache!

ÜBRIGENS: Den Gesprächspartner selbst werde ich nicht ändern können. Was ich aber ändern kann, ist mein Zugang zu ihm!

2 Office schriftlich

Diesen Teil wollen wir ganz dem schriftlichen Auftritt widmen. Jedes Schriftstück, das unser Unternehmen verlässt, prägt unser Image. Egal ob als Brief, Werbeaussendung, E-Mail oder Web-Text – viele kleine Mosaikstücke lassen ein Gesamtbild entstehen. Ist das Unternehmen eher dynamisch-modern? Dann sind aktuelle Normen zur formalen Textgestaltung und die neuen Rechtschreibregeln fixer Bestandteil im Office. Wirkt jedoch der Stil antiquiert, strotzt jeder Brief vor Leerfloskeln und Rechtschreibfehlern, wird das Gesamtbild des Unternehmens anders ausfallen!

2.1 Grundsätze einer aktuellen Business-Korrespondenz

Was sind nun die entscheidenden Faktoren für eine zeitgemäße Business-Korrespondenz?

Checkliste Business-Korrespondenz

- ☐ Sie schreiben **für den Leser** und nicht, um zu beeindrucken!
- ☐ Achten Sie auf eine **zeitgemäße und professionelle Formgebung**. Jeweils länderspezifische Normen regeln die Gestaltung:
  - in Deutschland DIN 5008
  - in Österreich ÖNORM A1080
- ☐ Beachten Sie auch die **Regelungen der Post**, die vielfach praktische Gründe haben. So wird zum Beispiel eine Adresse, in der der Bestimmungsort in Großbuchstaben geschrieben ist, von den automatischen Texterkennungssystemen der Post zu den Auslandsbriefen gereiht. Eine maschinengerechte Adressierung beschleunigt daher die rasche Weiterleitung Ihrer Briefe.
- ☐ Ihre Professionalität zeigt sich immer im Detail. Wer die **aktuellen Standards** verwendet, beweist diese Professionalität. Machen Sie sich daher mit den gültigen Normen Ihres Landes vertraut.
- ☐ Der Inhalt eines Briefes soll **klar strukturiert** sein – im Sinne des Lesers.

- ☐ Achten Sie auf eine möglichst **kurze und klare Darstellung der Fakten**.
- ☐ Achten Sie auf **Vollständigkeit** und beseitigen Sie Missverständliches.
- ☐ Vermeiden Sie eine **falsche Anrede** oder einen **falsch geschriebenen Namen**.
- ☐ Der Leser beachtet besonders **Anfang und Ende** eines Schriftstückes. Schaffen Sie es von Beginn an, seine Aufmerksamkeit zu wecken, wird er auch den Rest lesen:
  - Wer schreibt mir?
  - Worum geht es?
  - Wie beginnt der Brief?
  - Wer hat unterschrieben?
- ☐ Bei mehreren Empfängern: Achten Sie auf einen **Verteiler**, der auch den Tatsachen entspricht und nicht einfach ohne Überprüfung vom vorherigen Brief oder E-Mail übernommen wurde.
- ☐ Besonders wichtig ist die richtige Anwendung der Sprache: **Grammatik, Rechtschreibung und Zeichensetzung**. Selbst das beste Rechtschreibprogramm in Ihrer Textverarbeitung nimmt Ihnen das Beherrschen der Grundregeln nicht ab!
- ☐ Achten Sie auf **kurze Absätze** und Briefe mit **maximal zwei Seiten**.
- ☐ Leserfreundliche Formulierungen sind **klar und leicht verständlich**. Schreiben Sie **aktiv und konkret**.

Stopp

Vermeiden Sie

- veraltete Floskeln
- Amtsdeutsch
- Abkürzungen
- Fremdwörter und Fachausdrücke

Checkliste Vorbereitung eines Schriftstücks

- ☐ Schreiben Sie das Wichtigste in **Stichworten** auf und überlegen Sie, welches konkrete **Ziel** Ihr Brief oder Ihr E-Mail verfolgen soll.
- ☐ Überprüfen Sie, ob Sie über den richtigen **Namen** sowie die passende Anrede des Empfängers verfügen. Ist die Adresse noch aktuell? Stimmen der Titel, die Funktionsbezeichnung?
- ☐ Welche **Inhalte** müssen näher erklärt werden? Welche **Unterlagen** müssen beigefügt werden?
- ☐ Welche **Fristen und Termine** sind relevant? Fragen Sie nach, welche Fristen realistisch sind, welchen Handlungsspielraum der Empfänger hat und welche Fristen für Sie verbindlich sind.
- ☐ Formulieren Sie den **Betreff** mit einem erkennbaren Nutzen und aussagekräftig, kombinieren Sie dabei Zahl und Wort zur Steigerung des Erinnerungswertes (z. B. Konferenz 6. 7. 2008)
- ☐ Texten Sie **kurz, prägnant und mit konkreten Aussagen**.

2.2 Die eigentliche Textgestaltung

Gliedern Sie Ihren Text in drei Teile:

1. Die Einleitung:

Sie dient als „Einstiegshilfe" für den Leser und spiegelt mehr oder weniger deutlich die Einstellung des Verfassers zum Empfänger wider. Ist sie sehr persönlich und herzlich formuliert oder eher kühl und distanziert-förmlich? „Sie"-Sätze zu Beginn signalisieren, auf den Wunsch des anderen einzugehen, z. B.: „Sie ersuchen uns" oder „Mit unserer Rechnung vom ... erhielten Sie".

Dieser erste Eindruck bleibt beim Leser bewusst oder unbewusst nachhaltig haften. In diesem Teil haben die „Sie"-Sätze Vorrang vor den „Wir"-Sätzen, da Sie ja den Empfänger ansprechen und in den Vordergrund rücken wollen. Beginnen Sie mit dem Anliegen des Empfängers, das weckt sein Interesse zusätzlich. Es beweist ihm auch, dass er keinen Standardbrief oder Werbetext in Händen hält. Greifen Sie nicht auf Vergangenes zurück, sondern auf die Zukunft. Beispielsweise mit einer Frage zu beginnen hebt die Aufmerksamkeit des anderen.

Gerade am Anfang eines Briefes finden sich immer noch jede Menge abgedroschene, verstaubte und inhaltsleere Floskeln, wie *„In Beantwortung Ihres Schreibens", „Bezug nehmend", „In der Anlage finden Sie"*. Streichen Sie diese Formulierungen ersatzlos und bemühen Sie sich besonders am Anfang um eine klare, verständliche und schnörkellose Sprache. Ebenso fehl am Platz ist das Bedanken für das Schreiben des anderen. Danken Sie besser für den Inhalt, für die erhaltene Information.

2. Der Kernteil:

Kommen Sie jetzt möglichst rasch und ohne Umwege zum eigentlichen Kern Ihres Schreibens. Legen Sie den Sachverhalt dar und beschreiben Sie den Inhalt – klar, sachlich und empfängerorientiert! Machen Sie lieber öfter einen Absatz, bei komplexeren Inhalten für jeden neuen Gedankengang einen eigenen, sonst maximal für zwei Aussagen einen Absatz.

Sie können auch mit Hilfe von Fragen den Inhalt gliedern. Hilfreich ist jedoch, dass der Leser rasch erkennen kann, worum es genau geht. Vor allem soll der Aufruf zur Aktion deutlich erkennbar sein: **WER soll WAS bis WANN erledigen?**

Streichen Sie Fakten und Zahlen deutlich heraus, indem Sie diese einrücken, fett schreiben oder unterstreichen.

Verwenden Sie nicht zu viele Gliederungshilfen, Aufzählungszeichen und unterschiedliche Schriften. Sie wollen Ihrem Leser ja helfen und ihn nicht verwirren!

Tipp

Vermeiden Sie möglichst Verbote, Befehle und Gebote. Diese Formulierungen erwecken zwangsweise die Gegenabwehr des anderen. Sagen Sie dem Kunden, was Sie können, und nicht, was Ihrerseits unmöglich ist.

Wenn der Briefschreiber anderer Meinung ist, empfehlen wir, diese Meinung Ihrer eigenen Ansicht wertfrei gegenüberzustellen.

z. B.: „Sie begründen Ihre Forderung damit, dass ... Aus unserer Sicht stellt sich der Sachverhalt ... dar."

„Sie fordern uns auf, unsere Lieferung bis zum ... zu vervollständigen. Sobald Sie ..., werden wir ..."

Weitere Textbausteine:

Statt: „Die Mahnung erfolgte zu Unrecht."

Besser: „Wir haben Ihnen diese Mahnung irrtümlich gesendet."

Statt: „Es besteht ein Guthaben von ..."

Besser: „Sie haben ein Guthaben von ..."

Statt: „Dadurch ist unser Mahnbescheid als gegenstandslos zu betrachten."

Besser: „Durch Ihre Zahlung vom ... ist Ihr Kundenkonto ausgeglichen."

Statt: „Wir geben Ihnen eine Frist von zwei Wochen, um unsere Forderung zu begleichen."

Besser: „Bitte begleichen Sie unsere Forderung bis zum ... Sie vermeiden damit das gerichtliche Mahnverfahren."

Statt: „Für die sofortige Zahlung gewähren wir Ihnen einen Skonto von ... %."

Besser: „Für die sofortige Zahlung erhalten Sie einen Skonto von ... %."

3. Die Schlussformulierung:

Das Ziel des dritten Brief-Teiles ist eindeutig: Sie wollen Übereinstimmung mit dem Leser erzielen, seine Zweifel beseitigen und das Gemeinsame noch einmal herausstreichen. Fassen Sie gegebenenfalls **das Wichtigste** noch einmal zusammen und stellen Sie klar, wie es weitergeht. Geben Sie dem Empfänger die Information, wo und an wen er sich wenden kann, wenn er noch weitere Informationen benötigt. Formulierungen wie *„Für allfällige Rückfragen stehen wir jederzeit zu Verfügung“* sind dafür nicht geeignet. „Allfällige Rückfragen“ heißt soviel wie „Hoffentlich haben Sie keine Fragen mehr!“ Und was ist, wenn der Empfänger das „jederzeit“ wörtlich nimmt und am Samstag um 20:00 Uhr nachfragt?

Statt „wir“ ist **eine persönliche Ansprechperson** auch entschieden empfängerfreundlicher! Widerstehen Sie also der Versuchung, am Schluss noch rasch die eine oder andere Floskel einzubauen. Auch die „vorzügliche Hochachtung“ ist den „freundlichen Grüßen“ gewichen. Eine erkennbare Unterschrift ist ebenfalls im Sinne des Lesers. Achten Sie immer darauf, dass auch wirklich eine Unterschrift vorhanden ist – ein Brief ohne Unterschrift wirft ein ziemlich unpersönliches Bild auf Ihr Unternehmen!

Der Schluss bleibt dem Leser in Erinnerung. Legen Sie darauf besonderen Wert.

Stopp

Die Zeiten, in denen „verbleiben wir“, „dienen wir“ und „hoffen wir“ zum guten Ton gehörten, sind endgültig vorbei.

Checkliste Schriftwahl

Welche Schriftart und Schriftgröße Sie verwenden, sollte eine Frage der Unternehmenskultur sein. Das einheitliche Auftreten nach außen, die so genannte **Corporate Identity (CI)**, sollte Ziel der Gestaltung des gesamten Schriftverkehrs eines Unternehmens sein.

- ☐ Gibt es **im Unternehmen** für alle Abteilungen und Stabstellen einheitlich geregelte **Vorschriften** bezüglich der Schriftart?
- ☐ Passt die Schriftart zu unserem **einheitlichen Firmenbriefpapier**?
- ☐ Die Schrift ist immer Ausdruck Ihrer **Individualität**.
- ☐ Die Schriftart Arial hat sich derzeit in vielen Firmen als Normschrift durchgesetzt.
- ☐ Schriftarten mit Serifen, wie etwa Times New Roman, sind zwar gut lesbar, wirken aber eher konservativ.
- ☐ Bleiben Sie bei der einmal gewählten Schriftart. Zu viele unterschiedliche Schrifttypen verwirren den Leser.
- ☐ Die Schriftgröße sollte nicht zu groß gewählt werden, das wirkt leicht aufdringlich.
- ☐ Eine zu kleine Schrift ist schwer lesbar.
- ☐ **Schriftgröße 12** hat sich in vielen Bereichen als sinnvoll erwiesen.
- ☐ Ebenfalls durchgesetzt hat sich der **Flattersatz** (im Gegensatz zum Blocksatz) im Text. Er ist erwiesenermaßen besser für die Lesbarkeit. Außerdem wirkt das Schriftbild so „luftiger und leichter".
- ☐ Zum Herausheben ist vor allem die **Fettschrift** zu empfehlen.
- ☐ *Kursivschrift* ist für längere Textstellen nicht so gut lesbar.
- ☐ <u>Unterstreichen</u> wirkt ebenfalls eher konservativ, es stammt noch aus der Zeit der Schreibmaschine.

Mehrere Worte oder Zeilen in **Großbuchstaben** geschrieben gehören nicht in einen Brief. Sie schreiben ja kein Plakat oder keine Werbeschrift.

Stopp

Selbstcheck: Formulierungen

Hier einige typische Formulierungen aus Geschäftsbriefen. Spielen Sie ein wenig den Lehrmeister: Sollen diese Formulierungen so Ihr Unternehmen verlassen? Was verbessern Sie?

- ☐ Mit der Bitte um Auswahl der Varianten der Beraterfunktion unsererseits beim Kauf der Liegenschaft X wenden wir uns an Sie.
- ☐ Unter Zurkenntnisnahme der vorliegenden Informationen müssen wir den Betrag in Rechnung stellen.
- ☐ Dürften wir Sie ersuchen, diesen Punkt eventuell in die nächste Besprechung aufzunehmen?
- ☐ Leider bieten wir diese Produkte nicht mehr an. Aber wir haben jetzt auch etwas sehr Gutes, nämlich Produktlinie Fit.
- ☐ Wir werden Sie demnächst umgehend kontaktieren und würden gerne eine Klärung in Bezug auf Punkt A und B herbeiführen.
- ☐ Auf Grund der bisherigen guten Zusammenarbeit und in Anbetracht der langjährigen Beziehungen unserer Häuser zueinander, die schon Anlass vieler erfolgreicher gemeinsamer Projekte waren, blicken wir voll Zuversicht einer weiteren, fruchtbringenden Zusammenarbeit mit Freude entgegen.
- ☐ Ihre überaus große Mithilfe hat bei unserem ehrgeizigen Vorhaben, die hohen Unkosten zu verringern, sehr großen Anteil.
- ☐ Wir sind natürlich gerne bereit, dass wir die Beträge des Vorjahres hinzu addieren, und erlauben uns, eine Gutschrift lautend auf diesen Betrag auf Ihrem Konto vorzunehmen.

Lösungen auf Seite 384.

2.3 Die richtige Sprache zur aktuellen Business-Korrespondenz

Wir wollen Sie dazu aufrufen, wachsam an Ihren Briefstil heranzugehen. Denn nichts ist hartnäckiger als unpassender Briefstil! Werden Sie kreativ, entwickeln Sie Ihren eigenen Briefstil. Das ist ein Lernprozess: Die eigenen sprachlichen Fähigkeiten müssen ebenso trainiert werden wie die Muskeln.

Einige Tipps zum Verbessern Ihrer „Brief-Sprache"

Tipp

- **Zeitwörter statt Hauptwörter**
  Viele Hauptwörter sind das typische Kennzeichen von verstaubtem Amtsdeutsch. Zeitwörter dagegen machen einen Text aktiver und dynamischer. Zählen Sie zunächst die Hauptwörter in Ihrem Brief und dann die Zeitwörter. Ist die Zahl der Substantive größer als die der Zeitwörter, haben Sie eindeutig noch sprachliches Verbesserungspotenzial!
- **Schreiben Sie konkret und ohne Möglichkeitsformen**
  Möglichkeitsformen sind kein Ausdruck besonderer Höflichkeit, sondern wirken immer vage und unsicher. Der Schreiber möchte sich nicht festlegen, ist sich seiner Sache nicht so ganz sicher. Möchten Sie diesen Eindruck erwecken? Wenn nicht, vermeiden Sie ebenso wie im Gespräch alle „hätte", „sollte", „könnte", „dürfte".
  Wörter wie „eventuell" und „vielleicht" erzielen dieselbe Wirkung.
- **Vorsicht mit Negativ-Formulierungen**
  Wer dem anderen zuerst sagt, was nicht geht, stößt auf Abwehr und Ablehnung. Wenn wir den Spieß umdrehen und das Positive oder die mögliche Alternative zuerst sagen, werden die negativen Punkte erst gar nicht mehr erwähnt. Wer in einem Brief schon zu Beginn ein „Leider ... nein" liest, ist auf das Schlimmste gefasst und liest mit negativer Einstellung weiter. Gehen Sie daher mit „Nein"-, „Nicht"-, „Kein"-, „Nie"- und „Leider"-Formulierungen möglichst sparsam um. So gelangen Sie vom „Nein-Sager" zum positiven Image!
- **Die richtige Zeitform**
  Gute Briefe werden grundsätzlich in der Gegenwart geschrieben. Nur, wenn sich der Inhalt auf Vergangenes bezieht, ist das Ver-

wenden einer Vergangenheitsform erlaubt. Statt der Zukunftsform lassen sich ebenfalls in den meisten Fällen Gegenwartsformulierungen finden. Diese wirken viel aktiver!

– **Kurze und klare Sätze**
  Übernehmen Sie nicht einfach den Schreibstil von anderen Mitarbeitern – genau darin liegt nämlich oft die Ursache, warum sich manche Floskeln so hartnäckig behaupten.
  Vermeiden Sie auch komplizierte Schachtelsätze, die den Leser dazu zwingen, jeden Satz drei Mal zu lesen. Schreiben Sie aktiv und persönlich. Sprechen Sie Klartext!

Extra-Tipp (!)
Erstellen Sie eine „schwarze Liste" für die in Ihrem Umfeld am häufigsten vorkommenden Floskeln und Füllwörter (z. B. „ja auch", „sowieso", „natürlich" etc.)

– **Keine Wortwiederholungen und Doppelaussagen**
  Nicht nur ganze Sätze sind es, die sich hartnäckig jeder Modernisierung widersetzen. Auch einzelne Wörter entziehen sich immer wieder allen Entrümpelungsversuchen. Dazu gehören vor allem Worte, die Doppelaussagen enthalten, wie zum Beispiel „neu renovieren", „Telefonanruf" und Ähnliches. Wortwiederholungen wirken unbeholfen und sind im Sinne eines guten, dynamischen Stils ebenfalls zu vermeiden.

– **Sparsame Verwendung von Eigenschaftswörtern**
  Wenn Sie kreative Texte für Ihren Schriftverkehr entwerfen wollen, ist die Gefahr groß, zu übertreiben. Wie oben erwähnt, geht es nicht um den Literatur-Nobelpreis, sondern um die Akzeptanz beim Leser. Wer seinem Leser mit unnötig langen Schilderungen die Zeit stiehlt, wird diese Akzeptanz nicht erreichen. Mehrere Eigenschaftswörter aneinander gereiht wirken leicht zu blumig, übertrieben. Außerdem besteht bei Eigenschaftswörtern immer die Gefahr, missverstanden zu werden. So manches Adjektiv wirkt auf den Leser wertend – auch wenn Sie es nicht so gemeint haben!

– **Vorsicht mit Abkürzungen und Fremdwörtern**
  Auch wenn bestimmte Abkürzungen in Ihrem Unternehmen immer und ausschließlich verwendet werden, seien Sie bitte in Briefen damit sparsam. Zu viele Abkürzungen erschweren den Lesefluss. Manche Abkürzungen sind vielleicht dem Leser nicht geläufig, er

„stolpert" richtiggehend darüber, seine Aufmerksamkeit ist abgelenkt. Abkürzungen vermitteln dem Leser das Gefühl, der Absender wolle Zeit und Papier sparen.
Der übermäßige Gebrauch von Fremdwörtern zeugt nicht von besonderer Bildung, sondern nur von mangelnder Orientierung am Leser. Wer erst noch ein Fremdwortlexikon benötigt, um den Brief zu entziffern, verliert bald die Lust!

Denken Sie daran, dass Ihre Sprache beim Leser Bilder im Gehirn entstehen lässt. Er „übersetzt" so die erhaltene Information und speichert sie nur dann ab, wenn er seinen Nutzen daraus erkannt hat.

Finden Sie Ihren persönlichen Stil – klar, präzise und verständlich. Und bitte nie zu lang! Ein guter Geschäftsbrief ist so kurz wie möglich und so lang wie nötig!

Stopp

Typische Merkmale eines verstaubten Briefstils sind die vielen inhaltsleeren Floskeln. Leider erfreuen sie sich immer noch großer Beliebtheit. Jedes Unternehmen, jede Abteilung hat ihre eigenen „Lieblingssätze" – egal, ob es die „allfälligen Rückfragen" sind, die „freundliche Kenntnisnahme", „Bezug nehmend" oder gar so schöne Sätze wie „Zur oben genannten Stellungnahme vom ... erbittet die Untengezeichnete ehebaldigste Rückerstattung der in der Anlage erwähnten Unterlagen ... mit ergebenstem Dank im Voraus".

Extra-Tipp (!)
Lesen Sie in Zukunft auch die Briefe, die Sie bekommen, kritisch durch und trainieren Sie Ihr Auge für Leerfloskeln. Wie würden Sie formulieren?
Viel Spaß beim Training!

EXTRA: Bausteine für Ihre Business-Korrespondenz

Allgemeine Formulierungen:

- Sie haben um Auskunft über ... gebeten.
- Sie erhalten …
- Bitte senden Sie uns eine unterschriebene Kopie an … zurück.
- Wir sind sicher, dass …
- Wir freuen uns auf …
- Sie informierten uns, dass …

Beispiele für Einleitungen:

- Wir beziehen uns auf Ihre Anfrage vom … und teilen Ihnen Folgendes mit:
- Wir beziehen uns auf Ihre Nachricht …
- Wir beziehen uns auf Ihr heutiges E-Mail …
- In Bezug auf …
- Wir danken Ihnen für Ihr heutiges E-Mail und für Ihr Interesse an …
- Danke für Ihr Interesse an der elektronischen Zusendung der Monatsrechnung per E-Mail.
- Beiliegend erhalten Sie …
- Sie erhalten in der Beilage/Anlage … (nach ÖNORM bzw. nach DIN)
- Wir stellen fest, dass …
- Wir halten fest, dass …
- Um Ihnen die Abwicklung … zu erleichtern, benötigen wir folgende Informationen:

Beispiele für Schlusssätze:

- Weitere Details klärt gerne Herr Huber …
- Für weitere Fragen steht Ihnen Frau Maier zur Verfügung …
- Für Fragen stehen wir Ihnen gerne zur Verfügung.
- Wir danken für die gute Zusammenarbeit.
- Wir freuen uns, wenn dies der erste Schritt zu einer erfolgreichen Zusammenarbeit ist.

- Haben Sie noch Fragen? Unter der Telefonnummer … betreuen wir Sie gerne persönlich.
- Wir danken im Voraus für Ihre Initiative/Unterstützung und stehen für Fragen gerne zur Verfügung.
- Wir freuen uns, Sie in Zukunft weiterhin als Kunde betreuen zu dürfen.
- Wir freuen uns, Sie in Zukunft wieder zu unseren zufriedenen Kunden zählen zu dürfen.
- Wir danken für Ihr Verständnis für unsere Vorgangsweise.
- Wir bedauern, Ihnen in dieser Angelegenheit nicht weiterhelfen zu können.
- Wir freuen uns auf Ihr E-Mail oder Ihren Anruf.
- Wir sind überzeugt, dass …
- Wir freuen uns, mit dieser Vorgangsweise in Ihrem Sinn gehandelt zu haben.
- Wir freuen uns, Ihnen mit dieser Lösung geholfen zu haben/zu helfen/Sie mit dieser Lösung zu unterstützen.

Extra-Tipp (!)
Wann verwende ich eine besonders förmliche Grußformel?
Ab der zweiten Mahnung: Hochachtungsvoll
Bei der Auflösung der Geschäftsbeziehung: Mit vorzüglicher Hochachtung *oder* Hochachtungsvoll – bitte verwenden Sie diese Formulierungen sehr bewusst.

2.4 Tipps zum gendergerechten Formulieren

(Achtung: Mögliche Änderungen durch entsprechende Normen vorbehalten)

Die gendergerechte Sprache dient der Umsetzung des Gender Mainstreaming, zu der sich vor allem öffentliche Einrichtungen verpflichtet haben. Aus unserer praktischen Erfahrung mit Corporate-Wording-Projekten oder beim Lektorieren kommt eine Seite meist zu kurz: entweder die Sprache oder die Gleichberechtigung – daher ist je nach Zusammenhang eine angemessene Lösung zu wählen.

Wir führen im Folgenden einige Tipps zu gendergerechten Formulierungen an:

- Der geschlechtergerechte Sprachgebrauch setzt sich zum Ziel, Frauen und Männer sowohl im geschriebenen als auch im gesprochenen Wort sichtbar zu machen. Achten Sie daher auf eine korrekte Personenbezeichnung und gendern Sie, wenn möglich, durchgängig.
- Sie haben die Möglichkeit, den jeweils männlichen und weiblichen Artikel zu nehmen: Die/der Vorgesetzte.
- Verwenden Sie, wo immer es möglich ist, geschlechtsneutrale Wörter: z. B. Lehrkräfte.
- Dort, wo es den Sinn nicht verzerrt, empfiehlt es sich, neutrale Bezeichnungen zu wählen: z. B. das Team, die Studierenden, die Bediensteten, die Lehrenden, die Leserschaft.
- Sonst empfehlen wir, sowohl die weibliche als auch die männliche Form durch Schrägstrich getrennt zu verwenden: z. B. die Mitarbeiterin/der Mitarbeiter.
- Sie können auch geschlechtsspezifische Endsilben verwenden, z. B. Assistenzärztin, ebenso wie Wörter mit geschlechtsspezifischer Bedeutung: z. B. Fachfrau.
- Mit dem Binnen-I können sowohl weibliche als auch männliche Personenbezeichnungen zusammengezogen werden. Diese Form eignet sich daher gut für nicht-formale und kurze Texte: z. B. die KundInnen.[1]
- Nicht gendergerecht, jedoch bei langen Texten durchaus üblich sind Generalklauseln, wie z. B.

---

[1] Wir weisen in diesem Zusammenhang darauf hin, dass das Binnen-I zum Zeitpunkt der Drucklegung in Österreich als offizielle Variante diskutiert wird, jedoch derzeit nicht den geltenden Regeln der ÖNORM A 1080 und der Rechtschreibung entspricht.

„Wir haben aus Gründen der besseren Lesbarkeit bewusst auf das jeweilige Anführen der weiblichen und männlichen Form verzichtet. Der Text ist für alle Empfänger geschrieben – unabhängig von Geschlecht, Alter und Position.“

- Neutralisierende Umformulierungen können ebenfalls verwendet werden: z. B. Wer studiert, ist berechtigt, die Bibliothek zu benützen.
- Umformulieren bei Eigenschaftswörtern oder Zustandsbezeichnungen sind ebenfalls oft möglich: z. B. die fachkundige Auskunft (statt: fachmännische Auskunft).
- Vornamen wenn möglich ausschreiben.
- Die direkte Anrede zu verwenden ist eine weitere Möglichkeit: z. B. Ihnen steht zur Verfügung (statt: den Benutzern steht zur Verfügung).
- Auch passive Formulierungen können sparsam eingesetzt werden: Ein Umsatz von EUR … wurde erwirtschaftet (statt: Die MitarbeiterInnen erwirtschafteten einen Umsatz von EUR …).
- Es ist auch möglich, Zusammensetzungen mit „-person“ zu verwenden: z. B. Sicherheitsvertrauensperson.
- Bei der Funktionsbezeichnung beispielsweise in E-Mail-Signaturen können bei Bedarf Mehrzahl und substantivierte Formen verwendet werden: z. B. Leitung.
- Titel und Anreden können auf Wunsch der Titelinhaberin gegendert werden, wie z. B.

  Dr. bzw. Dr.^{in}

  Mag. bzw. Mag.^{a}

  Prof. bzw. Prof.^{in}

  GF bzw. GF^{in} (Geschäftsführerin)

  „Bologna-Titel“ wie MA oder Bakk. werden nicht gegendert.

2.5 Tipps zur formalen Textgestaltung

Wie schreibe ich Zahlen und Daten?

- Zahlen von null bis zwölf werden innerhalb eines Textes ausgeschrieben.
- Gliedern Sie Zahlen dreistellig mit Leerzeichen. Bei Zahlen mit Komma erfolgt die Gliederung in Dreiergruppen rechts und links des Kommas, z. B. 2 000 Stück, 10 000 Teilnehmer, 0,563
- Verbindungen aus Ziffern und Worten bzw. mit Einzelbuchstaben werden mit Bindestrich geschrieben, z. B.: 100-prozentig, 30-jährig, Dipl.-Ing., A-Dur, 2-Euro-Stück
- Bei Nachsilben wird kein Bindestrich gesetzt: 100 %ig, der 68er
- Verbindungen aus Ziffern und Wortteil -fach können auch mit Bindestrich geschrieben werden, z. B.: 4fach/4-fach
- Das Datum kann nummerisch geschrieben werden – die Reihenfolge nach Tag, Monat und Jahr, wobei die Schreibweisen frei gewählt werden können (z. B. 4.10.1997, 04-10-97)
- Achtung: Die Uhrzeit wird mit Doppelpunkt angegeben: z. B. 12:00 Uhr.

Was muss ich bei Abkürzungen beachten?

- Abkürzungen, die mit kleinem Buchstaben enden, erhalten einen Punkt am Ende, z. B.: Mio., Mrd.
- In schwierigen, umfangreichen Texten kommt die ungekürzte Schreibweise jedoch der Leserfreundlichkeit entgegen und beugt Missverständnissen vor.
- Wird im Text eine Abkürzung verwendet, die für den Leser nicht allgemein bekannt ist, ist bei deren erstmaligen Verwendung der gesamte Begriff, für den diese Abkürzung steht, ungekürzt anzuführen.
- Mengen- und Maßangaben, Prozentzeichen oder das Paragraphenzeichen stehen im Text allein, sofern sie ein ganzes Wort ersetzen:
  z. B.: 5 %, § 10, 30 m, 3.000 Stk.
- Abkürzungen von Maß- und Währungsangaben oder Himmelsrichtungen ist **kein Punkt** anzufügen:
  z. B.: EUR, USD, kg, O = Ost(en), S = Süd, W = West, NO
- Die Währungsbezeichnung € für den Euro kann in Tabellen verwendet werden. Wir empfehlen Ihnen, in laufenden Texten und ins Ausland diese Zeichen nicht zu verwenden, um vor allem bei elektronischem

Schriftverkehr andere Zeichen beim Adressaten und damit Unklarheiten zu vermeiden.

- Abkürzungen, die in vollem Wortlaut gesprochen werden und mit einem Kleinbuchstaben enden, sind **mit Punkt** zu schreiben:
  z. B.: Dipl.-Ing., Nr., Abt., bzw., eh., ff., ca.
- Eine Wortgruppe kann als **eine Abkürzung** behandelt werden und mit Punkt durchgekürzt werden. Zwischen den Abkürzungen kommt nun ein Abstand, da es zwei Wörter sind:
  z. B. d. h., z. T., i. V., i. A., h. c.
- Abkürzungen, die in Kurzform gesprochen werden, ist kein Punkt anzufügen:
  z. B.: AG, OHG, GmbH, USA, TÜV, StVO, GewO, Co
- Abkürzungen für Abgaben-(Steuer-)Arten:
  z. B.: ESt (Einkommensteuer)
  GewSt (Gewerbesteuer)
  KESt (Kapitalertragsteuer)
  KSt (Körperschaftsteuer)
  USt (Umsatzsteuer)
- Steht ein Abkürzungspunkt am Ende eines Satzes, entfällt der Schlusspunkt.
- Grundsätzlich sollten Sie im Schriftverkehr auf Abkürzungen verzichten, um die Leserfreundlichkeit zu erhöhen, speziell in E-Mails.

Einige spezielle Dos und Don'ts im Schriftverkehr

Dos	Don'ts
Schreibweise von Zahlen und Ziffern im Text: bis zwölf ausgeschrieben, ab 13 in Ziffern	
EUR Alle Währungen in der internationalen Schreibweise in drei Buchstaben	€-Zeichen in Texten
Schriftgröße 11 oder 12	Schriftgröße kleiner als 11
gleiche Schriftgröße im gesamten Dokument	Betreff in einer anderen Schriftgröße

Dos	Don'ts
Kernaussagen, Beträge, Datum mittig setzen	langatmige Absätze vermeiden
E-Mail (in einem deutschen Text)	e-mail, e-Mail, eMail, Email
immer auf das Anliegen des Kunden eingehen, höflich und kundenorientiert antworten	unpersönliche Formulierungen, Standardantworten
auf den Punkt in den AGB verweisen oder kurze Textstellen zitieren	keine langatmigen Textpassagen aus den AGB
	keine dritten Steigerungsstufen
wir sind bestrebt unser Ziel ist es	bemühen wir sind bemüht
Beilage oder Anlage (nach DIN 5008), Anhang oder Attachment für E-Mails	Anlage erwähnt Anlage wie oben erwähnt
Kopie	nachrichtlich an
Wir teilen Ihnen mit ..., wir informieren Sie ...	Wir möchten Ihnen mitteilen ..., wir möchten Sie informieren ...
Wir teilen Ihnen mit ..., wir informieren Sie ...	Wir müssen Ihnen mitteilen ..., wir müssen Sie informieren ...
für Fragen	für allfällige, etwaige Fragen
senden, übermitteln Antwort, Frage, Bestätigung	Vermeidung von Doppelwörtern wie: übersenden, Rückantwort, Rückfrage, Rückbestätigung
Sobald Sie uns xy zusenden, werden wir ... durchführen/einleiten.	Wir konnten xy nicht veranlassen ...
Zum xy können wir Ihnen den Betrag gutschreiben.	Wir können nicht bis zum xy gutschreiben.
speziell, individuell	
	hoffen, dienen, würden

EXTRA: Liste einiger häufig gebrauchter Abkürzungen

ABGB	Allgemeines Bürgerliches Gesetzbuch
Abk.	Abkürzung
ABl.	Amtsblatt
Abs.	Absatz, Absender
Abschn.	Abschnitt
Abt.	Abteilung
a. D.	außer Dienst
Adr.	Adresse
AGB	Allgemeine Geschäftsbedingungen
allg.	allgemein
Anm.	Anmerkung
ao.	außerordentlich
Art.	Artikel
AVB	Allgemeine Vertragsbedingungen
Bd.	Band
Bez.	Bezirk, Bezeichnung(en)
BIC	Bank Identifier Code
BLZ	Bankleitzahl
ca.	zirka
c/o	care of; beschäftigt bei, derzeit wohnhaft bei, (p. A.)
dag	Dekagramm
dgl.	dergleichen
d. h.	das heißt
DIN	Deutsches Institut für Normung e. V.
d. J.	dieses Jahres
d. M.	dieses Monats
Dion.	Direktion
dt.	deutsch
DVR	Datenverarbeitungsregister
eh.	eigenhändig

engl.	englisch
Erl.	Erlass
evtl.	eventuell
f., ff.	(die) folgende (Seite), (die) folgende(n) Seite(n)
FN	Firmenbuchnummer
franz.	französisch
G	Gesetz
geb.	geboren
gem.	gemäß
Ges.	Gesellschaft
gesch.	geschieden
gest.	gestorben
GZ	Geschäftszahl
h. c.	honoris causa (ehrenhalber)
i. A.	im Auftrag
IBAN	International Bank Account Number
i. R.	im Ruhestand
ISBN	Internationale Standardbuchnummer
ISDN	Integrated Services Digital Network
ital.	italienisch
i. V.	in Vollmacht
Jg., Jgg.	Jahrgang, Jahrgänge
Jh.	Jahrhundert
jun.	junior
Kap.	Kapitel
Kfz, KFZ	Kraftfahrzeug
led.	ledig
Lkw, LKW	Lastkraftwagen
männl.	männlich
med.	medizinisch
Mio.	Million(en)
Mrd.	Milliarde(n)

Nr.	Nummer	TAN	Transaktionsnummer
o. Ä.	oder Ähnliches	Tel.	Telefon
Obj.	Objekt	UID	Umsatzsteuer-Identifikation
österr.	österreichisch		
p. A.	per Adresse	u.	und
pers.	persönlich	u. a.	unter anderem
PIN	Personal Identification Number	u. Ä.	und Ähnliches
		uAwg., u.A.w.g.	um Antwort wird gebeten
Pkw, PKW	Personenkraftwagen		
PLZ	Postleitzahl	usw.	und so weiter
pp., ppa.	per procura	v.	vom, von
prov.	provisorisch	V	Verordnung
s.	siehe, sächlich	v. a.	vor allem
S.	Seite(n)	verh.	verheiratet
sen.	senior	verw.	verwitwet
span.	spanisch	weibl.	weiblich
SWIFT	Society for Worldwide Interbank Financial Telecommunication	Z, Z.	Zahl, Ziffer
		z. B.	zum Beispiel
		z. H.	zu Handen
		z. T.	zum Teil

Verwenden Sie bitte bei all jenen Adressaten Ihrer Schriftstücke, die damit nicht so vertraut sind, Abkürzungen sparsam. Im Zweifel sollte ein Wort immer lieber ausgeschrieben werden – das ist einfach eine Frage des Stils und der Kundennähe!

Zusammenfassung

Die Einleitung (inklusive emotionale Formulierungen)

- Gliedern Sie übersichtlich in Einleitung, Hauptteil und Schluss.
- Achten Sie auf ein einheitliches Erscheinungsbild Ihres Schriftverkehrs.
- Beginnen Sie positiv, wecken Sie positive Gefühle!
- Vermeiden Sie abgedroschene Floskeln, sie erzeugen nur Langeweile!
- Danken Sie nicht für ein Schreiben, sondern für die Information, die es enthalten hat.

Der Kern (gegliederte Sachinformationen)

- Kommen Sie nun möglichst rasch und ohne Umwege zum eigentlichen Kern Ihres Schreibens. Im Mittelpunkt soll die Lösung für den Kunden stehen und nicht die Problemorientierung (z. B. einen Schuldigen suchen, keine Rechtfertigungen).

- Beachten Sie die gültigen Normen und die aktuelle Briefform.
- Legen Sie den Sachverhalt dar und beschreiben Sie den Inhalt – **klar, sachlich und empfängerorientiert!** Strukturieren und gliedern Sie Ihren Kernteil nach Schwerpunkten, heben Sie die Hauptaussage in Fett-Schrift hervor.
- Achten Sie auf einen aktiven Schreibstil.
- Sie-Sätze haben Vorrang vor Wir-Sätzen!
- Aufruf zur Aktion: **WER soll WAS bis WANN tun?**
- Achten Sie auf Vollständigkeit bei Fakten, Fristen und Beilagen/Anlagen.
- Sagen Sie nicht, was Sie nicht können, sondern sagen Sie, was Sie können und tun werden. Erklären Sie nicht Ihre Inkompetenz, sondern Ihre Kompetenz.
- Vermeiden Sie Bedingungssätze (sollten Sie ..., wenn Sie ...)

Der Schluss (fallbezogene, kundenorientierte Formulierungen)

- Kundenorientierung bzw. Kundenbindung steht im Vordergrund, daher soll auf einen persönlichen Kundenbetreuer hingewiesen werden.
- Gerade der Schluss soll empfängerorientiert abgefasst sein!
- Versetzen Sie sich in die Lage des Lesers, nachdem er die Kernaussage gelesen hat – was möchte er noch von Ihnen hören?
- „...verbleiben wir" und ähnliche Formulierungen gehören der Vergangenheit an.

2.6 Spezialfälle des Schriftverkehrs

Wir wollen hier noch einige häufig nachgefragte „Sonderfälle" im Schriftverkehr behandeln. Meist steht man nicht täglich vor der Aufgabe, ein Glückwunschschreiben oder Ähnliches zu verfassen. Wir suchen nach den richtigen Worten, der passenden Form – und verwenden oft vielmehr Zeit als eingeplant!

Tipps für Glückwunschbriefe

Tipp

- Anrede handschriftlich
- Abschlussgruß handschriftlich
- Kein Fensterumschlag
- Kein Betreff
- Überschwängliche Floskeln weglassen
- Ich-Botschaft
- Wünschen Sie etwas Positives
- Keine Frankiermaschine verwenden, sondern Briefmarken

Stopp

„Aus gegebenem Anlass möchten wir es nicht versäumen, uns mit den allerbesten Wünschen einzustellen ..."

Tipp

Tipps für Kondolenz-/Beileidschreiben

- Sollte grundsätzlich handschriftlich sein, zumindest aber mit handschriftlicher Anrede
- Handschriftlicher Abschlussgruß
- Keine Grußformulierung, sondern lediglich Ihre ... oder Ihr ...
- Kein Betreff
- Ohne emotionale Formulierungen
- Kein Fensterumschlag
- Kein Papier mit schwarzem Rand
- Kein Umschlag mit farbigem Aufdruck
- Keine Frankiermaschine verwenden, sondern Briefmarken

Textbeispiel

Wir möchten Ihnen unser tief empfundenes Mitgefühl
und unser Beileid aussprechen.
Unsere besonderen Wünsche begleiten Sie in dieser schweren Zeit.

Tipp

Tipps zur Antwort auf ein Kondolenz-/Beileidschreiben

- Keine persönlichen und emotionalen Formulierungen
- Handschriftlich und persönlich, zumindest die Grußformel handschriftlich
- Vordrucke können verwendet werden
- Keine Frankiermaschine verwenden, sondern Briefmarken

Tipp

Tipps zur Antwort auf ein Bewerbungsschreiben

- Bezug zur Bewerbung herstellen
- Für die Bewerbung danken
- Positiv: „Wir konnten uns überzeugen, dass Sie über beachtliche Kenntnisse und Eigenschaften verfügen. Leider müssen wir Ihnen dennoch mitteilen, dass wir uns im konkreten Fall anders entschieden haben."

„Aufgrund der Vielzahl der einlangenden Bewerbungen dauert die Vorauswahl diesmal etwas länger. Wir werden Sie verständigen, sobald wir Ihnen weitere Informationen geben können."
„Wir bedauern, Ihnen nach Vergleich Ihrer Unterlagen hinsichtlich Ausbildung und beruflichem Werdegang mitteilen zu müssen, dass die derzeit vakante Position anderwärtig vergeben wurde."

- Formulierungen wie „... in Evidenz nehmen" drücken aus, dass zurzeit kein Bedarf besteht
- Beste Wünsche für weitere Jobsuche bei Absage

Textbeispiele

Absage einer Bewerbung:

Sehr geehrte Frau ...,

wir freuen uns über Ihr Interesse an einer Anstellung als ... in ... unserem Unternehmen.

Die Personalsituation in unserem Unternehmen lässt derzeit eine Aufstockung der Mitarbeiter nicht zu. Wir haben jedoch Ihre Bewerbung in unsere Liste aufgenommen und werden bei Bedarf an Sie herantreten.

Wir bedanken uns für Ihre Bewerbung und wünschen Ihnen für die weitere Zukunft alles Gute.

Mit freundlichen Grüßen

Absage nach einem Bewerbungsgespräch:

Ihre Bewerbung als ...

Sehr geehrte/r ...,

danke für Ihr Interesse an einer Tätigkeit als ...

Das Gespräch mit Ihnen war interessant und aufschlussreich. Sie sind von uns in die engere Auswahl genommen worden. Dennoch haben wir uns für einen anderen Mitbewerber entschieden, dessen spezielle Kenntnisse genau auf diese Tätigkeit passen.

Wir wünschen Ihnen für die weitere Stellensuche alles Gute.

Mit freundlichen Grüßen

Sehr geehrter Herr …,

wir beziehen uns auf das mit Ihnen geführte persönliche Gespräch vom … Bei diesem Termin konnten wir uns von Ihrer fachlichen Kompetenz überzeugen. In der engeren Auswahl haben wir uns jedoch für eine Führungskraft im Kreditbereich mit langjähriger Erfahrung entschieden.

Für Ihre berufliche Laufbahn wünschen wir Ihnen alles Gute und viel Erfolg.

oder:

Danke für Ihre Unterlagen und Ihr Interesse an unserem Unternehmen. Für die Aufgabe als … stellen wir uns einen Mitarbeiter mit Erfahrungen besonders in … vor. In Ihrer Bewerbung ist dieser für uns entscheidende Aspekt nicht enthalten. Daher können wir Ihre Kandidatur (Bewerbung) nicht weiter berücksichtigen.

Auf Ihrem Weg wünschen wir Ihnen dennoch alles Gute und Erfolg.

Kurz-Info per E-Mail, um den Erhalt der Bewerbungsunterlagen zu bestätigen:

Wir danken für Ihre Bewerbung und Ihre Unterlagen. Für die Stelle als … sind zahlreiche Bewerbungen bei uns eingetroffen. Die erste Auswahl nimmt die Personalabteilung vor. Bitte haben Sie noch einige Tage Geduld, wir werden Sie so schnell als möglich informieren.

Tipp

Tipps für Briefe an Ämter und Behörden

- Kurz und knapp halten
- Emotionales weglassen
- Termine, Geldbeträge, Anträge hervorheben
- Einschreiben!
- Wenn möglich immer die Kunden-, Steuer-, Versicherungsnummer anführen
- Erkundigen Sie sich vor Verfassen eines umfangreichen Briefes, ob nicht ein diesbezügliches Formular bei der zuständigen Behörde aufliegt oder der Homepage entnommen werden kann.

- Vieles lässt sich im Verkehr mit Behörden mittlerweile im Zuge von E-Government via E-Mail oder mit Online-Formularen regeln!

2.7 Der Brief nach der aktuellen Norm – A 1080/Österreich bzw. DIN 5008/Deutschland

Die folgenden Ausführungen gelten sowohl in Österreich als auch in Deutschland – soweit sie nicht speziell länderweise gekennzeichnet sind (Stand Jänner 2008).

A) Regeln für die Empfängeranschriften

1. Empfängeranschriften allgemein (aufgrund von OCR – automatische optische Texterkennung)

- Nicht mehr als 6 Zeilen (9-zeilig mit Zusatzvermerken) und linksbündig
- Keine Sperrschrift und Unterstreichungen, keine Zierschrift, möglichst auch nicht Fettdruck
- Keine Leerzeilen zwischen den Zeilen Herrn/Frau bzw. Postleitzahl/Ort
- Die Postfachnummer wird von rechts beginnend geschrieben (in Deutschland auch zweistellig gegliedert)
- Postleitzahlen werden vier- bzw. fünfstellig ohne Leerzeichen geschrieben
- Ortsteilnamen werden in einer besonderen Zeile oberhalb der Zustellangabe ohne Postleitzahl vermerkt (nicht aber als Zusatz zum Bestimmungsort!)
- Bei der Zustellangabe können zusätzlich das Stockwerk oder die Wohnungsnummer abgetrennt durch zwei Schrägstriche angegeben werden. Vor und nach den zwei Schrägstrichen ist jeweils ein Leerzeichen zu setzen.

2. Bezeichnung des Empfängers

- Verliehene Titel, Berufs- oder Amtstitel **ungekürzt in dieselbe Zeile** wie Herrn/Frau (bzw. in der nächsten Zeile fortsetzen).
- Akademische Titel abgekürzt vor dem Vor- und Zunamen
- Der Titel Prof. muss direkt vor dem Namen stehen (auch für den Fall einer Amtsbezeichnung).

- Berufsbezeichnung oder Firma/Institution unter den Empfänger
- Keine Formulierungen voransetzen (z. B. „An das“, „S. g.“)
- Aus Gründen der Verdeutlichung können speziell nach der ÖNORM Familiennamen generell in Großbuchstaben geschrieben werden.

Herrn Direktor Dr. Klaus Weninger	Herrn Rechtsanwalt Dr. Otto Freiherr von Berg

- Bei Einzelfirmen und Personengesellschaften das Wort „Firma“ voransetzen.
- Das Wort Firma kann weggelassen werden, wenn klar erkennbar ist, dass es sich um ein Unternehmen handelt.
- Zusätze wie „Abteilung“, „Filiale“, „zu Handen“ u. a. unter den Firmenwortlaut.
- Der Zusatz „zu Handen“ („z. H.“) muss nach den aktuellen NORMEN nicht mehr geschrieben werden, kann jedoch aus rechtlichen Gründen weiterhin angeführt werden.

3. Abgabestelle und Bestimmungsort

- **Ohne Leerzeile anschließen**
- Einen Zeilenschritt darunter: Postleitzahl und Bestimmungsort – dazwischen nur **ein** Leerzeichen ohne Bindestrich
- in das Anschriftenfeld dürfen auch Ordnungsbezeichnungen des Absenders aufgenommen werden (z. B. Ziffern, Zahlen etc.)

4. Zusammenfassung

Folgendes Schema ist grundsätzlich für das Schreiben von Empfängeranschriften vorgesehen:

Postdienstlicher Vermerk

Anrede Berufstitel
Akademischer Titel Name
Berufsangabe/Firma
Straße (Postfach) Nummer
Postleitzahl Bestimmungsort

Beispiele:

Schröder GmbH Herrn Anton Beier Stroblstraße 23 59192 Bergkamen	Firma Fritz Beispiel z. H. Frau Angelika Bauer Stroblgasse 23 1234 Wien

Geht aus einer Firmenbezeichnung nicht eindeutig hervor, ob es sich um eine Firma handelt (z. B. bei Einzelfirmen), setzen Sie das Wort Firma voran.

Die Wörter *An das* bzw. *An den* werden nicht mehr geschrieben.

Amt der Oberösterreichischen Landesregierung Hauptplatz 4020 Linz

5. Auslandsanschriften

- Bei Auslandssendungen ist das Bestimmungsland in Großbuchstaben in der letzten Zeile anzuführen.
- Die Anordnung der Bestandteile der Anschrift und deren Schreibweise sind – wenn möglich – der Absenderangabe des Adressaten zu entnehmen.
- Der Bestimmungsort ist nach Möglichkeit in der Sprache des Bestimmungslandes anzugeben (z. B. FIRENZE statt Florenz).
- Die Angabe des Bestimmungslandes steht ausgeschrieben in deutscher Sprache in der letzten Zeile der Anschrift.
- Das Voranstellen eines Länderkürzels ist nicht mehr vorgesehen!
- Es sind keine Leerzeilen mehr vorgesehen.

House Computer Co., Ltd. 6-1, Nishi-Shinjuku 2-chome Shinjuku-ku TOKYO 163-02 JAPAN	Mr. Frank B. Smith GPO Box 17788 Q MELBOURNE VIC 3001 AUSTRALIEN

6. Postdienstliche Vermerke, Versandvermerke (Einschreiben, Priority, Durch Boten – Vertraulich)

- Postalische Vermerke können zwei Zeilenschritte vor der Bezeichnung des Empfängers stehen (sie sind nicht Teil des sechszeiligen Anschriftenblocks!).
- Der Hinweis Vertraulich oder Persönlich ist unmittelbar oberhalb der Zeile Herrn/Frau anzubringen.

Einschreiben Anita Schreiber & Söhne Steuerberater Beispielstraße 6453 Musterdorf	Persönlich – Vertraulich Frau Dr. Anna Huber Hütteldorf AG Linzer Straße 312 1140 Wien

B) Formale Gestaltung von Briefen

1. Briefkopf und Postanschrift des Absenders

- Mindestens fünf Zeilenschritte unter dem oberen Blattrand
- Zehn Anschläge vom linken Blattrand (Fluchtlinie)
- Ohne den Zusatz Herrn/Frau/Firma
- Grafische Gestaltung:
  - Bei Fensterkuverts kann das obere Fünftel des Fensters für die Absenderangabe verwendet werden, und zwar einzeilig, nicht fett und mit deutlichem Abstand zur Empfängeranschrift.

2. Empfängeranschrift

- Mindestens fünf Zeilenschritte nach der Absenderangabe
- Bei Fensterkuverts in der 15. Zeile bzw. in der 3. Zeile des Anschriftenfeldes
- Postdienstliche Vermerke in der 13. Zeile bzw. in der 1. Zeile des Anschriftenfeldes

3. Bezugszeichen

- Bezugszeichen bzw. Datum (ohne den Zusatz „am“) bei Briefen ohne Vordruck in einem Informationsblock rechts neben der Empfängeranschrift
- Folgende Reihenfolge wird dabei untereinander empfohlen:

  Ihr Zeichen
  Ihre Nachricht vom:
  Unser Zeichen
  Unsere Nachricht vom:
  Name:
  Telefon:
  Mobil:
  Telefax:
  E-Mail:
  Internet:
  Datum: (am besten in alphanummerischer Schreibweise 4. März 2008)

Tipp

Die Ortsangabe kann entfallen, wenn sie mit derjenigen der Absenderanschrift übereinstimmt.

- Bei Briefen mit Vordruck sind die Angaben schreibzeilengerecht unter die jeweiligen Leitwörter zu setzen.

  Ihr Zeichen Unser Zeichen Telefon, Name Ihre Nachricht vom Unsere Nachricht vom Datum

4. Betreffangabe

- Mindestens fünf Zeilenschritte nach der Empfängeranschrift an der Fluchtlinie
- Mindestens zwei Leerzeilen nach den Bezugszeichen oder dem Informationsblock an der Fluchtlinie
- **Ohne Leitwort wie „Betreff“**
- Ist das Leitwort dennoch vorgedruckt, kommt die Betreffangabe einen Zeilenschritt darunter
- Ohne Punkt abschließen
- Kann unterstrichen werden (bei mehreren Zeilen nur die letzte in Länge der längsten Zeile)
- Nach der Betreffangabe mindestens drei Zeilenschritte bzw. zwei Leerzeilen

5. Anrede

- Drei Zeilenschritte (= zwei Leerzeilen) unter der Betreffangabe
- An der Fluchtlinie
- Allgemeine Anrede: Sehr geehrte Damen und Herren, (*Tabu sind: Sehr geehrte Herren, sehr geehrtes Fräulein)*
- Mit Titel und Namen oder mit Funktionstitel ohne Namensnennung: akademischer Grad abgekürzt und Namen gemeinsam oder Funktionstitel bzw. Standesbezeichnungen ausgeschrieben ohne Namen anführen!
- Nachgestellte Grade (z. B. MSc) werden wie in der mündlichen Anrede auch in der Briefanrede nicht angegeben.
- Ist der Empfänger namentlich bekannt, sollte die Anrede aus Gründen der Höflichkeit Titel und Namen enthalten.

  z. B.: Sehr geehrter Herr Direktor, oder
  Sehr geehrter Herr Dr. Maier,
- Schließt mit Komma (und kleiner Schreibweise in der Fortsetzung) oder meist bei Reklamationen oder Beschwerden mit Ausrufungszeichen (und großer Schreibweise im folgenden Text)
- Erlaubt sind auch Anreden wie „Guten Tag" bzw. „Grüß Gott".
- Bei Schreiben an Ämter und Behörden: Sehr geehrte Damen und Herren,
- Bei Personengruppen: Sehr geehrte Kolleginnen und Kollegen,
  oder: Sehr geehrte Frau Kollegin,
  sehr geehrter Herr Kollege

ACHTUNG:
Wenn Sie gleichzeitig drei Adressaten anschreiben müssen, empfehlen wir, drei Briefe zu schreiben und nicht alle drei Personen in einem Brief anzureden. Damit erhält jeder Adressat seinen eigenen Brief.

6. Text

- Beginnt zwei Zeilenschritte (= eine Leerzeile) nach der Anrede

7. Unterschriftenblock

- Der Unterschriftenblock beginnt zwei Zeilenschritte nach der letzten Textzeile.

- Enthält Grußformel, bei Bedarf Firmenwortlaut, Funktionsbezeichnung, auf Wunsch Namensangaben der Unterfertigenden, handschriftliche Unterschrift (der Ranghöhere links)
- Firmenwortlaut als Bestandteil der Unterschrift zwei Zeilenschritte unter der Grußformel
- Ist die Grußformel zentriert, so sind alle folgenden Zeilen auch zu zentrieren.
- Kann an der Fluchtlinie oder in der Mitte oder in der rechten Schreibraumhälfte beginnen
- Namen bzw. Funktionsbezeichnungen mindestens vier Zeilenschritte unter der letzten Zeile

Beispiel:

Mit freundlichen Grüßen

Kreissparkasse XY

Margot Lieb

Dr. Margot Lieb
Leiterin Firmenkunden

Allgemeine Tipps zur Unterschriftenregelung

Tipp

Ein Schriftstück wird mit einer Unterschrift zu einem rechtsverbindlichen Dokument. Beachten Sie firmeninterne Regelungen und folgende Tipps:

1. Die handschriftliche Unterschrift muss lediglich den **Nachnamen** beinhalten, d. h., Sie können auch mit Vor- und Nachnamen unterschreiben. In der Gestaltung der Unterschrift gibt es keine Vorschriften. Wir empfehlen Ihnen, mit Vor- und Nachname zu unterschreiben, da es einerseits persönlicher wirkt und andererseits Verwechslungen minimiert.
2. Darüber hinaus ist es empfängerorientiert anzugeben, ob der Unterschreibende ein Mitarbeiter oder eine Mitarbeiterin ist, um dem Adressaten das Antworten zu erleichtern.
3. Personen mit einem akademischen Grad unterschreiben generell handschriftlich **nicht mit ihrem Titel**. Wird der Name maschinschriftlich darunter gesetzt, kann dabei der Titel angeführt werden (siehe Beispiel S. 130).

4. Die **Zusätze** zu den Unterschriften „nach Diktat verreist" bzw. f.d.R. (für die Richtigkeit) sind veraltet – unterschreiben Sie stattdessen mit i. A. (im Auftrag), das Sie am besten mit der Hand zu Ihrer Unterschrift setzen. Dieses Zeichen gibt eine Einzelvollmacht in diesem einen Fall, für diese eine Handlung an und ist nicht mit i. V. zu verwechseln. Diese Einzelvollmacht muss nicht unbedingt schriftlich erteilt werden. In Vertretung bzw. rechtlich gesehen in Vollmacht (i. V.) wird aufgrund einer von der Geschäftsleitung bis auf Widerruf geltenden schriftlichen Bestellung geschrieben.
   Wir empfehlen Ihnen als Mitarbeiter/Mitarbeiterin, Ihre Unterschriftsvollmachten (mit Festlegung eines fixen Höchstbetrages) schriftlich zu regeln.

Der Zusatz pp. oder ppa. (per procura) ist weitreichender und kommt nicht nur schriftlich, sondern auch durch Eintragung in das Handelsregister zustande. Bei jeder Unterschrift ist der Vermerk pp. bzw. ppa. deutlich sichtbar handschriftlich anzubringen.

Insgesamt empfehlen wir Ihnen, die unter 3. und 4. angeführten Vollmachtskürzel handschriftlich anzubringen, um rechtliche Unklarheiten auszuschalten!

8. Beilagenvermerk (= Anlagevermerk nach DIN 5008)

- An der Fluchtlinie
- In angemessenem Zeilenabstand (Empfehlung: zwei Zeilen) vom Unterschriftenblock
- Das Wort „Beilage" ist nach der ÖNORM nicht zwingend notwendig,
- Unterstreichung und Doppelpunkt ist nach der ÖNORM 1080 möglich, nach DIN 5008 ist auch Fettschrift möglich. Ebenso steht nach dem Wort Anlage nie ein Doppelpunkt und es wird auch nicht unterstrichen.
- Wenn der Brieftext mehr Platz beansprucht, kann der Beilagenvermerk in den freien Raum neben der handschriftlichen Unterschrift gesetzt werden.

z. B.:	<u>Beilage</u> Geschäftsbericht	(nach ÖNORM)
z. B.:	Anlagen Geschäftsbericht Prospekt	(nach DIN)

9. Verteilervermerk

- Wie Beilagen-/Anlagenvermerke behandeln
- Zwei Zeilenschritte nach der letzten Zeile des Beilagevermerks

z. B.: Verteiler (oder Kopie) (nach ÖNORM)
Zweigstelle Salzburg

z. B.: **Verteiler** (nach DIN)
Herrn Dr. Maier (Vertrieb Wiesbaden)

10. Hinweis auf Fortsetzungsblätter und Wendezeichen im Text

Entsprechende Zeichen (z. B. ./2, ./., ➔) können am rechten Rand im Fußzeilenbereich bzw. etwa zwei Zeilen nach der letzten Textzeile an der Fluchtlinie oder am rechten Schreibrand angebracht werden.

11. Gestaltung von mehrseitigen Briefen

- Folgeblätter können Angaben zum Absender, zum Empfänger (in Kurzform), Datum des Briefs, Seitennummerierung (Seite X von Y) und eventuell die Wiederholung des Betreffs enthalten.
- Eine zweite Textseite sollte immer nummeriert werden.
- Die drei Punkte am Ende einer Seite entfallen, stattdessen oben auf der Folgeseite: Seite 2 von 10, danach eine Leerzeile.

12. Telefonnummern-Schreibweise in Briefen, Texten und E-Mails

Angaben zu Telefon- und Faxnummern bestehen im Allgemeinen aus folgenden, durch Leerzeichen getrennten Teilen:

- der internationalen Landesvorwahl (z. B. +49 für Deutschland)
- der ungegliederten Ortskennzahl ohne vorangestellte Null (z. B. 2236 für Mödling)
- gegebenenfalls der ungegliederten Nummer einer Nebenstelle oder der Vermittlung. Diese Nummer wird mit einem vorangestellten Bindestrich angefügt.

Wenn auf die internationale Landesvorwahl verzichtet wird, ist der Ortskennzahl eine Null voranzusetzen.

Beispiele:

+49 30 123456-123	0664 123 45 67
02236 12345	0800 100 190
+32 2236 123 45 67-12	05 75 75 75

Vorlage für einen Brief ohne Vordruck

Vorname Zuname
Straße
PLZ Ort

Herrn/Frau Berufstitel
akad. Grad Vorname Zuname
Berufsbezeichnung oder Firma/Institution
Straße
PLZ Ort

Datum

Text des Betreffs

Anrede,

Beginn des Texts

Mit freundlichen Grüßen

Unterschrift

Name

Beilage/Anlage
Kopie/Verteiler

Vorlage für einen Brief mit Vordruck

Gedruckter Firmenkopf des Absenders

gedruckte Postanschrift des Absenders

1 – Postdienstliche Vermerke
2
3 – Beginn der Empfängeranschrift
4
5
6
7
8
9

Ihre Zeichen, Ihre Nachricht vom Unser Zeichen, unsere Nachricht vom Telefon, Name Datum

1
2
3 – Betreff
1
2
3 – Anrede
1
2 – Text

1
2 – Grußformel
Firmenwortlaut
Unterschrift
1
2 – Anlagen/Beilagenvermerk
1
2 – Verteilervermerk

Anreden im Brief bzw. Einladung

Allgemein werden Inhaber akademischer Grade sowohl schriftlich als auch mündlich mit ihren Titeln angesprochen (außer Ihr Ansprechpartner wünscht, auf die Nennung des Titels zu verzichten). Die akademischen Grade können dabei auch in die weibliche Form gebracht werden.

EXTRA: Abkürzung von akademischen Graden/Funktionstitel bzw. verliehenen Titel

Abg.z.NR	Abgeordnete(r) zum Nationalrat
ADir.	Amtsdirektor/in
AR	Amtsrat/rätin
BA*	Bachelor of Arts
Bakk. techn.*	Bakkalaureus der Technik
BBA*	Bachelor of Business Administration
Bea.	Beamter/Beamtin
BEd*	Bachelor of Education
B.Eng.*	Bachelor of Engineering
Bgm.	Bürgermeister/in
Bmstr.	Baumeister/in
B. phil	Bachelor der Philosophie
BSc*	Bachelor of Science
DDr.	Doktor/in Doktor/in
Dipl.-Chem.	Diplomchemiker
Dipl.-Dolm.	Diplomdolmetsch
Dipl.-Gwl.	Diplomgewerbelehrer
Dipl.-Hdl.	Diplomhandelslehrer
Dipl.-HLFL-Ing.	Diplom-HLFL-Ingenieur/in
Dipl.Holzw.	Diplomholzwirt
Dipl.-Ing., DI	Diplomingenieur
Dipl.-Ing. (FH)	Diplomingenieur einer Fachhochschule
Dipl.-Päd.	Diplompädagogin, Diplompädagoge
Dir.	Direktor/in
Dr. h.c.	(honoris causa) Ehrendoktor
Dr. iur.	(doctor iuris) Doktor der Rechte
Dr. med.univ.	(medicinae universae) Doktor der gesamten Heilkunde
Dr. med.vet.	(medicinae veterinariae) Doktor der Tierheilkunde
Dr. mont.	(montanarum) Doktor der montanistischen Wissenschaften

Dr. phil.	(doctor philosophiae) Doktor der Philosophie
Dr. rer.nat.techn.	(rerum naturalium technicarum) Doktor der Bodenkultur
Dr. rer.pol.	(rerum politicarum) Doktor der Staatswissenschaften
Dr. rer.soc.oec.	Doktor der Sozial- und Wirtschaftswissenschaften
Dr. techn.	(technicarum) Doktor der Technik
Dr. theol.	(theologiae) Doktor der katholischen oder evangelischen Theologie
EMHRD*	European Master in Human Rights and Democratisation
Gem. R.	Gemeinderat/rätin
GR	Geistlicher Rat
Hon.Prof.	Honorarprofessor/in
HR	Hofrat/rätin
Ing.	Ingenieur
KommR	Kommerzialrat/rätin
LL.B. oder LLB	Bachelor of Laws
LL.M. oder LLM*	Master of Laws (Recht)
MA*	Master of Arts
Mag. (FH)	Magister/Magistra einer Fachhochschule
Mag. arch.	(architecturae) Magister der Architektur
Mag. iur.	Magister/Magistra der Rechte
Mag. pharm.	(pharmaciae) Magister der Pharmazie
Mag. phil.	(philosophiae) Magister der Philosophie
Mag. rer.nat.	(rerum naturalium) Magister der Naturwissenschaften
Mag. rer.soc.oec.	der Sozial- und Wirtschaftswissenschaften
Mag. theol.	(theologiae) Magister der Theologie
M.A.I.S.*	Master of Advanced International Studies
MBA*	Master of Business Administration
MedR	Medizinalrat/rätin
MIB*	Master of International Business
Mitgl. Bl	Mitglied des Bundesrates
MR	Ministerialrat/rätin
MSc*	Master of Science
Parl. R	Parlamentsrat
PhD	Doctor of Philosophy
Prof.	Professor/in

StSekr.	Staatssekretär/in
Univ.-Ass., Univ.Ass.	Universitätsassistent/in
Univ.-Doz., Univ.Doz.	Universitätsdozent/in
Univ.-Lekt., Univ.Lekt.	Universitätslektor/in
Univ.-Prof., Univ.Prof.	Universitätsprofessor/in

* Diese Titel nach der Bologna-Vereinbarung sind in der Anschrift nach dem Familiennamen zu schreiben (mit oder ohne Komma anzufügen). In der schriftlichen oder mündlichen Anrede sind sie nicht zu verwenden.

Treffen mehrere akademische Grade vor dem Namen zusammen, werden die akademisch höherrangigen Grade dem Namen am nächsten angeführt – Diplomgrad vor Doktorgrad.

Bei mehreren nachgestellten Graden sind diese nach Möglichkeit ebenso in aufsteigender Reihenfolge anzugeben, z. B. BBA MSc.

Besondere Funktions-/Berufs-/Amtstitel und Anreden im Brief

Bundespräsident	Sehr geehrte/r Frau/Herr Bundespräsident(in)
Bundeskanzler	Sehr geehrte/r Frau/Herr Bundeskanzler(in)
Minister	Sehr geehrte/r Frau/Herr Minister(in)
Bürgermeister	Sehr geehrte/r Frau/Herr Bürgermeister(in)
Präsident	Sehr geehrte/r Frau/Herr Präsident(in)
Kardinal	Eure Eminenz (auch: Sehr geehrter Herr Kardinal)
Bischof	Eure Exzellenz (auch: Sehr geehrter Herr Bischof)
Msgr./Monsignore	Monsignore (auch: Sehr geehrter Monsignore + akad.Grad + Name)
Rektor	Sehr geehrte/r Frau/Herr Professor (auch: Eure Magnifizenz)
Dekan	Sehr geehrte/r Frau/Herr Professor (auch: Eure Spektabilität)
Baron/in	Sehr geehrte/r Baron/in Nachname (ohne von) oder sehr geehrte/r Frau/Herr von (Nachname)
Freiherr/Freifrau	Sehr geehrte/r Freifrau/Freiherr Nachname (ohne von) oder sehr geehrte/r Frau/Herr von (Nachname)
Fürst/in	Hoheit oder Durchlaucht oder Sehr geehrte/r Fürst(in)

Graf/Gräfin	Sehr geehrte/r Gräfin/Graf (Nachname ohne von)
Prinz	Sehr geehrter (akadem. Grad) Prinz von/zu Name oder Königliche Hoheit
Prinzessin	Sehr geehrte (akadem. Grad) Prinzessin von/zu Name oder Königliche Hoheit

Bei Zusammentreffen mehrerer Titel ist folgende Reihenfolge hilfreich: Berufsbezeichnungen – Amtstitel – Berufstitel – Akademische Ehrentitel – Standesbezeichnung – Sonstige Ausbildungsbezeichnungen – Akademische Grade – Name

2.8 E-Mail – eine Sonderform der schriftlichen Kommunikation

„In unserem Büro können wir auf so einiges verzichten: Immer mehr Mitarbeiter sind entbehrlich, die Sekretärinnen werden reduziert, der Chef kann auch kurzfristig ersetzt werden – aber ohne eines kommen wir keinen einzigen Tag mehr aus: das E-Mail!“

Was macht dieses Medium so unentbehrlich? Die Vorteile liegen auf der Hand: Nachrichten können rasch und unkompliziert von A nach B gelangen. Riesige Datenmengen können so ganz ohne Papier, Briefmarke, Weg zur Post und Übermittlungsdauer verschickt werden – und das gleich auch noch an mehrere Empfänger! Der Druck einer perfekten Briefgestaltung fällt weg: Ich kann mich ganz auf den Inhalt konzentrieren, ohne auf Schriftgrad, Tabulatoren und Zeilenabstände zu achten. Ich schreibe fast so, wie ich es mündlich formulieren würde. E-Mails nehmen somit eine Zwischenstellung zwischen gesprochenem und geschriebenem Wort ein. Es gibt keine althergebrachten Regeln, alles ist erlaubt, die Freiheit fast grenzenlos!

Doch die Worte werden geschrieben und nicht gesprochen. Sie werden in den Computer getippt und sind, einmal versendet, unwiderruflich gespeichert. Manche Experten meinen, die Ästhetik der Korrespondenz ginge verloren. Andere behaupten, wir würden unsere eigene Sprache verlernen, weil ganze, richtig formulierte Sätze immer mehr die Ausnahme in den E-Mails darstellen.

Uns geht es hier nicht so sehr um die Zukunft der deutschen Sprache oder um kulturpolitische Diskussionen. Wir wollen uns auf die Wirkung Ihrer E-Mails auf den Empfänger konzentrieren. Und da gilt eindeutig: **Der Ton macht die Musik** – auch und besonders im elektronischen Briefverkehr!

Immer mehr E-Mails werden unter immer größer werdendem Zeitdruck verfasst und durchs Netz gejagt. Ob sie auch wirklich ankommen – sprich gelesen und verarbeitet werden –, hängt nicht zuletzt vom richtigen Ton und der richtigen Form ab. Unterschätzen Sie nicht die Macht der Sprache, gerade in einem so **raschlebigen Medium wie dem E-Mail!**

Denn E-Mails gelangen ohne Umwege direkt ins Zentrum unseres Arbeitsplatzes, auf unseren Bildschirm. Studien beweisen, dass ein Großteil der Empfänger die Mails ausdruckt und ablegt. Und ein Fehler, der gedruckt vor uns steht, zählt schwerer als ein Tippfehler in einer Nachricht, die nur kurz auf dem Bildschirm erscheint. Achten Sie also trotz des großen Zeitdrucks auf eine sorgfältige Gestaltung Ihrer E-Mails. Aus unserer Sicht sind eine **korrekte Ansprache und eine einwandfreie Rechtschreibung** in Mails genauso unerlässlich wie ein korrekter Inhalt. Der Empfänger kann sich durch allzu große Nachlässigkeit in einem E-Mail nicht so recht respektiert und ernst genommen fühlen. „Für die Nachricht an mich – und damit auch für mich – haben die sich nicht allzu viel Mühe gemacht!" Der holprige, mit Tippfehlern übersäte Text wirkt auch eher unbeholfen und zeugt nicht gerade von großer sprachlicher Kompetenz. So mancher Empfänger schließt vom schlampigen Stil auch auf die sonstige Arbeitsweise!

Die zweite Gefahr im elektronischen Briefverkehr liegt in der immer größer werdenden Überlastung. Nichts hat die viel zitierte Informationslawine so erweitert wie das Medium Internet. Wer beispielsweise nach einem Tag Abstinenz vom Arbeitsplatz 80 E-Mails vorfindet, möchte gleich wieder still und leise aus dem Büro schleichen! Wenn er sich dann schwer seufzend über das Öffnen und Lesen der vielen Botschaften hermacht, stellt er oft fest, dass ihn viele Mails entweder nichts angehen oder keine wesentliche neue Information enthalten.

Die Folge dieser Zwangsbeglückung aus dem Netz: Unerwünschte Informationen landen hier genauso im Papierkorb wie bei der schriftlichen Kommunikation. Der Absender kann durch einfaches Anklicken eine Vielzahl an Adressaten mit Marketingbotschaften aller Art „zuschütten" – ob der gewünschte Erfolg so eintritt, sei dahingestellt.

Wir sind überzeugt von der Methode, Kunden vorerst um Erlaubnis zu ersuchen, ihnen eine E-Mail senden zu dürfen. So verhindern Sie eine Belästigung und die positive Kundenbeziehung bleibt aufrecht. Wer 80 bis 100 E-Mails täglich in seinem elektronischen Briefkasten vorfindet, schickt Werbemails noch rascher in den Papierkorb als bunt und optisch ansprechend gestaltete Briefe. Ist der Kunde einverstanden, in regelmäßigen Abständen via Netz Produkt- und Marketinginformationen zugesandt zu bekommen, hat er einen anderen Bezug zur erhaltenen elektronischen Post. Sollte er keine weitere Information mehr wünschen, muss er unbedingt die Möglichkeit haben, sein Einverständnis zu widerrufen.

All das kann durch eine gut durchdachte **E-Mail-Policy** in Ihrem Unternehmen geregelt und damit die **E-Mail-Kultur** effizienter und kundenorientiert gestaltet werden. Erstellen Sie ein **E-Mail-Handbuch** für Ihr Unternehmen bzw. Ihren Arbeitsbereich.

Tipps zum richtigen Umgang mit E-Mails

Tipp

- Verschicken Sie E-Mails nicht wahllos! Überlegen Sie **bewusst**, für wen welche Information geeignet ist.
- Vorsicht mit der **CC-Zeile**! In der CC-Zeile des Adressatenfeldes wird jener Empfänger eingetragen, der eine Kopie der E-Mail erhalten soll.
- Als **Erstkontakt** zu einem neuen Kunden ist das Medium oft ungeeignet. Das persönliche Gespräch oder das Telefongespräch ist dem immer vorzuziehen.
- Vorsicht mit dem vertraulichen **„Du"** – auch wenn es in Ihrem Unternehmen zum guten Ton gehört, nach „außen" sollten Sie es nur dort einsetzen, wo Sie mit allen Adressaten auch wirklich per „Du" sind.
- Der richtige **Name** und der richtige **Gruß** prägen den ersten Eindruck auch beim E-Mail! Denken Sie immer an den Empfänger der Nachricht und passen Sie Gruß und Anrede diesem Bild an.
- Ein **aussagekräftiger Betreff** ist eine der wichtigsten Komponenten im elektronischen Briefverkehr. In den ersten Bruchteilen einer Sekunde entscheidet sich, ob Ihr E-Mail überhaupt geöffnet wird bzw. in welcher Reihenfolge der Empfänger die Dateien öffnet. Es muss daher klar ersichtlich sein, worum es im Text geht. Kurze, knappe Formulierungen im Betreff sind gefragt!

Extra-Tipp (!)

Kombinieren Sie Zahlen und Worte, um sich selbst und dem E-Mail-Empfänger die rasche Handhabung der E-Mails zu erleichtern.

- Der **E-Mail-Stil** sollte einfach und klar sein. Was für den herkömmlichen Schriftverkehr gilt, hat hier noch mehr Gültigkeit. Der Stil kann zwar informeller und der Sprechsprache ähnlich sein, sollte aber immer die nötige Hinwendung zum Leser erkennen lassen. Gerade weil das Medium E-Mail eine sehr persönlich gefärbte Sprache zulässt, sind wir feinfühliger für Zwischentöne und nehmen diese intensiver wahr. Texten Sie informell, aber nie unhöflich. Verzichten Sie auf die reine Befehlsform und wählen Sie möglichst positive Formulierungen.

Extra-Tipp (!)

prägnant formuliert	**das Ziel, den Nutzen sofort erkennbar machen**
einfach und verständlich	**Vorsicht mit Abkürzungen, Fremdwörtern und Fachausdrücken**
übersichtlich gegliedert	**logischer Aufbau, optische Aufbereitung**
kurz gefasst	**Weniger ist mehr!**

- Setzen Sie wichtige Informationen und Anliegen an den **Beginn** des Textes, Zusatzinformationen und Erklärungen gehören in die nachfolgenden Absätze.
- Der Vorspann einer E-Mail-Nachricht strukturiert die Nachricht. Daher muss der Anfang eines E-Mails wohlüberlegt sein. Der Leser soll im E-Mail – rascher als im Brief – sofort erkennen, worum es geht. Sie formulieren daher im E-Mail wie folgt:

  Wichtigste Information oder eine Zusammenfassung → Nächstwichtige Information → usw.
- Stellen Sie dem Empfänger eindeutige **Fragen** und geben Sie, wenn möglich, **Termine** vor.
- Ersetzen Sie bei E-Mails in deutscher Sprache an ausländische Adressaten das **„ß"** durch „ss", da das ß sonst als Sonderzeichen angezeigt wird.
- Vermeiden Sie **Fehler**! Kontrollieren Sie die **Rechtschreibung** und die möglichen **Tippfehler**. Grammatikalisch falsche Sätze wirken unbeholfen und linkisch – auch im Netz!
- Kontrollieren Sie auch alle Zahlen und Fakten auf ihre Richtigkeit, bevor Sie die Botschaft versenden.

Extra-Tipp (!)
Tragen Sie den Adressaten erst ein, nachdem Sie das E-Mail verfasst haben, um zu verhindern, dass Ihre Nachricht unvollständig versendet wird.

- Achten Sie auf die **Form** Ihrer E-Mails. Eine Schrift mit Groß- und Kleinbuchstaben ist leichter lesbar und somit empfängerorientierter. Schlecht leserlich und daher nicht anzuwenden, ist die durchgängige Großschrift.
- **Herausheben von wichtigen Fakten** gliedert Ihr E-Mail und dient dem Leser als Orientierungshilfe. Unterstreichen oder einrücken sind zum Hervorheben geeignet.
- Vermeiden Sie „Endloszeilen", die das Lesen wesentlich erschweren können. Achten Sie auf Zeilenumbrüche.
- **Vorsicht mit Kürzeln!** In einer Kunden-Mail sollte am Schluss kein „Mfg" oder Smiley stehen! Abkürzungen sollten nur dort eingesetzt werden, wo es dem Leser klar ist, worum es geht.
- Dasselbe gilt für **Fachausdrücke**. Es ist äußerst unangenehm, wenn der andere ein E-Mail zurückschicken muss, um Aufklärung zu verlangen.
- Bitte keine **pseudo-originellen Grußformulierungen**! Sie werfen spätestens nach dem vierten E-Mail ein schräges Licht auf den Verfasser.
- Während Ihrer Abwesenheit einlangende E-Mails können unabhängig davon auch an Mitarbeiter weitergeleitet werden (Outlook-Menüleiste-Abwesenheitsassistent-Regel hinzufügen). Schreiben Sie daher einen empfängerorientierten **Abwesenheits-Text** (siehe Beispiel) mit Gruß zu Beginn, wann Sie wieder erreichbar sind, den Namen des Ansprechpartners mit entsprechenden Daten, Signatur mit Firmenname und Namen etc.
- Achten Sie auf die **Größe** der Online-Post! Wer immer automatisch die Originalnachricht weiterleitet, überlastet das Netz und den Bildschirm des Empfängers unnötig. Filtern Sie heraus, welche Textstellen für den jeweiligen Empfänger notwendig sind.
- Schicken Sie auch wirklich nur jene **Attachments** mit, die unbedingt notwendig sind! Speichern Sie die Anhänge so, dass sie auch auf verschiedenen Systemen und Versionen geöffnet werden können, zum Beispiel als rtf (Rich Text Format). Denn nichts ist ärgerlicher, als ein sehnlichst erwartetes Dokument einfach nicht öffnen zu können!

- Die Anhänge sollten zusammen **0,5 MB** nicht übersteigen. Sonst ist es besser, die Datei zu teilen und in mehreren Etappen zu versenden. Grundsätzlich sind beim Versenden mehrere kleine Bilder besser geeignet als ein großes.
- Besonders das **Mailen per Handy** hat seine Tücken: Es lässt zwar derzeit eine rasche Weiterleitung von Textdateien zu, weniger gut funktioniert es jedoch bei umfangreichen Attachments. Vorsicht also bei zu großen Dateien, wie zum Beispiel Videobeiträgen, die das Handy des Empfängers für längere Zeit lahm legen.
- **Rasches Reagieren** ist gefragt! Allgemein wird erwartet, dass eine Antwort-Mail innerhalb von etwa **zwei bis drei Stunden** eintrifft. Gilt es, erst einmal mehrere Fakten zu recherchieren, toleriert der andere auch einen Tag als Reaktionszeit. Antworten Sie daher so rasch wie möglich, besonders im Umgang mit externen Kunden.
- Lassen Sie sich jedoch auch **nicht unnütz unter Druck** setzen. Der Kunde will, dass Sie möglichst rasch reagieren, er erwartet nicht sofort die perfekte Lösung.

Extra-Tipp (!)

Senden Sie vorab ein „Bestätigungs-Mail", in dem Sie dokumentieren, dass Sie die Anfrage erhalten haben und derzeit daran arbeiten, die Sache zu seiner Zufriedenheit und seinem größtmöglichen Nutzen zu erledigen. Das signalisiert Kundenorientierung, aktives Handeln und Professionalität. Gute Lösungen entstehen eben nicht in Sekundenschnelle!

- Begegnen Sie der Informationsflut in der **internen Mail-Kommunikation**! Hinterfragen Sie fix eingestellte Verteiler und filtern Sie die Informationen!
- Kalkulieren Sie bei geschäftlichen Kontakten rund um den Globus die **Zeitdifferenz** mit ein.
- Ordnen Sie Ihren E-Mails eine **Priorität** (Hoch/Standard/Niedrig) zu. Gehen Sie mit der Priorität „Hoch" jedoch bewusst um, vergeben Sie sie nur bei wirklich dringenden und wichtigen Informationen.

Stopp

Vermeiden Sie:

- „AW: Re: AW: Re: AW.....in der Betreffzeile
- Das gesamte E-Mail in Großbuchstaben
- Jedes E-Mail mit Priorität „Hoch" versenden

- Den vollständigen vorangegangenen Mailverkehr immer automatisch mitsenden
- Den gesamten Inhalt gleich in die Betreffzeile schreiben und so ein leeres E-Mail versenden

Einige nützliche Text-Beispiele

1. Beispiele für Signaturen

Eine unternehmenseinheitliche Signatur für **externe E-Mails** kann wie folgt geschrieben werden:

> **Mit freundlichen Grüßen/Kind regards**
>
> **(Titel) Vorname Nachname**
> **Abteilung XY oder Abteilungsleiter/in Abteilung**
>
> ---
>
> XXX AG
> Anschrift
> Tel.:
> Fax:
> E-Mail:
> http:
> Firmenbuchnummer, der Firmensitz und das Firmenbuchgericht

Die Signatur für **interne E-Mails** kann wie folgt aussehen:

> **(Titel) Vorname Nachname**
> **Abteilung XY oder Abteilungsleiter/in XY**
>
> ---
>
> Tel.:
> Fax:
> E-Mail:

Wir empfehlen Ihnen, Ihre Funktionsbezeichnung in externen E-Mails anzuführen und nicht nur die Abteilung, in der Sie arbeiten. So ist es zum Beispiel aus unserer Sicht persönlicher, statt „*Büro der Geschäftsleitung*" Assistentin der Geschäftsleitung anzuführen, was deutlich macht, dass dort Personen für den Kunden zur Verfügung stehen.

2. Beispiele für den Abwesenheitsassistent

Ein unternehmenseinheitlicher Abwesenheitsassistent kann wie folgt formuliert werden:

> Guten Tag,
>
> herzlichen Dank für Ihre Nachricht. Ich bin ab … wieder im Büro. In dringenden Fällen wenden Sie sich bitte an Frau/Herrn VORNAME ZUNAME/N, TEL.NR., E-MAIL-ADRESSE.
>
> Thank you for your message. I will be back in the office on … In urgent matters please contact Mrs./Mr. VORNAME ZUNAME/N, TEL.NR., E-MAIL-ADRESSE.
>
> Mit freundlichen Grüßen,
>
> Kind regards,

3. Rechtstext

Wir empfehlen, diesen Text (Disclaimer) besonders auch bei Reklamationen und juristisch relevanten Themen einzufügen:

1. Textvorschlag

> Diese Nachricht ist zur persönlichen Einsicht durch den genannten Adressaten gedacht. Bitte berücksichtigen Sie: Selbst bei exakter Namensübereinstimmung des Empfängers kann auch ein Adressierungsfehler vorliegen. Die XXX AG kann keine Haftung oder Garantie für die Unverfälschtheit und Vollständigkeit dieser Nachricht übernehmen. Dasselbe gilt, wenn Sie E-Mails erhalten, die von unbefugten Dritten unter unserem Namen abgesendet worden sind. Sollte der Inhalt des E-Mails nicht für Sie bestimmt sein, ersuchen wir um Information und anschließende Löschung des E-Mails. Des Weiteren möchten wir Sie darauf hinweisen, dass E-Mails der XXX AG nicht dazu bestimmt sind, Verpflichtungen in vertraglicher oder sonstiger Art zu begründen.
>
> **This electronic message (email) and any attachments to it are sent for the personal attention of the addressee. Although you may be the named recipient, it may become apparent that this email and its contents are not intended for you and an addressing error has been made. XXX AG accepts no responsibility**

or liability as to its completeness or accuracy. Equally, XXX AG accepts no responsibility or liability for emails sent under its name by unauthorised third parties. If you have received this email in error, we kindly request that you inform us immediately and thereafter delete this email and any attachments to it. We would also like to point out that email messages from XXX AG do not imply any contractual obligation and shall not be binding in any way.

2.9 Die aktuelle Rechtschreibung

Die Neuregelung der aktuellen Rechtschreibung ist am 1. August 2008 nach einer zweijährigen Übergangszeit endgültig in Kraft getreten. Bei der gesamten Rechtschreibreform ging es im Wesentlichen um eine Liberalisierung der schriftlichen Kommunikation. Mit einigen gravierenden Änderungen werden bedeutende Bereiche der Rechtschreibung vereinfacht, Praxiserfahrungen aus den Jahren seit 1996 wurden eingearbeitet und berücksichtigt.

Tipp

Wir haben hier den Stand vom **August 2008** aufgelistet. Da eine Sprache lebt und sich schwer in starre Regeln pressen lässt, bitten wir Sie, immer wieder Änderungen bzw. Empfehlungen des Rechtschreibrats sowie der zwischenstaatlichen Kommission für deutsche Rechtschreibung in Ihrer persönlichen Rechtschreibung zu beachten.

Was ist neu?

1. Schreibung nach dem Stammprinzip

- Verwandte und abgeleitete Wörter richten sich nach der Schreibung des Stammwortes.

z. B.:	Nummer	nummerieren
	Platz	platzieren
	selbständig	(*neben* selbstständig)
	Stopp	stoppen
	Stuck	Stuckatur
	Messe	Messner
	Tipp	tippen
	Stange	Stängel
	Überschwang	überschwänglich

Gams	Gämse
grau	gräulich
Schnauze	schnäuzen
Aufwand	aufwändig *oder*
aufwenden	aufwendig
frittieren	Fritteuse
Karamell	karamellisieren

- Dehnungs-h: Die Grundregelung ändert sich nicht, allerdings wurden einige Ausnahmen beseitigt:
  rau (wie alle Wörter mit au am Ende)
  Känguru (wie die übrigen Tiernamen mit u am Ende)
  Föhn (sowohl für Wetter- als auch für Haarföhn!)
  Rohheit (neu mit Dehnungs-h!)
  Zähheit (neu mit Dehnungs-h!)
- Drei aufeinander folgende Konsonanten werden alle geschrieben, wobei auf die **Möglichkeit der Schreibung mit Bindestrich** hingewiesen werden soll:

z. B.:	Schritttempo	(*auch*: Schritt-Tempo)
	Schifffahrt	(*auch*: Schiff-Fahrt)
	Sauerstoffflasche	(*auch*: Sauerstoff-Flasche)
	Schlusssatz	(*auch*: Schluss-Satz)
	Kennnummer	(*auch*: Kenn-Nummer)
	Stresssituation	(*auch*: Stress-Situation)
	Nulllohnrunde	(*auch*: Nulllohn-Runde)
	Stillleben	(*auch*: Still-Leben)
	Schwimmmeisterschaft	(*auch:* Schwimm-Meisterschaft)
	grifffest	
	schnelllebig	
	stilllegen	
	helllila	

2. s-Schreibung

- Die s-Schreibung richtet sich im Wesentlichen nach dem Wortstamm.
- Das „ß“ wurde nicht abgeschafft.
- Ein „ss“ darf auch vor einem t bzw. am Ende eines Wortes stehen.
- Die Schreibweise „sz“ bei ß in Blockbuchstaben ist durch „ss“ ersetzt worden.

- **Nach kurzem Vokal ss**, und zwar sowohl im Wortinneren als auch am Wortende.

z. B.:	bisschen	dass
	Fass, fassen	Fluss – Flüsse
	hassen – Hass	Kuss – küssen – küssten
	muss – müssen	passt – passend
	riss	schoss, Schuss

- **Nach langem Vokal und Zwielaut ß**, und zwar sowohl im Wortinneren als auch am Wortende.

z. B.:	Floß	Fuß
	Maß	grüßen
	außen	weiß
	vergaß	

Wechsel im Wortstamm zwischen ss und ß ist möglich:

essen, aß
fließen, floss
fressen, fraß
genießen, genoss
gießen, goss, gegossen
lassen, lässt, gelassen, ließ, ließen
messen, maß
sitzen, gesessen, saß
wissen, weiß, weißt, wusste, gewusst

- Eigennamen, Familiennamen und Fachwörter behalten ihre Schreibweise, z. B.: Richard Strauss

3. Fremdwörter

Grundsätzlich kann die bisherige Schreibweise beibehalten werden.
Bei der Neuschreibung geht es um eine Integration der Fremdwörter ins Deutsche durch Veränderung der

- a) Vokale:

ai → ä	Dränage – *auch* Drainage
é, ée → ee	Exposee – *auch* Exposé
au → o	Soße – *auch* Sauce
ou → u	Butike – *auch* Boutique

  b) Konsonanten:

c → k	Kode
c → z	Penizillin

c → ss	Fassette
ch, sh → sch	Sketsch, Schrimp
gh → g	Spagetti
qu → k	Bukett
ph → f	Delfin, Fotograf, Grafik, Biografie
rrh → rr	Katarr
t → z	preziös
th→ t	Panter, Tunfisch

Anmerkung: Die genannten Regeln gelten nicht für die Fachsprache:

a) Wörter wie Rhythmus, Apotheke, Asthma, Rhetorik, Theater, Mathematik etc. werden nicht geändert.

b) Ph auch weiterhin vorherrschend in folgenden Wörtern: Philosophie, Phantom, Mammographie, Physik etc.

- Der Plural englischer Wörter erhält im Deutschen die Endung -s:
  z. B.: Lobbys, Ladys, Partys
- Integration der Fremdwörter ins Deutsche unter Berücksichtigung der Stammschreibung:
  z. B.: essenziell *neben* essentiell
  substanziell *neben* substantiell
  potenziell *neben* potentiell
  Codizes *neben* Codices
  Potenzial *neben* Potential

4. Groß- und Kleinschreibung

Grundsätzlich werden **Substantive** (Hauptwörter) oder hauptwörtlich gebrauchte Wörter großgeschrieben, jedoch ausgenommen mit den Verben sein, bleiben, werden. Wir empfehlen Ihnen, die Großschreibung konsequent auch dort anzuwenden, wo Sie die Wahl haben. Damit erhalten Sie mehr Sicherheit und Übung.

- Neuregelung folgender Wortarten mit

1) Artikel bzw.	**2) Präpositionen**:
alles Folgende	seit längerem (*auch* Längerem)
auf dem Laufenden	seit kurzem (*auch* Kurzem)
im Gesamten	so viel, wie viel
im Nachhinein	übrig bleiben
im Voraus	um seiner willen
im Entferntesten	von klein auf
im Wesentlichen	von nahem (*auch* Nahem)

im Allgemeinen	von vornherein
im Vorhinein	von neuem (*auch* Neuem)
im Mindesten	von fern
im Großen und Ganzen	bis auf weiteres (*auch* Weiteres)
im Folgenden	von weitem (*auch* Weitem)
sich im Klaren sein	über kurz oder lang
im Besonderen	gegen bar
im Geringsten	

- Neuregelung folgender **Verben bzw. Präpositionen mit Substantiv:**

Rad fahren	von Seiten *neben* vonseiten
in Bezug, mit Bezug auf	auf Seiten *neben* aufseiten
und Ähnliches (u. Ä.)	zu Gunsten *neben* zugunsten
außer Acht lassen	auf Grund *neben* aufgrund
Folgendes	
in Kraft	
zu guter Letzt	
zu Hilfe	

- Superlative mit **aufs/auf das** können auch großgeschrieben werden:

  z. B.: aufs/auf das herzlichste *neben*
  aufs/auf das Herzlichste

- **Adjektive in Paarformen** (vor allem für Personen) werden nun großgeschrieben:

z. B.:	Arm und Reich	aus Alt mach Neu
	Jung und Alt	aus Schwarz Weiß machen
	Groß und Klein	

- Neuregelung der **Ordnungszahlen** und **unbestimmten Zahlenadjektive**. Groß werden Ordnungszahlen, unbestimmte Zahlenadjektive und vergleichbare Wörter geschrieben:

z. B.:	der Einzelne	der Einzige
	der Erste, Fünfte, Letzte	Zahllose
	als Nächster	viele Verschiedene
	die Rechte Dritter	alles Übrige
aber:	Hunderte/hunderte Male,	
	Dutzende/dutzende von Reklamationen	

  Zahlenadjektive können großgeschrieben werden, wenn ihr hauptwörtlicher Charakter hervorgehoben werden soll: Die meisten/Meisten blieben zu Hause. Die einen/Einen sahen zu, die anderen/Anderen halfen mit.

- **Sprachen in Verbindung mit Präpositionen:**

  z. B.: auf Englisch, in Russisch, mit Spanisch

- Die Wörter ***Recht*** und ***Unrecht*** werden in Verbindung mit *behalten, bekommen, geben, haben, tun* groß- und kleingeschrieben:

  du hast vollkommen recht/Recht
  Er hat ihm Unrecht/unrecht getan.

- ***angst, bange, feind, freund, ernst, gram, klasse, leid, pleite, recht, schuld, spitze, unrecht, weh*** werden als Eigenschaftswörter in Verbindung mit *sein, bleiben, werden* kleingeschrieben:

Mir wird angst und bange.	Es ist mir recht.
Ich bin dir nicht gram.	Wer ist schuld daran?
Mir ist es leid.	

- **Zeitangaben:** Zeitangaben wie *Abend, Mittag* werden – wenn sie keine Endung haben – grundsätzlich als Substantiv angesehen.

  Wörter für Tageszeitangaben nach den Wörtern *vorgestern, gestern, heute, morgen, übermorgen* werden großgeschrieben.

z. B.:	heute Nachmittag	am Morgen
	zu Mittag	gestern Mittag
	gegen Abend	am Abend
	heute Nacht	bis zum Abend
	vom Morgen	
aber:	am Dienstagabend (u.a.a. Wochentage), dienstagabends, abends	

- **Anredefürwörter:** Die Wörter der vertrauten Anrede (du, dich, ihr, dein, euer) werden auch in Briefen und Texten kleingeschrieben.

  Die Wörter der höflichen Anrede (Sie, Ihr, Ihnen) werden immer großgeschrieben.

- **Adjektive in festen Fügungen** (keine Eigennamen!) werden in einer Wortgruppe kleingeschrieben, z. B.: das autogene Training, alles Gute zum neuen Jahr

  Soll jedoch die neue Bedeutung des Ausdrucks hervorgehoben werden, kann auch großgeschrieben werden, z. B.: Goldene/goldene Hochzeit, Schwarzes/schwarzes Brett, erste Hilfe/Erste Hilfe, der weiße/Weiße Tod (Lawinentod), Goldener Schnitt (Math.), das Goldene Buch einer Stadt

- **Eigennamen:**

  Singuläre Eigennamen werden großgeschrieben:

z. B.:	Stiller Ozean	der Deutsche Bundestag
	Dritte Welt	der Zweite Weltkrieg

Eigennamen auf -(i)sch, werden grundsätzlich kleingeschrieben.

z. B.: aristotelische Philosophie
olympisches Feuer
akademisches Viertel
die brechtschen Dramen (zur Betonung des Namens *auch* die Brecht'schen Dramen)

Titel, Ehrenbezeichnungen, Kalendertage, Bezeichnungen in Botanik und Zoologie werden ebenfalls großgeschrieben:

z. B.: der Heilige Abend	die Schwarze Witwe
Eure Exzellenz	der Technische Direktor

5. Getrennt- und Zusammenschreibung

Dieser Bereich wurde überschaubar geordnet. In den meisten Fällen wird getrennt geschrieben, wobei Wortgruppen getrennt bleiben und Zusammensetzungen (die nicht erweiterbar oder steigerbar sind) in einem Wort geschrieben werden. Diese Unterscheidung richtet sich nach dem Schreibgebrauch, nach der übertragenen oder tatsächlichen Bedeutung sowie nach dem Sprachbau.

- Folgende Richtlinien sind hilfreich:

1) **„sein"**, z. B.: außerstande sein, beisammen sein, fertig sein, vorhanden sein, vorüber sein, zusammen sein, zufrieden sein
2) **Zwei Verben (Zeitwörter)** werden getrennt geschrieben, z. B.: laufen lernen, baden gehen, lesen üben, spazieren gehen. Achtung: kennen lernen oder kennenlernen als frei wählbare Schreibweise
   a) **Verben mit „bleiben" und „lassen"** können getrennt geschrieben werden, wenn sie eine neue Bedeutung haben, z. B.: sitzen bleiben (nicht aufstehen), sitzenbleiben/sitzen bleiben (die Klasse wiederholen müssen), den Gast nicht gehen lassen – sich gehen lassen/gehenlassen
   b) **Partizip (Mittelwort) und Verb** werden in der Regel getrennt geschrieben, z. B.: geschenkt bekommen, rasend werden
   c) **Adverb und Verb** werden zusammengeschrieben, wenn die Betonung ausschließlich auf dem ersten Bestandteil liegt, z. B. ich will dich wiedersehen
   Adverb und Verb werden getrennt geschrieben, wenn beide Wörter gesondert betont werden oder die Betonung nur auf dem zweiten Bestandteil liegt, z. B. seit der Operation kann sie wieder sehen.
3) **Substantiv (Nomen oder Hauptwort) + Verb** in untrennbaren Verbindungen bleiben beisammen, z. B.: handhaben, maßregeln, weissagen, vollbringen, schlussfolgern, schlafwandeln

a) In folgenden Fällen stellt der **erste Wortteil ein ehemaliges Substantiv** dar, es wird mit dem Verb zusammengeschrieben und wenn getrennt, dann klein, z. B.: eislaufen/ich laufe eis, kopfstehen/die Welt steht kopf, leidtun/es tut mir leid, nottun/Hilfe tut not, standhalten/er hält den Angriffen stand, stattfinden, stattgeben, teilhaben, teilnehmen

b) In einigen Fällen wird die **Schreibung freigestellt**, z. B.: Acht geben/achtgeben, Acht haben/achthaben, Halt machen/haltmachen, Maß halten/maßhalten, Staub saugen/staubsaugen

c) In den **anderen Fällen** schreibt man Substantiv und Verb getrennt, z. B.: Schi fahren, Not leiden, Rad fahren, Zeit rauben, Dienst haben

4) **Adjektive (Eigenschaftswort)**

a) **Adjektiv + Verb** können zusammen- oder getrennt geschrieben werden, wenn das Adjektiv das Ergebnis eines Vorgangs bezeichnet, z. B.: blank putzen/blankputzen, kaputt machen/kaputtmachen, kalt stellen/kaltstellen (wobei in der Praxis die Zusammenschreibung vorgezogen wird, da jede Fügung nur eine Betonung hat).

b) **Adjektiv + Verb werden dann zusammengeschrieben,** wenn die Zusammensetzung eine neue bzw. übertragene Bedeutung ergibt, z. B.: falschliegen (sich täuschen), fertigwerden (es leicht aufnehmen können), freisprechen (nicht verurteilen), richtigstellen (berichtigen), schwerfallen (Mühe bereiten).

Adjektiv + Verb werden dann getrennt geschrieben, wenn beide Teile ihre wörtliche, tatsächliche Bedeutung behalten, z. B. auswendig lernen, leer stehen, gut schreiben.

In Zweifelsfällen kann man getrennt oder zusammenschreiben: Die Gäste miteinander bekannt machen/bekanntmachen, jemanden hoch achten/hochachten

c) **Adjektiv + Partizip (Mittelwort)** werden mit anderen Wörtern dann zusammengeschrieben, wenn

1) der erste Teil für eine ganze Wortgruppe steht, z. B.: hitzebeständig, angsterfüllt, jahrelang, werbewirksam, freudestrahlend, eiskalt

2) die beiden Adjektive gleichrangig sind, z. B.: blaugrau, taubstumm

3) der erste Bestandteil die Bedeutung verstärkt oder sie abschwächt, z. B.: gemeingefährlich, todernst, bitterböse

d) Einige **häufig gebrauchte Verbindungen mit Adjektiven** können getrennt- oder zusammengeschrieben werden, z. B.:

ein schwerverständlicher/schwer verständlicher Text, eine nichtöffentliche/nicht öffentliche Sitzung

e) Alle **Verbindungen von Hauptwörtern mit Partizipien und Adjektiven** werden getrennt- oder zusammengeschrieben, wenn der zu Grunde liegende Infinitiv (Nennform) getrennt geschrieben wird, z. B. der Dienst habende/diensthabende Arzt, Erdöl fördernd/erdölfördernd, ein viel versprechendes/vielversprechendes Angebot, Holz verarbeitend/holzverarbeitend

5) **Adverbien (Umstandswörter)** schreibt man zusammen, z. B.: unterdessen, einmal, stromaufwärts, zweifelsohne, ehrenhalber, allzu, genauso, einigermaßen. Ist ein Teil erweitert, wird getrennt geschrieben: ehrenhalber/der Ehre halber, bekannterweise – in bekannter Weise, irgendein/irgend so ein

a) **Fügungen mit Adverbien, Präpositionen und Pronomen** schreibt man getrennt, z. B. darüber hinaus, vor allem, zur Zeit Mozarts, zu hohe Kosten, so hohe Preise, so viel Arbeit, genauso gut, gar nicht, ebenso gut

6) **Konjunktionen, Präpositionen und Pronomen** schreibt man zusammen, z. B.: anhand, zufolge, zuliebe, sobald, sooft, soviel, inmitten, infolge, indem, irgendetwas, irgendjemand, irgendwer

7) Bei folgenden Fügungen ist **Getrennt- oder Zusammenschreibung erlaubt**:

imstande sein/im Stande sein
infrage stellen/in Frage stellen
zugrunde gehen/ zu Grunde gehen
zuhause/zu Hause bleiben
zuleide tun/zu Leide tun
zurande kommen/zu Rande kommen
zustande bringen/zu Stande bringen
sodass/so dass
anstelle/an Stelle
aufgrund/auf Grund
aufseiten/auf Seiten
mithilfe/mit Hilfe
vonseiten/von Seiten
zugunsten/zu Gunsten

8) Manche Ausdrücke können eine **Wortgruppe oder eine Zusammensetzung** sein und können daher zusammen- oder getrennt geschrieben werden, z. B.:

danksagen/Dank sagen
gewährleisten/Gewähr leisten

9) **Trennbaren Verben mit einem Umstandswort (Adverb) oder einer Präposition (Vorwort) als erstem Bestandteil,** werden zusammengeschrieben, wenn die Betonung auf dem ersten Wort liegt,

   z. B.: sich mit einem Problem auseinandersetzen,
   zwei Bücher übereinanderlegen

   ABER: übereinander reden!

   Zu den **Präpositionen** zählen:
   ab-, an-, auf-, aus-, bei-, durch-, ein-, entgegen-, in-, mit-, entlang-, gegen-, gegenüber-, hinter-, über-, um-, unter-, vor-, wider-, zu-, zuwider-, zwischen-

   Zu den **Umstandswörtern oder Adverbien** zählen:
   aufeinander-, aufwärts-, auseinander-, beisammen-, davor-, dazu-, dazwischen-, empor-, her-, heraus-, herbei-, hintenüber-, hinterher-, hinüber-, hinaus-, hindurch-, hinein-, nebeneinander-, nebenher- , rückwärts-, voraus-, vorher-, vorweg-, weiter-, wieder-, zurück-, zusammen-, zuvor-

10) Zusammen werden **Partikel und Verb bzw. Wörter** geschrieben, **die nicht mehr ihrer ursprünglichen Wortart angehören oder nicht mehr allein vorkommen,**

   z. B.: abhandenkommen, bevorstehen, darbieten, fehlschlagen, überhandnehmen, wahrnehmen, wettmachen, zurechtweisen

11) **Sonstige Fälle** von Getrennt- und Zusammenschreibung:

   wie viel – wie viele, so viel – so viele, zu wenig – zu wenige
   allzu oft, allzu viel
   Die Verbindung mit Mal als Substantiv: Mal ist immer großzuschreiben,
   jedes Mal (Ausnahme: manchmal, diesmal, einmal, zweimal)
   Verbindungen mit „irgend“ werden ausnahmslos zusammengeschrieben, z. B. irgendetwas, irgendjemand.
   Sogenannt kann wahlweise auch so genannt geschrieben werden.

6. Komma-Setzung

Das Komma kann jetzt nach den bisherigen Regeln gesetzt werden, muss aber nicht. Das gilt auch für das Komma zwischen gleichrangigen Gliedsätzen.

- **Das Komma steht bei Aufzählungen zwischen gleichrangigen Wörtern oder Wortgruppen, wenn sie nicht durch Wörter wie „und" oder „oder" verbunden sind:**

  Der Täter flüchtete mit einem großen, viertürigen Auto.

- **Zwischen nicht gleichrangigen Adjektiven (von denen das erste Adjektiv die folgende Fügung näher bestimmt) steht kein Komma:**

  die jüngsten politischen Entwicklungen…

  zwischen gleichrangigen nebengeordneten …….

- **Das Komma steht zwischen gleichrangigen Teilsätzen (Hauptsätze oder Gliedsätze), wenn sie nicht durch Wörter wie „und" oder „oder" verbunden sind:**

  Die Lichter gingen aus, im Saal wurde es ganz still.

  Sie wollte das Theaterstück besuchen, leider war es ausverkauft.

  Sie fragte, ob jemand angerufen habe, ob Post gekommen sei oder sonst etwas vorgefallen sei.

- **Werden gleichrangige Teilsätze, Wortgruppen oder Wörter durch *und, oder bzw. sowie, wie entweder ... oder, nicht … noch, sowohl … als auch (wie auch), weder … noch* getrennt, wird normalerweise kein Komma gesetzt, es kann jedoch einer gesetzt werden:**

  Die Rettung brachte den Verletzten und die Mutter in das Krankenhaus.

  Entweder du arbeitest mit oder du meldest dich vom Sprachkurs ab.

- **Bei zwei Hauptsätzen kann ein Komma gesetzt werden, um Missverständnisse zu vermeiden:**

  Die Ärztin versorgte den Verletzten, und die Kinder wurden nach Hause gebracht.

- **Vor entgegensetzenden Konjunktionen (z. B. mit *aber, sondern, doch*) steht immer ein Komma:**

  Ich bin nicht erleichtert, sondern sehr enttäuscht.

  Ich wollte die Unterlagen herrichten, aber sie waren noch nicht fertig.

  Einerseits ist das richtig, andererseits spricht einiges dagegen.

- **Gliedsätze (Nebensätze) werden durch Komma vom Hauptsatz getrennt, wobei bei eingeschobenen Gliedsätzen vor und nach dem Gliedsatz ein Komma steht:**
  Ich weiß nicht, was ich heute machen soll.
  Als sie sich umdrehte, weil sie ihren Namen hörte, entriss ihr der Täter die Einkaufstasche.
  Er entschuldigte sich, dass er keine Zeit mehr habe, und verabschiedete sich.
- **Formelhafte Gliedsätze können mit oder ohne Komma stehen:**
  Wie bereits erwähnt(,) wurde die Rechnung bereits bezahlt.
- **Bei Vergleichen mit *als* oder *wie* steht kein Komma, wenn es sich nicht um zwei vollständige Sätze handelt:**
  Besser als befürchtet ist das Prüfungsergebnis ausgefallen.
- **Nennform-(Infinitiv-)Gruppen, Mittelwort-(Partizip)Gruppen oder Adjektivgruppen bzw. ähnlich gebrauchte Gruppen können durch Komma getrennt werden, um deutlicher zu gliedern bzw. auch um Missverständnisse zu vermeiden:**
  Wir überlegen(,) den Garten umzugestalten.
  Er befahl, ihnen die Unterlagen zu bringen.
  Er befahl ihnen, die Unterlagen zu bringen.
  Durch die Schritte aufgeweckt(,) horchte sie genau auf den Lärm draußen.
- **Nennform- (Infinitiv-) bzw. Partizipgruppen werden durch Komma getrennt, wenn sie**
  a) mit *um, ohne, statt, anstatt, außer, als* eingeleitet werden:
  Sie holte den Duden, um ein Wort nachzuschlagen.
  b) von einem Hauptwort (Nomen) abhängen:
  Sie hatte die Absicht, in den Sommerferien zu arbeiten.
  c) mit einem Verweiswort angekündigt werden:
  Das Spiel zu gewinnen, das hätte er sich nicht träumen lassen.
- **Nachgetragene Gruppen bzw. Beisätze werden immer mit Komma getrennt:**
  Er, noch ganz außer Atem, winkte ihr zu.
- **Beisätze werden durch Komma abgetrennt:**
  Wir trafen unseren Nachbarn, einen begeisterten Golfer.
- **Mehrteilige Datums- und Zahlenangaben werden durch Komma gegliedert.** Diese Angaben können als Aufzählungen oder als Fügun-

gen mit Beisatz auffassen, deshalb ist das letzte (schließende) Komma vor der Weiterführung des Satzes freigestellt.

Er kommt Mittwoch, den 19. Juli 2009.

Die Tagung soll Donnerstag, (den) 17. September(,) beginnen.

Die Tagung soll am Donnerstag, dem 17. September, (um) 9:00 Uhr(,) im Festsaal beginnen.

- **Der Komma trennt nachgestellte Erläuterungen oder Bestimmungen, die mit „also, besonders, das heißt (d. h.), das ist (d. i.), genauer, insbesondere, nämlich, und das, und zwar, vor allem, zum Beispiel (z. B.)“ beginnen, ab:**
  Sie liest viel, vor allem Krimis.
  Es gibt vier Jahreszeiten, nämlich Frühling, Sommer, Herbst und Winter.
- **Bei Fügungen mit Präpositionen (wie, etc.) ist der Komma freigestellt:**
  Das war(,) nach allgemeiner Ansicht(,) völlig richtig.
  Die Reisekosten(,) einschließlich Übernachtung(,) werden in diesem Fall nicht ersetzt.
  Die Unterrichtsmaterialen(,) wie Mappen, Hefte und Bücher(,) können im Bankfach gelassen werden.
- **Zwischen vorangestellter wörtlicher Rede und folgendem Begleitsatz wird immer ein Komma gesetzt:**
  „Ich komme sicher morgen“, erklärte er ihr.
  „Komm bitte“, sagte sie, „morgen pünktlich.“

  Begleitsatz nach direkter Rede wird mit einem Komma abgeschlossen, egal ob er mit ? oder ! beendet wird:
  „Gehst du mit?“, fragte sie.

7. Silbentrennung

Die Silbentrennung wird erleichtert, getrennt wird nach deutschen Sprechsilben:

- Die Silbentrennung wird erleichtert, getrennt wird nach deutschen Sprechsilben, wobei die Trennungen beim Lesen nicht sinnstörend sein sollen – NICHT: Autoren-nen, sondern Auto-rennen
- Zusammensetzungen und Wörter mit Vorsilbe trennt man in der Wortfuge: Haus-tür, Vor-gang
- st darf getrennt werden: lus-tig, Küs-te
- ch, sch,ph, th, rh, gh, sh, ck trennt man nicht, wenn sie als ein Laut gesprochen werden: Mü-cke, Zi-ther, Spa-ghetti

- In Fremdwörtern können Mitlautbuchstaben in Verbindung mit l, n, r getrennt werden oder zusammengeschrieben werden. Bei Unklarheiten ist ebenfalls die Trennung freigestellt: Pä-da-go-gik, hin-auf/hinauf, Zyk-lus/Zy-klus
- Mehrsilbige Wörter kann man am Zeilenende trennen: Mau-er, Mu-seum, Fa-mi-li-en, wobei einzelne Buchstaben für Selbstlaute nicht abgetrennt werden dürfen: NICHT A-bend, aber Ei-er

8. Bindestrich

- Der Bindestrich kann verwendet werden, um Zusammensetzungen leichter lesbarer zu machen, auch z. B. in gleichrangigen Adjektiven, z. B.: Genuss-Sucht, deutsch-österreichische Beziehungen
- Verbindungen aus Ziffern und Worten werden mit Bindestrich geschrieben, z. B.: 100-prozentig, 30-jährig. Dipl.-Ing., A-Dur, 2-Euro-Stück Bei Nachsilben wird kein Bindestrick gesetzt: 100%ig, der 68er
- Der Bindestrich steht in hauptwörtlich gebrauchten Wortgruppen mit mehr als zwei Bestandteilen, z. B.: das In-den-Tag-hinein-Leben, das Auf-die-lange-Bank-Schieben, das Entweder-oder
- Verbindungen aus Ziffern und dem Wortteil „-fach" können auch mit Bindestrich geschrieben werden, z. B.: 4fach/4-fach
- Englische bzw. amerikanische Fremdwörter

  a) Wenn diese **Zusammensetzungen aus Substantiven** bestehen, werden sie zusammengeschrieben oder auch mit Bindestrich aneinander gefügt:

  z. B.: Cashflow *auch* Cash-Flow
  Jobsharing *auch* Job-Sharing
  Tiebreak *auch* Tie-Break

  b) Vorzugsweise in einem Wort und groß werden **Verbindungen** im Englischen geschrieben, **deren zweiter Teil ein Adverb** ist:

  z. B.: Blackout *auch* Black-out
  Layout *auch* Lay-out
  aber: Know-how, Turn-around, Go-in

  c) **Verbindungen** im Englischen **aus Adjektiv und Substantiv** können getrennt und ohne Bindestrich geschrieben werden. Sie werden allerdings jetzt vorzugsweise zusammengeschrieben:

  z. B.: Jointventure *auch* Joint Venture
  Smalltalk *auch* Small Talk
  Electronic Banking, New Economy, High Society

3 Office und Team

Das Office ist meist die Schnittstelle, in der alle Informationen zusammenlaufen. Seine Mitarbeiter haben daher Kontakte zu allen Unternehmensbereichen und sind gleichzeitig Ansprechpartner für alle anderen Mitarbeiter. Sie sind in Projektteams integriert und müssen oft auch im Tagesgeschäft mit anderen zusammenarbeiten. Teamwork ist deshalb viel mehr als nur ein Schlagwort, es ist ein fixer Bestandteil des Arbeitsprozesses. Wer zum Beispiel in einem Chefsekretariat arbeitet, ist meistens auch ganz bewusst in den Bereich der Mitarbeiterführung integriert – nicht nur als Ansprechpartner in allen innerbetrieblichen Personalfragen, sondern auch bei der Personalauswahl. Daher erscheint es uns wichtig, diesem Bereich ein Kapitel unseres Ratgebers zu widmen.

Office-Mitarbeiter als kompetente Ansprechpartner

Kompetenz bedeutet vor allem Teamfähigkeit. Doch welche Eigenschaften kennzeichnen einen teamfähigen Mitarbeiter?

- jederzeit für alle ansprechbar zu sein,
- sich auch dem internen Kunden gegenüber kundenorientiert zu verhalten,
- fachlich „up to date“ zu sein und jederzeit Auskunft geben zu können,
- ein Organisationsprofi zu sein und auch Kapazitätsengpässe im Team managen zu können,
- Krisensituationen im Team zu managen,
- der PR-Manager seiner Kollegen und seines Chefs zu sein,
- Stress locker verkraften zu können,
- immer zuhören zu können,
- auf die Bedürfnisse der Mitarbeiter einzugehen,
- die Motivation der MitarbeiterInnen zu fördern,
- für Innovationen im Team zu sorgen,
- bei der Kontrolle mitzuwirken,
- immer freundlich zu sein!

Nehmen Sie all diese Aufgaben bewusst wahr. Die positive Einstellung jedes Mitarbeiters ist nicht nur Voraussetzung für eine funktionierende Teamzusammenarbeit, sondern sie bewirkt auch ein angenehmes Betriebsklima, zufriedene Kunden und die Anerkennung der Vorgesetzten.

3.1 Kommunikation im Team

Der richtige Ton ist für die funktionierende Zusammenarbeit im Team entscheidend. Dieser Punkt betrifft alle, für bewusste Kommunikation trägt jeder im Team Verantwortung. Grundsätzlich gelten alle Kommunikationsregeln, die wir schon für den Umgang mit Kunden im ersten Kapitel erörtert haben, auch für den so genannten „Internen Kunden", den Mitarbeiter. Trotzdem wollen wir uns hier mit den Besonderheiten und Voraussetzungen für eine gute Teamkommunikation auseinander setzen.

Checkliste Teamkommunikation

- ☐ Zeigen Sie Sympathie und Empathie – versetzen Sie sich in den anderen hinein, setzen Sie seine Brille auf!
- ☐ Achten Sie auf ein ausbalanciertes Distanzgefühl.
- ☐ Das Ziel muss immer die Ausrichtung der Kräfte auf vorgegebene und/oder vereinbarte Ziele sein.
- ☐ Teamkommunikation funktioniert nur mit klar definierten Aufgabenverteilungen.
- ☐ Sorgen Sie für klare Anweisungen und Zielvorgaben:
  - Was?
  - Wer?
  - Bis wann?
  - Wie?
  - Wozu?
- ☐ Initiieren Sie ein teamorientiertes Informationsmanagement – die Dokumentation von wichtigen Gesprächen und Ergebnissen.
- ☐ Alle sollten die gemeinsamen Verhaltensregeln respektieren und umsetzen.
- ☐ Es gibt klare Rollenverteilungen, Rechte und Verantwortungen sind abgeklärt.
- ☐ Legen Sie eindeutige Vertretungsregeln fest.
- ☐ Auch unangenehme Aufgaben werden übernommen.
- ☐ Konflikte werden rechtzeitig erkannt, angesprochen und gelöst.
- ☐ Regelmäßige Besprechungen sollten stattfinden, deren Ziel eine Soll/Ist-Analyse ist.
- ☐ Gegenseitige Achtung führt zu einer positiven Gesprächsbasis im Team.

Doch gerade in der engen, täglichen Zusammenarbeit lauern viele Gefahren. Unachtsamkeiten im Umgang miteinander können sich im Alltag einschleichen: Ehe man sich's versieht, ist die gute Stimmung im Team gekippt. Sind Sie daher hellhörig für die Warnzeichen und werden Sie sich der Fallen in der Teamkommunikation bewusst.

Checkliste: Kommunikationsfallen im Team

- [ ] Die **„Du-Wort-Falle" und der lockere Umgang** – Achten Sie auf einen korrekten Umgang mit dem „Du-Wort" und entlarven Sie falsch gemeinte Freundlichkeit.
- [ ] Der **distanzierte Umgang** – Zeigen Sie offenes Interesse am anderen, gehen Sie auf ihn zu. Setzen Sie sich mit ihm auseinander. Denn zu große Distanziertheit signalisiert auch Konfliktscheue.
- [ ] Die **erhaltene Information wird vom Empfänger falsch „entschlüsselt"**
  - Fehlinterpretationen erfolgen aufgrund von Vorurteilen, Erfahrungen, Erwartungen, Vorwissen – der „persönliche Filter" verändert so die Botschaft
  - Inhalts- und Beziehungsebene werden vertauscht
  - Versteckte Aussagen werden nicht beachtet
- [ ] **Kommunikation findet erst gar nicht statt**
  - Die Mitarbeiter/Chefs hören bewusst nicht zu
  - Lenkendes Zuhören legt dem anderen eigene Inhalte in den Mund
  - „Pseudo-Zuhören" – Sie merken genau, dass Ihnen der andere nicht zuhört, obwohl er so tut, als ob
  - Beim anderen herrscht „Aufnahmesperre", zum Beispiel durch Überforderung, Stress, Burn-out
- [ ] **Gespräche zwischen Tür und Angel** – solche Gespräche werden mit einer verringerten Aufmerksamkeit geführt, die Informationen gehen verloren
- [ ] Der **falsche Zeitpunkt**
- [ ] **Humor auf Kosten anderer** – Unter dem Deckmantel des kollegialen Umgangstons verbirgt sich oft eine echte Beleidigung und Herabwürdigung. Erkennen Sie diese Unart und machen Sie nicht mit, treten Sie selbstbewusst dagegen auf. Achtung: Mobbing-Gefahr!

EXKURS: Schwierige Gespräche im Team

Wir werden in Einzel- oder Teamcoachings immer wieder gefragt, wie schwierige Gespräche mit Kollegen mit ernsten Inhalten zu führen sind (z. B. Körpergeruch, verminderte Leistung etc.). Daher haben wir einen allgemeinen Leitfaden für Sie zusammengestellt, den Sie im Ernstfall mit Ihren Worten formulieren:

1. Führen Sie das Gespräch direkt mit dem Kollegen, unter vier Augen.
2. Beziehen Sie das Team in das Gespräch mit ein: auch das Team spricht darüber …, auch andere sehen das Problem, es ist kein isoliertes Thema.
3. Frage an den Kollegen: Hat der Kollege eine Lösung für sein Problem?
4. Wenn nein – Information in die nächste Eskalationsstufe mit Konsequenz (z. B. Chefgespräch).
5. Wenn ja – Problem erledigt und nicht mehr thematisieren.

Die gesamte Vorgangsweise muss transparent für alle im Team ersichtlich sein!

Tipp

Das „Wir-Gefühl" entsteht nur, wenn miteinander, nicht gegeneinander kommuniziert wird. Das Ziel ist hier nicht, als Sieger ein Schlachtfeld zu verlassen!

3.2 Mitarbeiterführung im Team

Im Zuge der projektbezogenen Teamarbeit finden sich Mitarbeiter plötzlich in einer Führungsrolle wieder. Führung wird zur Gratwanderung zwischen Chef und Kollegen – ein nicht immer ganz einfacher Balanceakt. Wem es gelingt, in Situationen plötzlicher Führungsverantwortung souverän zu reagieren, der beweist ein großes Maß an Kompetenz.

Wir wollen Ihnen dabei helfen und stellen Ihnen hier einige Grundsätze praktischer Mitarbeiterführung vor.

Was heißt Führung?

→ zielorientierte Verhaltensbeeinflussung (das funktioniert auch gegenseitig!)

Wie wird geführt?

→ durch Kommunikation

→ durch Interaktion

Welche Ziele hat Führung?

→ die positive Beeinflussung des Leistungsverhaltens der Mitarbeiter zur Erfüllung des Unternehmensziels

→ die Befriedigung sozialer Bedürfnisse der Mitarbeiter zur Erreichung von Arbeitszufriedenheit

Tipps zum Gelingen Ihrer persönlichen Mitarbeiterführung:

Tipp

- Führen Sie regelmäßige **Besprechungen** mit den Mitarbeitern und Beteiligten am Projekt bzw. im Team durch.
- Verlangen Sie **Lösungen** und keine Schuldigen: Künftig geht es im Berufsleben vermehrt darum, gemeinsame Lösungen zu erarbeiten, anstatt Schuldige anzuklagen!
- Geben Sie der Arbeit der Mitarbeiter und Kollegen einen **Wert, durch Anerkennung und Kritik bzw. durch Zusammenhänge und Ziele**.
- Halten Sie die Balance zwischen **Anerkennung und Kritik**.
- Achten Sie darauf, dass alle Teammitglieder genügend **Pausen** und Erholungsphasen einhalten. Das dient der Kreativität und Effizienz der Arbeit und somit der Zufriedenheit der Mitarbeiter.
- Geben Sie den MitarbeiterInnen nach allen Seiten hin **Rückendeckung** (z. B. bei Beschwerdegesprächen, gegenüber Chefs, weiteren Stakeholdern bzw. Interessengruppen).

- Sprechen Sie mit jedem Mitarbeiter über seine bzw. **Ihre Ziele**.
- Seien Sie selbst unbedingt **Vorbild** für sämtliche Forderungen, die Sie an Mitarbeiter stellen.

Checkliste: Der kooperative Führungsstil

- ☐ Die Mitarbeiterbeteiligung steht im Vordergrund.
- ☐ Das Team, „WIR", ist wichtig.
- ☐ Der Teamleiter ist ein Teil des Teams.
- ☐ Er unterstützt durch Rat und Hilfe.
- ☐ Er entscheidet, wenn nötig, eigenständig.
- ☐ Der Leiter trifft jedoch keine alleinigen Entscheidungen, er hat „Entscheidungshelfer".
- ☐ Informationen werden ausgetauscht.
- ☐ Die Ziele sind allen im Team bekannt.
- ☐ Maßnahmen werden begründet.
- ☐ Die Förderung von Eigenverantwortung und Kreativität bei den Mitarbeitern steht an erster Stelle.
- ☐ Alle im Team haben Anteil am Erfolg.
- ☐ Anerkennung ist ein wichtiges Hilfswerkzeug.
- ☐ Regelmäßige Teambesprechungen finden statt.
- ☐ Konflikte werden gemeinsam gelöst.

Tipp

Kooperative Führung ist ein gegenseitiger Prozess. Besser ausgebildete und selbstständige Mitarbeiter fordern einen teamorientierten Führungsstil.

Welche Probleme können bei der der kooperativen Führung auftreten?

Stopp

- Die Entscheidungsprozesse kosten Zeit.
- Konflikte lösen kostet Zeit und Energie.
- Der nötige gegenseitige Respekt fehlt oft.
- Die Aufgabenverteilung ist oft eine Herausforderung.
- Flexibilität ist von allen gefordert.
- Aktive Kommunikation kostet Energie.
- Die Grundeinstellung muss stimmen, der Führungsstil darf nicht nur „übergestülpt" sein.

Trotzdem: Aus unserer Sicht führt im heutigen Berufsleben aufgrund der komplexen Anforderungen kein Weg an einem ausgewogenen kooperativen Stil vorbei!

Ziel soll es sein, ein „WIR-GEFÜHL" zu schaffen und dieses auch nach außen zu kommunizieren.

Gut und schön, werden jetzt manche von Ihnen sagen. Doch wie stelle ich es an, dass mich die anderen Teammitglieder in meiner Führungsrolle auch ernst nehmen? Gerade weibliche Mitarbeiter im Office leiden immer noch häufig unter dem alten Grundsatz: „Einmal Sekretärin – immer Sekretärin". Wie schaffen Sie trotzdem den Rollentausch?

Tipps für den „Seitenwechsel"

Tipp

- Gehen Sie selbstbewusst an die neue Rolle heran – wer immer Ihnen die Führungsrolle übertragen hat, glaubt ja auch an Ihre Fähigkeiten!
- Reagieren Sie nicht emotional und empfindlich, wenn Ihre Kollegen die neue Situation nicht gleich akzeptieren – argumentieren Sie sachlich.
- Zeigen Sie Verständnis für das Verhalten Ihrer Kollegen: Manche Änderungen schaffen Misstrauen, Unsicherheit, ja manchmal sogar Ablehnung.
- Sprechen Sie Ihr eigenes unangenehmes Gefühl ruhig an, Ehrlichkeit entwaffnet.
- Kommunizieren Sie bewusst sehr transparent und offen.

- Formulieren Sie Ihre Anweisungen klar und sicher, ohne Möglichkeitsform.
- Betonen Sie trotzdem immer das „Wir".
- Gehen Sie auf Ihre hartnäckigsten Widersacher offen zu: Was bereitet den anderen Probleme? Wie kann die Situation gelöst werden?
- Betonen Sie das gemeinsame Ziel, argumentieren Sie immer lösungsorientiert.
- Stellen Sie klare Spielregeln auf.
- Seien Sie tolerant, aber konsequent und nicht zu „lieb".
- Veränderungen funktionieren besser in kleinen Schritten als in radikalen Schnitten.
- Machen Sie Ihre Ziele für Ihre Mitarbeiter transparent!
- Richtig führen können Sie nur eine Person – sich selbst! Bedenken Sie daher immer Ihre Vorbildfunktion!

3.3 Motivation

Selbstmotivation

Ganz eindeutig gehört der Begriff „Motivation“ zu den am häufigsten strapazierten Begriffen unserer modernen Leistungsgesellschaft. Klingt er doch so sehr dynamisch – kein Wunder, es steckt der lateinische Begriff „movere“ für bewegen, antreiben darin. Für diese Vorwärtsbewegung benötige ich jedoch Energie bzw. Antriebskraft. Genau dafür steht der Begriff „motivieren“: sich selbst und anderen diese Energie zuführen. Dafür benötige ich auch Energiequellen. Denn ohne Quelle, aus der ich meine Kraft schöpfen kann, ist Motivation schwer möglich. Da nützen auch die schönsten Motivationssprüche wenig!

Andere motivieren kann ich auch nur dann, wenn ich diese innere Kraftquelle spüre und aus ihr schöpfe. Zäumen Sie also das Pferd nicht von hinten auf – beginnen Sie bei sich selbst und Ihrer eigenen Motivation. Doch dazu müssen Sie Ihre inneren Kraftquellen erst so richtig „sprudeln“ lassen!

Selbstcheck: Meinen Kraftquellen auf der Spur

- ☐ Meine Fähigkeiten, Begabungen und Stärken:

  ____

- ☐ Meine Stärken im Umgang mit Kollegen:

  ____

- ☐ Meine Stärken im Umgang mit Kunden:

  ____

- ☐ Was ich besonders gerne mache:

  ____

- ☐ Mein wichtigstes Ziel im Berufsleben:

  ____

- ☐ Bereiche in meinem Berufsleben, wo ich meine Stärken einsetzen kann:

  ____

- ☐ Was mir an meinem derzeitigen Job gut gefällt:

  ____

- ☐ Meine „Motivationsfaktoren" und „Antreiber":

  ____

- ☐ Identifiziere ich mich mit meiner Aufgabe, meinem Unternehmen?

  ____

- ☐ Höre ich auf meinen Körper?

  ____

- ☐ Bin ich offen für Veränderungen oder machen sie mir Angst?

  ____

Wir haben uns bei diesem Selbstcheck bewusst ausschließlich auf Ihre Stärken konzentriert. Richten Sie Ihren Blickwinkel genau in diese Richtung und vergessen Sie einmal für einen Moment Ihre Fehler und Schwächen.

Wer sich nichts zutraut, lieber klagt und jammert und sich mit allem zufrieden gibt, wird irgendwann im Frust des Alltags versinken. Es ist jedoch nie zu spät, sein Schicksal in die eigenen Hände zu nehmen und zu ändern.

Tipp

Tipps zur Selbstmotivation

- Finden und verfolgen Sie die **Ziele,** die Ihnen wirklich wichtig sind.
- Konzentrieren Sie sich auf Ihre **Stärken.**
- Verabschieden Sie sich von Ihrem **Pessimismus.**
- Lassen Sie sich durch Rückschläge **nicht entmutigen.**
- Suchen Sie den **Kontakt** zu motivierten und motivierenden Menschen.
- Nehmen Sie **Anerkennung und Lob** an.
- **Eigenlob** stinkt nicht!
- Bleiben Sie **neugierig** wie ein Kind.
- Ruhen Sie sich nicht auf den Lorbeeren von gestern aus – **erweitern Sie Ihr Wissen und Ihre Kompetenz** laufend.
- **Feiern Sie Ihre Erfolge!**

Motivation ist unser innerer Antrieb und die Kunst, uns selbst zu führen. Erwarten Sie daher die Motivationsschübe nicht immer nur von außen.

Sie selbst sind verantwortlich für Ihr Leben!

Motivation im Team

Motivation gibt dem individuellen Handeln Richtung und Intensität. Wie kann ich nun die Motivation meiner Mitarbeiter fördern? Welche Punkte gilt es zu beachten, wenn Motivation in unserem Team mehr als nur ein leeres Schlagwort sein soll?

Checkliste Mitarbeitermotivation

Motiviert handelt ein Mitarbeiter, der

- ☐ seine Aufgabe kennt und überblickt
- ☐ die Zusammenhänge und Hintergründe kennt
- ☐ Interesse an seiner Arbeit hat
- ☐ die Zeit im Griff hat
- ☐ das Ziel kennt
- ☐ Handlungsfreiheit hat
- ☐ Verantwortung übertragen bekommt
- ☐ Selbstvertrauen hat
- ☐ respektiert wird und Anerkennung erfährt
- ☐ sich mit Arbeit und Chef identifiziert
- ☐ sich mit dem Unternehmen identifiziert
- ☐ sich weiterentwickelt
- ☐ sich in seinem Umfeld wohl fühlt
- ☐ sich von Negativem nicht aus der Bahn werfen lässt
- ☐ sich gerecht behandelt fühlt

Bei der Motivation der Mitarbeiter spielen sowohl **materielle Motive,** wie Sicherheit des Arbeitsplatzes und subjektive Gehaltsgerechtigkeit, als auch **immaterielle Motive,** wie Anerkennung, Lob, Freude an der Arbeit und Lust an der Leistung eine Rolle. All diese Motive werden jedoch subjektiv unterschiedlich wahrgenommen. Richten Sie also auch den Blickwinkel der anderen Teammitglieder immer wieder auf die positiven Seiten!

Stopp

Achtung vor Pessimisten!

- Sie bremsen.
- Sie verbreiten Hilflosigkeit, Niedergeschlagenheit und Sorgen.
- Sie lähmen ihre Umwelt.
- Sie geben schnell auf.
- Sie werden schneller depressiv.
- Sie erzeugen Misserfolge.
- Sie sind ansteckend!

Tipp

Isolieren Sie Pessimisten im Team! Denn wie in einem Apfelkorb verdirbt auch hier ein fauler Apfel die gesamte Ernte!

3.4 Richtiges Umgehen mit Lob und Kritik

Die besten Motivationsmethoden nützen wenig, wenn Kritik immer wieder falsch verpackt wird und Lob überhaupt nie vorkommt. „Wenn ich nichts sage, ist grundsätzlich alles in Ordnung – das wissen meine Mitarbeiter!“ Solche Sätze bekommen wir häufig von Führungskräften zu hören. Doch nicht immer sind daran nur die Führungsverantwortlichen schuld. Sehr oft gehört ein Teil der Verantwortung auch den Betroffenen selbst. Besonders Frauen tendieren nämlich dazu, erhaltenes Lob herunterzuspielen: „Das war ja selbstverständlich, das war ja gar nicht so schwer…“ Und so entsteht eine „Unkultur“ in Sachen Lob und Kritik.

Zur professionellen Teamkommunikation gehört daher auch ganz besonders der richtige Umgang mit Kritik und Lob. Doch was muss ich dabei beachten?

Checkliste Lob

Lob soll:

- ☐ **konkret** auf eine bestimmte Sache gerichtet sein,
- ☐ **zwischen Sache und Person unterscheiden,**
- ☐ dem **Anlass entsprechend** weder übertrieben noch zu sparsam sein,
- ☐ **gerecht an alle** Beteiligten verteilt werden,
- ☐ nicht mit **Eigenlob** verbunden sein („Das haben Sie ja fast so gut wie ich letztes Mal gemacht!“),
- ☐ **ohne Hintergedanken** gegeben werden („Das haben Sie ja ganz toll gemacht, da können Sie ja auch gleich noch …“),
- ☐ nicht dazu da sein, **Tadel zu „verstecken“** („Grundsätzlich haben Sie das ja ganz fein gemacht, aber so geht das nicht mit …“),
- ☐ **nicht zynisch und herabwertend** sein („Das machen Sie ja schon ganz nett …“),
- ☐ **ehrlich** gemeint sein ,
- ☐ auch **ausgesprochen** werden, nicht als selbstverständlich angenommen werden („Meine Mitarbeiter wissen schon, dass ich ihre Arbeit sehr schätze, da muss ich nicht erst groß darüber reden!“),
- ☐ nicht nur bei wichtigen Firmenanlässen, wie Weihnachts- und Jubiläumsfeiern, ausgesprochen werden,
- ☐ dankbar und ohne „Verkleinerungsversuch“ **angenommen** werden und,
- ☐ ein wichtiger **Teil der Unternehmenskultur** sein!

Tipp Auch Chefs brauchen hin und wieder ein Lob – das motiviert sie, weiterhin gute Chefs zu sein!

Checkliste Kritik

Kritik soll:

- ☐ **zeitlich passend** erfolgen. Was sich vor Wochen zugetragen hat, weiß der Beteiligte meist nicht mehr so genau.
- ☐ **Ernst** gemeint und Ernst genommen sein. Leichtfertiger Umgang mit kritischen, oft nur in den Raum geworfenen Bemerkungen ist das Ende einer funktionierenden Teamkommunikation.
- ☐ zunächst **keine Wertung enthalten**, sondern eine Beschreibung des zu kritisierenden Tatbestandes.
- ☐ möglichst mit **„Ich"** beginnen („Ich habe bei der gestrigen Projektbesprechung bemerkt, dass der Bericht X noch Lücken aufweist.").
- ☐ **konkrete Aussagen** enthalten und damit für den Kritisierten konkrete Informationen enthalten.
- ☐ **keine Verallgemeinerungen** enthalten („Sie werden immer gleich so emotional, nie kann man mit Ihnen eine Angelegenheit sachlich klären!").
- ☐ **angemessen und nicht verletzend** sein.
- ☐ einen **Lösungsvorschlag** enthalten, eine Alternative anbieten und einen positiven „Ausweg" aufzeigen. Konstruktive Kritik ist immer auf eine Lösung gerichtet.
- ☐ nicht einzig und allein das Aufzeigen von Fehlern und Mängeln bei anderen zum Ziel haben.
- ☐ so **klar formuliert** werden, dass keine Missverständnisse aufkommen können. Fragen Sie besser noch einmal nach, ob und wie das Feedback angekommen ist.
- ☐ möglichst unter **vier Augen** erfolgen.

Tipp Kritisieren Sie immer so, wie Sie selbst kritisiert werden möchten: ehrlich, konkret, zeitlich passend und nicht verletzend!

Wie reagieren Sie nun im Team, wenn immer wieder einzelne Regeln im Umgang mit Lob und Kritik missachtet werden?

Fall 1: Wenn Kritik verallgemeinernd und zeitlich unpassend erfolgt

„Sie kommen ja sowieso meistens zu spät zu den Besprechungen. Das ist mir bei Ihnen schon letztes Jahr aufgefallen.“

Reagieren Sie nicht auch unsachlich und emotional wertend. Fordern Sie in so einem Fall eine konkrete Aussage ein: „Bitte präzisieren Sie diesen Vorwurf etwas genauer. Wann und bei welchem Meeting bin ich konkret zu spät gekommen?“

Fall 2: Wenn Kritik emotional und vor Publikum vorgetragen wird

Bitten Sie den Kritisierenden um einen anderen Kommunikationsschauplatz: „Im Sinne einer sachlichen Klärung dieses Vorwurfs halte ich es für besser, wenn wir das in Ihrem Büro besprechen.“

Fall 3: Wenn Sie von einer heftigen Kritik ziemlich überfahren werden und im Moment nicht sofort eine richtige Entgegnung parat haben

Wiederholen Sie das eben Gehörte noch einmal in Frageform. Während der andere seinen Vorwurf ein zweites Mal formuliert, haben Sie Zeit gewonnen, um sich eine Taktik zurechtzulegen. „Habe ich Sie richtig verstanden, es geht für Sie um den Bericht X?“

Fall 4: Wenn Kritik sehr aggressiv vorgebracht wird

„Sind Sie wahnsinnig, Sie können doch nicht einfach dem Kunden Meier die Lieferung zusagen?“

Auch hier hilft die Taktik mit der – sachlichen – Gegenfrage. Zwingen Sie Ihr Gegenüber zu einem näheren Erklärungsversuch. Beim zweiten Mal ist meist die erste Spitze der Emotion heraußen. Die Kritik wird etwas gemilderter und sachlicher: „Haben Sie mit Herrn Meier schon über den Liefertermin gesprochen?“

Fall 5: Wenn Kritik beleidigend und herabwürdigend wird

„Sie haben wohl noch nie etwas von Umsatz und Gewinn gehört! So ein Argument kann ja nur von Ihnen kommen! Lernen Sie doch einmal die Tatsachen jenseits Ihres Schreibtisches kennen!“

Atmen Sie zunächst einmal tief durch: Jemand, der so beleidigend kritisiert, hat meist selbst ein massives Problem. Da hilft nur eines, nämlich deutlich und unmissverständlich die Stopp-Tafel zeigen! Argumentieren und Gegenfragen ist da reine Zeitverschwendung! Klares und sachliches Abgrenzen gegen solche Übergriffe ist angebracht. Schaffen Sie räumlichen und zeitlichen Abstand: „Im Sinne der Gesprächskultur in unserem Team bitte ich Sie um einen anderen Ton. Ich halte es für besser, wir beenden das Gespräch und führen es zu einem anderen Zeitpunkt fort.“

3.5 Richtiges Delegieren

Delegieren gehört zu den wichtigsten Führungsaufgaben im Unternehmen. Mit Führung ist in diesem Sinne nicht nur die dem Chef vorbehaltene Leitungsfunktion gemeint, sondern auch die Führungsfunktionen von anderen Teammitglieder innerhalb der Teamarbeit. In der Projektarbeit ist ohne Delegieren kein Ziel zu erreichen. Wer vieles selbst erledigen will, erledigt vieles schlecht. Doch wie oft hören wir den folgenden Satz: *„Bevor ich das jemandem erklärt habe, habe ich es schon drei Mal selber gemacht!"*

Das ist der klassische „Glaubensgrundsatz" der Perfektionisten. Nur sie können alles richtig machen. Nur, was unter ihrer Kontrolle passiert, ist perfekt. Und da so viel Kontrolle zeitaufwändig ist, machen sie es einfacher selbst. Sie wollen auch nicht, dass der Eindruck entsteht, sie drücken sich vor einer Aufgabe. Um möglichst viele Pluspunkte zu sammeln, wollen sie auch möglichst viel möglichst perfekt erledigen.

Diese Einstellung wird von anderen gerne ausgenutzt: Wenn Sie auch zu diesen **„Aufgaben-an-sich-Reißern"** gehören, dann ist dieses Kapitel speziell für Sie geschrieben!

Gerade im Office hören wir oft den Satz: *„Delegieren – gut und schön! Aber erstens kann ich hier nichts delegieren und wenn schon etwas dafür in Frage käme, ist da keiner, dem ich etwas delegieren könnte! Delegieren tun immer nur die anderen an mich!"* Fragen wir dann weiter, worum es sich bei diesen Aufgaben handelt, die delegiert werden könnten, hören wir: *„Na, neuen Kaffee holen zum Beispiel, kopieren, die Ablage …"* Kein Wunder, dass sich da kein Freiwilliger findet, außer vielleicht ein Ferialpraktikant!

Tipps zum Delegieren im Office:

Tipp

- **Delegieren bedeutet nicht, unliebsame Aufgaben loszuwerden.** Wenn Ihre Kollegen spüren, dass sie nur die lästigen Routinetätigkeiten übertragen bekommen, werden sie nicht sehr kooperativ an die Zusammenarbeit mit Ihnen herangehen. Überlegen Sie daher genau, welche Aufgaben Sie delegieren möchten.
- **Machen Sie sich eine Liste solcher Tätigkeiten.**
- **Aufgaben, die sich im Office zum Delegieren eignen:**
  - Grundsätzlich eignen sich all jene Aufgaben, die leicht in Teilschritte zerlegt werden können und die auch unabhängig voneinander ausgeführt werden können.

  - Außerdem eignen sich auch Aufgaben, von denen Sie genau wissen, dass ein bestimmter Kollege, eine bestimmte Kollegin diese Angelegenheit besser durchführen kann als Sie selber.
  - Natürlich ist es auch legitim, sich zu überlegen, ob es nicht möglich ist, manche, von Ihnen nicht sehr geliebten Tätigkeiten abzugeben. Das müssen ja nicht immer so genannte „niedere Dienste" sein. Meist sind ja auch gerade diejenigen Tätigkeiten, die wir nicht gerne tun, auch diejenigen, die wir nicht so gut können!
- **Holen Sie die Zustimmung Ihres Vorgesetzten ein.** Zum Delegieren benötigen Sie Rückendeckung!
- **Überlegen Sie, an wen Sie delegieren können:**
  - Prüfen Sie im Vorfeld, ob der Mitarbeiter über die notwendigen Kenntnisse verfügt.
  - Will der Betreffende überhaupt Verantwortung übernehmen?
- Delegieren heißt immer auch, **Verantwortung zu übertragen**. Erziehen Sie Ihre Mitarbeiter zu verantwortungsvollem Handeln.
- **Geben Sie klare und unmissverständliche Anweisungen.** Versetzen Sie sich zunächst in den anderen hinein:
  - Über welchen Wissens- und Informationsstand verfügt er?
  - Beschreiben Sie ihm nicht nur die Aufgabe, sondern auch die Zielsetzung und den Gesamtzusammenhang.
  - Grenzen Sie klar ab, wo seine Aufgabe beginnt und wo sie endet.
  - Klären Sie die nötigen Kompetenzen.
  - Vergessen Sie nie, sich das nötige Feedback zu holen, ob der andere wirklich genau verstanden hat, worum es Ihnen geht.
  - Besser zu Beginn etwas mehr Zeit investieren, als hinterher zeitraubende Korrekturen und Rettungsmaßnahmen ergreifen zu müssen.
- **Klären Sie den zeitlichen Rahmen genau ab!** Bis wann soll was in welcher Form erledigt sein? Planen Sie genug Pufferzeit ein. So bleibt Ihnen die Möglichkeit, den Kurs zu korrigieren.
- Bestimmen Sie bei umfangreicheren Tätigkeiten auch einen **Zeitpunkt für Zwischenergebnisse**.

- **Legen Sie vorher die Art der Kontrolle genau fest.** Unklarheiten und plötzliche, unerwartete Kontrollen können andere Mitarbeiter frustrieren und demotivieren! Definieren Sie die Art der Überwachung.
- **Grenzen Sie Ausnahmefälle ab**, bei denen der andere Hilfe einholen soll. Bieten Sie ihm aber unabhängig davon Hilfe und Antwort auf Fragen an.
- **Lassen Sie sich Aufgaben nicht zurückdelegieren.** Bieten Sie Unterstützung, konstruktive Kritik und Zusatzinformationen an. Aber lassen Sie möglichst die übertragene Aufgabe dort, wo sie ist. Nur in Ausnahmefällen ist es letztendlich besser, die Aufgabe jemand anderem zu übertragen (oder doch wieder selbst zu erledigen).
- **Stimmen Sie Ihr Vorgehen mit Ihrem Chef ab.** So verhindern Sie, dass sich Mitarbeiter bei Problemen direkt an Ihren Chef wenden und Sie Informationen nicht erhalten.
- **Vergessen Sie nicht auf Lob!** Anerkennung motiviert und Sie haben dadurch eine wertvolle Stütze für die Zukunft gewonnen.
- **Wenn Sie Aufgaben delegiert bekommen:** Fordern Sie die eben genannten Punkte ein und beweisen Sie so Kompetenz!

Delegieren funktioniert nicht gleich beim ersten Anlauf. Richtiges Delegieren ist ein Lernprozess auf beiden Seiten. Doch wer gelernt hat, professionell damit umzugehen, der hat nicht nur den Zeitgewinn als persönlichen Vorteil, sondern der kann auch die Fähigkeiten im Team besser nutzen und die Zusammenarbeit fördern.

Stopp

Wer nur Anweisungen gibt, jeden Schritt kontrolliert und sich ständig „einmischt", der kann nicht erwarten, dass der andere die übertragene Aufgabe mit viel Freude und Engagement erledigt.

3.6 Konflikte im Team

Selbstcheck: Mein Umgang mit Konflikten

	stimmt	stimmt nicht
Ich sage meist nicht gleich, wenn mir etwas nicht passt	☐	☐
Ich kann einiges ertragen, aber irgendwann explodiere ich	☐	☐
Wenn ein Konflikt entsteht, sollte man ihn sofort rein sachlich lösen und die Emotionen aus dem Spiel lassen	☐	☐
Konflikte erschweren das Berufsleben und sollten daher immer möglichst vermieden werden	☐	☐
Von zwei einander widersprechenden Aussagen ist mindestens eine falsch	☐	☐
Man muss die Kollegen/Chefs einfach so nehmen, wie sie sind	☐	☐
Es fällt mir schwer, Konflikte als etwas Positives zu sehen	☐	☐
Ich fühle mich oft persönlich betroffen und verletzt	☐	☐
Es ist gut, Kollegen gleich die Grenzen aufzuzeigen und erst gar nichts aufkommen zu lassen	☐	☐
Nur wer seine Meinung durchsetzt, wird von den anderen geachtet und hat Führungsqualitäten	☐	☐

Auch im besten Team sind Konflikte nicht immer zu vermeiden. Oft werden sie jedoch zu spät erkannt und lange nicht richtig ernst genommen.

Was gilt es zu beachten, um mit Konflikten im Team professionell umgehen zu können?

Tipps zur Konfliktbewältigung im Team

Tipp

- **Erkennen Sie den Konflikt rechtzeitig!** Hören Sie auf Ihre Intuition und seien Sie wachsam für die ersten Anzeichen.
- **Erkennen Sie den Konfliktherd.** Von wem geht ein Konflikt aus? Erkennen Sie, wer von dem Konflikt betroffen ist, und versuchen Sie gegebenenfalls, dem scheinbar Unbeteiligten den anderen Standpunkt möglichst neutral und sachlich zu erklären.
- **Ist vielleicht der Konflikt überhaupt nur innerhalb einer Person zu suchen?** Wer mit sich selbst Probleme hat, der wird oft auch für seine Umwelt zum Problem. Die Auseinandersetzung mit den anderen wird dabei für den Betroffenen eine Form von Flucht vor der Auseinandersetzung mit sich selbst. Gehen Sie in so einem Fall sehr behutsam vor – Sie sind kein Psychologe oder „Seelenklempner". Geben Sie behutsame Hinweise, die als Denkanstoß zum Befassen mit der eigenen Person dienen können: „Mir ist aufgefallen, dass Situationen wie die gestrigen für dich schwierig sind. Wenn es mir so geht, überlege ich mir immer zuerst, was mich so stört, warum ich nicht immer genau so reagiere."
- Oft haben Konflikte im Team **reale Hintergründe**. **Unterschiedliche Interessen** treffen aufeinander. Ein guter Konfliktmanager versucht, die verschiedenen Ziele zunächst herauszufiltern und anschließend einen Kompromiss auszuhandeln. Meistens genügt es schon, alle Beteiligten an das gemeinsame Ziel zu erinnern und so das Team wieder neu auf dieses Ziel auszurichten.
- Erkennen Sie auch rein **emotionale Konflikte**. Hier geht es im Wesentlichen um die Beziehung der Konfliktparteien zueinander. Meist versachlichen jedoch die Beteiligten den Konflikt. Auf rein sachlicher Ebene lassen sich die meisten Konflikte aber nicht lösen. Emotional werden die meisten Konflikte im Geschäftsleben ausgetragen. Bis in die höchsten Führungsebenen der Wirtschaft bestimmen emotionale Regungen die Entscheidungen. Im Nachhinein wird dann alles sachlich bzw. logisch untermauert und begründet!
- Versuchen Sie, **den unterschiedlichen Emotionen auf die Spur zu kommen**. Auch wenn Sie viele dieser emotional begründeten Probleme nicht lösen können, so wissen Sie, was die einzelnen Teammitglieder antreibt, welche Gefühle hinter den Worten stehen.
- Geben Sie den anderen auch das Gefühl, deren **Emotionen anzuerkennen**. Manches kann so ausgesprochen werden. Selbst wenn

diese „Aussprache" in einem heftigen Streitgespräch endet, ein solches Gewitter ist oft reinigend und damit zur Verbesserung des Klimas notwendig.

- Zahlreiche Konflikte sind **in der Struktur eines Unternehmens** fast schon vorprogrammiert: Sind zum Beispiel Kompetenzen unklar verteilt, die Informationskanäle „verstopft" oder ist nicht transparent, wer im Unternehmen noch aller an der gleichen Aufgabe arbeitet, entstehen Schwierigkeiten... Schauen Sie immer wieder mit einer gewissen kritischen Distanz auf die Strukturen in Ihrem Unternehmen. So erkennen Sie Schwachstellen und können gegebenenfalls Verbesserungsvorschläge bei Ihrem Chef deponieren.
- Viele Konflikte haben **mehrere Ursachen**:
  - ein angekratztes Selbstwertgefühl
  - zu hohe Ansprüche an sich und andere
  - falsche Einschätzung von Personen und Fakten
  - Kommunikationsstörungen
  - ungerechtfertigtes Dominanzverhalten
  - falsche Kritik
  - fehlendes Lob usw.
- Den Konflikt zu **erkennen**, ist meist schon der erste Schritt hin zu einer konstruktiven Lösung.
- **Scheuen Sie Konflikte nicht!** Wer in falsch verstandenem Harmonieverlangen jedem Konflikt aus dem Weg geht und Schwierigkeiten lieber unter den Teppich kehrt, ist als Konfliktmanager nicht geeignet.
- **Wer Konflikte nur verdrängt, löst sie nicht.** Sie brechen an anderer Stelle und völlig unerwartet wieder hervor.
- Lernen Sie **in kleinen Schritten Konflikte offen anzusprechen**, egal, ob Sie davon direkt betroffen sind oder nicht. Wenn Sie einmal die Erfahrung gemacht haben, wie wohltuend so ein reinigendes Donnerwetter sein kann, werden Sie sich sicher öfters trauen, Probleme beim Schopf anzupacken.
- Sehen Sie Konflikte nicht nur als etwas Bedrohliches, Negatives an: Sie können auch durchaus **positive Kräfte freisetzen**. Ein gewisses Maß an Spannung tut der Kreativität gut. Nur, wer sich auch mit aller Kraft engagiert, wird hin und wieder an seine Grenzen

stoßen. Diese Grenzen des Einzelnen gilt es dann immer wieder neu abzustecken und aus den unterschiedlichen Sichtweisen positive Lösungen zu erarbeiten.

- Achten Sie jedoch darauf, dass solche positiven Konfliktlösungen **nicht nur auf Kosten ein- und desselben Mitarbeiters** gehen. Bei professioneller Konfliktlösung geht es nicht um Sieger und Verlierer, nicht um das Durchsetzen der eigenen Meinung um jeden Preis, sondern um eine Lösung, mit der alle Konfliktparteien zufrieden sind.
- Das **„Denken in Alternativen"** ist im Team gefragt. Nur, wer gelernt hat, neben seinen Vorstellungen auch noch andere Meinungen gelten zu lassen, ist ein geeigneter Teamarbeiter.
- **Kritisiert** wird nach den schon angesprochenen Richtlinien: offen, zeitlich passend, sachlich und nie verletzend.
- **Störendes wird aus der eigenen Sicht geschildert, ohne zu werten**, lediglich beschreibend. „Erziehen" Sie Ihre Mitarbeiter und Kollegen in diese Richtung. Lassen Sie sich dabei von kleinen Rückschlägen nicht aus der Ruhe bringen – Ihr Job ist Schwerstarbeit! Aber wenn Sie ihn gut erledigen, wird er einer der wichtigsten überhaupt im Team!
- **Grenzen Sie sich bewusst ab**, wenn der Konflikt nicht Sie betrifft: Erklären Sie den anderen, wie Sie die Sache sehen – neutral, ohne zu werten und Schuld zuzuweisen – und fordern Sie sie auf, in Ruhe über das gemeinsame Problem nachzudenken.
- Vermeiden Sie, **deutlich Partei für eine Seite zu ergreifen**. Sie werden sonst in Ihrer Rolle als Schlichter nicht mehr ernst genommen.

Dieser Job als Konfliktmanager klingt schwierig, oder? Es ist nicht einfach, für gute Beziehungen im Team zu sorgen. Aber es ist eine Herausforderung, der wir in Zukunft aufgrund der aktuellen Bedingungen in der Berufswelt öfter gegenüberstehen werden. Scheuen Sie diese Herausforderung nicht – klären Sie vorher genau Ihre Kompetenzen ab, vor allem mit Ihrem Chef. Dieser schwierige Job verlangt jede Menge Rückendeckung!

Stopp

„In unserem Team kann man ruhig geteilter Meinung sein: Unser Chef hat eine Meinung und wir teilen sie ..."

Exkurs: Mobbing

Mobbing ist leider mehr als nur ein Modewort! Die Globalisierung nährt Existenzängste, die Furcht um den Arbeitsplatz verunsichert heute allgemein. Bei Mobbing geht es nicht mehr um gelegentliche Konflikte zwischen Kollegen. **Mobbing ist gezieltes, systematisches Intrigieren und Schikanieren, häufig am Arbeitsplatz, aber auch im Bildungsbereich, in der Nachbarschaft und unter Freunden.** In der Arbeitswelt gibt es dabei ein klares Ziel: Den betroffenen Mitarbeiter „fertig" zu machen. Oft führt Mobbing zur Kündigung, zu Krankheit und im schlimmsten Fall sogar zum Selbstmord des Betroffenen. Der Arbeitsplatz wird so zum Kriegsschauplatz, und zwar wiederholt und über einen längeren Zeitraum. Bei allgemeiner Unzufriedenheit unter den Mitarbeitern tritt Mobbing häufiger auf als in gut arbeitenden Teams.

Die Methoden der Kriegsführung sind vielfältig: Anfangs sind es oft gezielte, böswillige Gerüchte, Getuschel hinter dem Rücken des Betroffenen – häufig aufgrund eines nicht ausgetragenen Konflikts in der Vergangenheit. Betritt der Gemobbte den Raum, verstummt das Gespräch. Viel sagende, spöttische und abwertende Blicke begegnen ihm. Er wird häufig zum Gegenstand von Witz und Spott. Wehrt er sich in dieser Phase, wird er als humorloser Spaßverderber bezeichnet.

Die nächste Stufe im Kampf (meist) mehrerer Mitarbeiter gegen einen ist dann bewusstes Zurückhalten von Informationen, Blockieren von Tätigkeiten, offene und versteckte Kritik, abwertende Kommentare. Die Methoden werden zunehmend aggressiver, die Angreifer immer „mutiger". Offene Wortgefechte und Drohungen sind in dieser Phase keine Seltenheit. Kaum eine Möglichkeit wird ausgelassen, den anderen zu quälen. Der eigentliche Konfliktgrund tritt dabei in den Hintergrund.

In diesem Teufelskreis als Opfer zu stehen, ist die reinste Hölle. Schlafstörungen, Angstzustände und andere körperliche Reaktionen stellen sich ein. Das Opfer fühlt sich an die Wand gedrängt, in einer ausweglosen Lage. Alles andere tritt in den Hintergrund, die Bedrohung durch die Kollegen wird übermächtig.

An effizientes Arbeiten ist in so einer Situation kaum mehr zu denken. Dem Betroffenen unterlaufen immer mehr Fehler, oft ist er schon bei einfachen Tätigkeiten überfordert. Aber auch die Mobber werden immer mehr von ihrem Kampf vereinnahmt. Krieg führen fordert Energien von allen Beteiligten. Die eigentliche Arbeit rückt immer weiter in den Hintergrund. Den Unternehmen entstehen so beachtliche Verluste. Fachleute versuchen neuerdings, diese Verluste in Zahlen zu fassen. Von 70 000 Euro pro gemobbtem Mitarbeiter bis zu 50 Milliarden Euro jährlichen Schaden für deutsche Unternehmen ist die Rede. In der Schweiz besteht die gesetzliche Pflicht des Arbeitgebers, die Persönlichkeit seiner Angestellten am Arbeitsplatz zu schützen. In Österreich und in Deutschland gibt es keine ausdrücklichen Hinweise im Gesetz, jedoch sind hier die im Grundgesetz und in diversen anderen Gesetzen verankerten Rechte hilfreich.

Und wer ist davon betroffen? Trifft es Frauen mehr als Männer, sind Office-Mitarbeiter besonders gefährdet? Grundsätzlich kann es jeden treffen. Bisher konnten Experten noch keine bestimmte Gruppe als besonders gefährdet identifizieren. Mobbing macht sogar vor dem Chefzimmer nicht Halt. Auch Vorgesetzte werden immer häufiger Opfer von systematischem „An-die-Wand-Drängen". Die Macht, in der Hierarchie weiter oben zu sitzen, schützt also vor subtilen Methoden der Intrige wenig. Aufgrund ihres Aufgabenbereichs ist davon zunehmend die Assistentin betroffen. Wenn sie im Unternehmen eher eine Sonderstellung einnimmt und nicht in ein Team eingebunden ist, bietet sie viel Angriffsfläche. Wird zum Beispiel der Chef gemobbt, erleidet seine Mitarbeiterin leicht dasselbe Schicksal.

Wie gehe ich nun mit Mobbing um?

Wichtig ist es, schon die allerersten Anzeichen zu erkennen und ernst zu nehmen. Denn oft werden die ersten Verleumdungsversuche als harmlose „Tratschereien" abgetan.

- Mobbing ist fast immer ein Prozess, der schleichend beginnt. Der Mobber plant nicht vom ersten Moment an generalstabsmäßig seine Kampagne. Er gerät selbst immer tiefer in diesen Kreislauf, der ab einem bestimmten Zeitpunkt eine enorme Eigendynamik entwickelt.
- Wer teilnahmslos zusieht, macht sich mitschuldig. „Das konnte ich ja nicht vorausahnen, das wollte ich doch nicht!", ist eine schlechte Ausrede. Auch als nicht direkt Betroffener habe ich eine große Verantwortung.
- Grundsätzlich geht es darum, sich bewusst gegen jede Form der Negativkommunikation, die immer wieder gegen einen Mitarbeiter gerichtet ist und hinter seinem Rücken stattfindet, abzugrenzen. Das geht auch, ohne den großen Moralapostel spielen zu müssen:

  „Ich finde, wenn Sie mit Frau Müller ein Problem haben, sollten Sie das auch direkt mit ihr besprechen."

In einem guten Arbeitsklima hat Mobbing wenig Chance. Die beste Vorbeugung gegen Mobbing in einem Unternehmen ist die Pflege einer offenen Gesprächskultur. Dort, wo Getuschel und Geflüster hinter der vorgehaltenen Hand zum guten Ton gehören, ist es nicht weit zu echtem Mobbing. Der richtige Umgang mit Kritik ist daher ein zentrales Thema – und zwar sowohl von Vorgesetzten als auch von Mitarbeitern. Wer sich jeder Form der Kritik verschließt und sofort beleidigt und nachtragend reagiert, braucht sich nicht zu wundern, wenn nur mehr hinter seinem Rücken kritisiert wird. **Setzen Sie sich also bewusst mit Kritik durch andere auseinander.**

Eine weitere wichtige Voraussetzung, um Mobbing erst gar nicht entstehen zu lassen, ist das **Festlegen von klaren Spielregeln im Unternehmen**. Konflikte entstehen häufig durch unklare Zuständigkeiten, schlecht definierte Zusammenarbeit und undurchschaubare Strukturen im Haus. Dadurch bieten sich persönliche Reibungsflächen an. Menschliches Zusammenleben funktioniert hauptsächlich über Regeln. Achten Sie also in Ihrem Bereich auf aktuelle Stellenbeschreibungen, klare Anweisungen und eindeutig definierte Informationswege. Warten Sie nicht darauf, dass diese Dinge immer „von oben" geregelt werden. Solche „Spielregeln" müssen eingefordert und auch bewusst selbst mitgestaltet werden.

Wenn Sie nun das Gefühl haben, schon in den Mobbing-Kreislauf hineingeraten zu sein, stecken Sie nicht den Kopf in den Sand. Von selbst erledigt sich das Problem in den seltensten Fällen. Werden Sie aktiv:

Tipp

Tipps für Mobbing-Betroffene:

- **Analysieren** Sie Ihr eigenes Verhalten: Habe ich durch bestimmte Aktionen andere Mitarbeiter unabsichtlich verletzt? Kann ich schlecht mit Kritik anderer umgehen? Habe ich mir den einen oder anderen zum Feind gemacht? Nehmen Sie sich mit all Ihren Stärken und Schwächen an.
- Setzen Sie die **„Brille der anderen"** auf: Wie sehen mich meine Kollegen? Was schätzen meine Freunde an mir, was treibt meine Feinde auf die Palme? Was sind die wahren Motive hinter dem Mobbing?
- **Unterscheiden** Sie: Geht es um meine **Person,** um mich als Mensch, oder geht es um meine Position, um die **Sache**. Sachliche Differenzen lassen sich oft leichter klären, wenn es gelingt, sie losgelöst vom Persönlichen zu betrachten.

- Je früher Sie das **direkte Gespräch** suchen, desto besser. Beginnen Sie aber so ein Gespräch nicht gleich mit einer Beschuldigung (*„Warum sind Sie so unfair und reden hinter meinem Rücken schlecht über mich?"*). So treiben Sie den anderen in die Defensive und verhärten die Fronten. Besser ist es, möglichst aus der eigenen Sicht die Situation zu schildern, ohne Anschuldigung und in der Ich-Form: „Ich habe das Gefühl, wir kommen in letzter Zeit nicht mehr so gut zurecht. Das empfinde ich als sehr belastend und ich möchte gerne mit Ihnen darüber reden, wie wir die Situation gemeinsam lösen können."
- Wenn das **direkte Gespräch** keine Wirkung zeigt, informieren Sie Ihren Vorgesetzten bzw. die Personalverantwortlichen.
- Setzen Sie **rechtzeitig Grenzen**: Zeigen Sie Ihrem „Widersacher", dass Sie sich sein Verhalten nicht gefallen lassen. Sprechen Sie dabei bestimmt, ruhig und ohne Möglichkeitsformen bzw. übertriebene Höflichkeit:

  „Ich kläre Probleme mit anderen gerne im direkten Gespräch! Wenn Sie mit mir reden wollen, tun Sie das bitte in Zukunft auch – und nicht hinter meinem Rücken!"
- Signalisieren Sie durch Ihre **Körpersprache**, dass Sie durchaus gewillt sind, Ihre Position zu behaupten. Achten Sie auf einen sicheren „Standpunkt": Mit beiden Beinen fest am Boden, aufrechte Körperhaltung und Schultern nach hinten. Weichen Sie nicht zurück, verlagern Sie Ihr Gewicht leicht nach vorne und richten Sie dabei unmerklich die Schulter in Richtung des „Angreifers" („die kalte Schulter zeigen").
- **Bleiben Sie ruhig.** Wer emotional reagiert, bietet mehr Angriffsfläche. Wer hingegen einen kühlen Kopf bewahrt, verdirbt dem Angreifer schnell den Spaß. Sorgen Sie in der Mobbing-Phase für Ihre innere stabile Sicherheit, führen Sie ein Mobbing-Tagebuch, denn Reflexion schafft Ihnen eine gewisse Distanz. Außerdem sammeln Sie so Beweise für eventuell künftige Auseinandersetzungen.
- Viele größere Unternehmen richten mittlerweile spezielle **Mobbing-Anlaufstellen** ein. Auch externe Beratungsstellen bieten ihre Hilfe an. Nützen Sie so ein Angebot rechtzeitig. Ein „außen stehender" Beobachter, ein Mobbing-Spezialist oder Therapeut kann professionell helfen.

- Die wirksamste Gegenstrategie ist aus unserer Sicht ein eigenes **positives „Netzwerk"** im Unternehmen. Wenden Sie sich an jene Kollegen, die Ihnen wohl gesonnen sind, mit denen Sie auch offen über Probleme reden können. Ziehen Sie sich also nicht in Ihr „Schneckenhaus" zurück, sondern gehen Sie in die Offensive: Wer sich im Krisenfall auf ein eigenes Netzwerk stützen kann, hat die stärkste Waffe gegen Mobbing. Solche Netzwerke müssen aber rechtzeitig aufgebaut und gepflegt werden. Achten Sie also von Anfang an auf gute Kontakte und positive Gesprächsbeziehungen.

Auch wenn es den Betroffenen oft nicht so erscheint, aber es gibt einige Möglichkeiten, sich aktiv gegen Mobbing zu wehren. Gerade, weil Mobbing in den Anfängen oft noch nicht so systematisch betrieben wird und manchmal sogar eher zufällig, als „Zeitvertreib" oder als „Ventil", entsteht, ist es wichtig, sich nicht in die Opferrolle zu fügen. Wer von Anfang an gegensteuert, kann den Negativkreislauf stoppen. Es ist aber in keiner Phase zu spät, etwas zu unternehmen. Passivität ist der größte Fehler der meisten Mobbing-Opfer!

3.7 Die richtige Chefbehandlung

Das klassische Chefbild hat sich gewandelt. Der allein herrschende Despot ist zwar immer noch anzutreffen, jedoch hat sich jedoch ein durchaus anderes Chefbild entwickelt: Der partnerschaftliche Chef, der sich als Teil des Teams sieht. Der seine Briefe selbst schreibt, im Sekretariat den Telefonhörer abhebt, wenn gerade Not am Mann ist, und seinen Mitarbeitern auch einmal den Kaffee serviert. Irgendwo zwischen diesen Extremen finden sich wohl in der Realität die meisten Cheftypen.

Wie auch immer Ihr Chef oder Ihre Chefin ist – Sie müssen mit ihm/ihr auskommen. Ständiges Jammern hilft wenig, jeder hat seine Licht- und seine Schattenseiten. Nehmen Sie ihn so, wie er ist – Sie werden ihn kaum entscheidend ändern können. Aber überdenken Sie Ihren Umgang mit ihm, die Art und Weise, wie Sie miteinander kommunizieren und zusammenarbeiten. Je klarer Sie die Spielregeln dafür festlegen, desto besser wird das auch funktionieren.

Tipps zur Chefbehandlung:

Tipp

- Getrauen Sie sich, Ihre Bedürfnisse und Wünsche zu formulieren. Es ist Ihr gutes Recht, zum Beispiel **Lob und Feedback vom Chef einzufordern**. Dazu müssen Sie sich aber zunächst auch wirklich klar sein, was Ihnen wichtig ist.
- Gehen Sie immer **gut vorbereitet** in klärende Gespräche mit Ihrem Chef. Wenn er hinter Ihren Argumenten eine klare Zielsetzung erkennen kann, wird er sie eher akzeptieren.
- Argumentieren Sie **zukunfts- und lösungsorientiert.** Sagen Sie deutlich, worum es geht, was Sie vorschlagen und wie es weitergehen soll.
- Setzen Sie **rechtzeitig Grenzen**, lernen Sie, auch Ihrem Chef gegenüber „Nein" zu sagen. Allerdings sollte das immer ein konstruktives „Nein" sein – ein „Nein", das Alternativen anbietet und zeigt, dass Sie es nicht grundlos sagen.
- Formulieren Sie stets **bestimmt und konkret**. Wer in seiner Sprache Unsicherheit durchblicken lässt, wird leicht vom Chef „überrollt" oder nicht ganz ernst genommen.
- Argumente, die die Angelegenheit auch aus seiner Sicht beleuchten, **seinen Nutzen** aufzeigen und in einer klaren und bestimmten Sprache vorgebracht werden, unterstreichen Ihre Kompetenz.

- Manchmal hilft es, seine **Forderungen schriftlich zu formulieren**. Ist Ihr Chef eher ein visueller Typ? Dann ist das der richtige Weg. Es fällt so oft leichter, einen sachlichen Ton zu wahren, und die eigenen Emotionen kommen nicht störend in die Quere. Viele Chefs sind es auch ganz einfach gewöhnt, eher auf schriftliche Anfragen zu reagieren, und schätzen die Fähigkeit, sich knapp und klar zu äußern.
- Achten Sie bei wichtigen Gesprächen mit Ihrem Chef auf das **richtige Timing**. Lassen Sie sich nicht auf „Tür-und-Angel-Gespräche" ein, da Sie so meist nicht vorbereitet sind und er daher Verlauf, Richtung und Dauer des Gesprächs bestimmt. Bitten Sie ihn lieber um einen eigenen Termin und achten Sie auf Störungsfreiheit.
- Lassen Sie sich nicht in die **Kind- oder Elternrolle** drängen. Sie sind beide erwachsene Menschen, die gemeinsam in einem Team arbeiten. Achten Sie auf die „Erwachsenensprache":

  „Im Sinne einer sachlichen Lösung ..."

  „Es geht dabei konkret um ..."

  „Betrachten wir die Angelegenheit von der fachlichen Seite ..."

  „Mein Aufgabenbereich dabei ist ..."
- Nehmen Sie so manche Äußerung **nicht persönlich**. Sie sind oft einfach der bequeme „Blitzableiter". Schlechte Angewohnheiten Ihres Chefs sind im Prinzip sein Schwachpunkt, nicht Ihrer. Lassen Sie sich nicht seinen „emotionalen Rucksack" auf Ihren Schreibtisch legen. Geben Sie ihm diesen so rasch als möglich zurück! Wenn Sie etwas beleidigt hat, dann klären Sie das möglichst bald.
- **Verstärken Sie Positives** in Ihrer Zusammenarbeit, in dem Sie es lobend erwähnen. So richten Sie Ihre eigene Sichtweise auf die positiven Seiten und der Erziehungseffekt kann auch bei „schwer erziehbaren" Chefs eintreten!

Finden Sie heraus, was Sie am meisten stört, und versuchen Sie, genau diese Tatbestände zu ändern. Bleiben Sie dabei hartnäckig und konsequent. Manchmal funktioniert eine Veränderung nicht über Nacht, die Erfahrungen unserer Schulungs- und Coachingteilnehmer zeigen, dass viele kleine Schritte nötig sind, um zu einer guten und für beide Seiten befriedigenden Zusammenarbeit zu finden.

3.8 Die Mitarbeiterauswahl

Wer aktiv in den Auswahlprozess für einen neuen Mitarbeiter im Office-Bereich eingebunden wird, übernimmt damit eine bedeutende Verantwortung. Er gestaltet das Klima am Arbeitsplatz, die Zusammenarbeit im Team und somit auch den Erfolg der Abteilung, des ganzen Unternehmens mit. Es gehört andererseits zum neuen, kooperativen Führungsstil, seine Mitarbeiter bei Personalentscheidungen mit einzubinden. Es ist daher erforderlich, sich mit der Frage zu beschäftigen, wie man professionell an die Mitarbeiterauswahl im Office-Bereich herangeht.

1. Analyse der Stellenanforderung

Werden Sie sich zunächst bewusst, welche Anforderungen der neue Stelleninhaber exakt erfüllen soll.

Checkliste Stellenanforderung

- ☐ Welche **Eigenschaften und Fähigkeiten** sind wirklich wichtig?
- ☐ Was sollte sich im Vergleich zur Vorsituation **ändern**?
- ☐ Benötigen wir eine **Vollzeitkraft, Teilzeitkraft** oder **geringfügig Beschäftigte**?
- ☐ Welcher Verantwortungsbereich, welche Aufgabe ist genau vorgesehen?
- ☐ Welche Zielsetzungen gibt es für die Zukunft?
- ☐ Welche Anforderungen wird es in Zukunft an das Team geben?
- ☐ Welche steuerlichen bzw. finanziellen Überlegungen spielen eine Rolle?
- ☐ Welche Vertretungsregelungen sind vorgesehen?
- ☐ Anzahl und Art der angebotenen Dienstleistungen?

2. Die Stellen-Zielbeschreibung

Eine genaue Stellenbeschreibung ist ein schriftlich niedergelegter Katalog aller Aufgaben und Befugnisse des Stelleninhabers und beschreibt den Verantwortungsbereich und die Ziele der Stelle. So gesehen kann eine Stellenbeschreibung heute als eine Stellen-Zielbeschreibung bezeichnet werden.

Checkliste Stellen-Zielbeschreibung

- ☐ Ziele der Stelle
- ☐ Abgrenzung zu anderen Bereichen
- ☐ Entscheidungsspielräume, Pouvoirrichtlinien
- ☐ Stellenvertretung
- ☐ Berichterstattung
- ☐ Genaue Definition der Arbeitsbereiche mit entsprechender Zielsetzung, z. B.
  - Kundenempfang
  - Kontrollaufgaben
  - Abrechnungen
  - Materialbestellung
  - Urlaubsevidenzen
  - Besprechungszimmer
  - Ablage etc.
- ☐ Anforderungen an den Stelleninhaber
- ☐ Erstellung soll **gemeinsam mit den betroffenen Mitarbeitern erfolgen**
- ☐ Schafft Klarheit im organisatorischen Gefüge (z. B. über die Berichterstattung)
- ☐ Bestimmt Handlungsfreiheit
- ☐ Definiert Kontrolle
- ☐ Legt Beurteilungsmöglichkeiten fest
- ☐ Dient als Grundlage bei Gehaltsfragen
- ☐ Hilft Doppelarbeit im Team zu vermeiden
- ☐ Schafft Flexibilität bei Vertretungen
- ☐ Dient einem neuen Stelleninhaber zum leichteren Einarbeiten
- ☐ Ermöglicht effizienteres Delegieren

Papier ist geduldig. Eine Stellenbeschreibung, die seit Jahren in einem Ordner vor sich hin verstaubt, ist kaum als dynamisches Führungsinstrument heranzuziehen!

Stopp

Unvollständiges Beispiel für eine Stellen-Zielbeschreibung – Office-Mitarbeiter

Stelleninhaber ______________________

Fachbereich/Abteilung ______________________

Bezeichnung der Stelle ______________________

Betrieblicher Titel ______________________

Vorgesetzte/r des/r Stelleninhaber/s ______________________

Unterstellte Mitarbeiter ______________________

Stellvertretung:

Stelleninhaber vertritt ______________________

Stelleninhaber wird vertreten von ______________________

Kompetenzen:

Unterschrift mit Zusatz ______________________

Anweisungsvollmacht bis Euro ______________________

Bankvollmacht ______________________

Postvollmacht ______________________

Besondere Befugnisse ______________________

Berichterstattung:

Regelmäßige Informationen an: ______________________

Kostenplanung für das Office an: ______________________

Umsatzstatistik an: ______________________

Personalfluktuations-Statistik an: ______________________

Besondere Informationen an: ______________________

Ziele der Stelle:

Die Aufgaben sind so wahrzunehmen, dass das Unternehmen bei der Erfüllung seiner Aufgaben wirkungsvoll unterstützt wird, die Vertraulichkeit aller geschäftlichen Angelegenheiten gewahrt bleibt und ein möglichst störungsfreier Arbeitsablauf für das Unternehmen sichergestellt wird.

Zuständigkeiten:

– Terminplanung und Abstimmung für den/die Vorgesetzten

- Wirtschaftliche und organisatorische Assistenz im Rahmen der innerbetrieblichen Arbeitsabläufe
- Informationen beschaffen, auswerten und so weit wie nötig weiterleiten
- Datenbanken pflegen
- Statistiken anlegen, führen und interpretieren
- Gästebewirtung

Zur Aufgabenerfüllung erforderliche Tätigkeiten im Einzelnen:
Unterstützung des/der Vorgesetzten bei ihren/seinen Informations-, Repräsentations- und Kontrollaufgaben, zum Beispiel durch:
- Führung und Verwaltung der Wiedervorlage und der vertraulichen Ablage
- Planen, aufstellen und kontrollieren des Kostenstellenbudgets
- Terminabsprachen, -kontrolle
- Terminverfolgung von Vorgängen, die nicht direkt im Office bearbeitet werden
- Prüfen der zur Unterschrift vorgelegten Schriftstücke auf formale Richtigkeit
- Sitzungen und Veranstaltungen vorbereiten, organisieren und betreuen
- Beurteilung der Bedeutung (Dringlichkeit und Wichtigkeit) der eingehenden Post und Telefongespräche, damit die Vorgänge sach- und termingerecht bearbeitet werden können
- Inhaltliche Vorbereitung der jeweiligen Vorgänge (Heraussuchen der erforderlichen Unterlagen etc.)
- Vorbereiten von Besprechungen des Vorstands (Zusammenstellen der Sitzungsunterlagen etc.)
- Reiseplanung und -abrechnung für …
- Postbearbeitung (Eingangs- und Ausgangspost)
- Empfang und Betreuung von (ausländischen) Besuchern
- Bei Sachgebieten und Spezialaufgaben mitarbeiten oder Aufgaben im Rahmen von Projekten selbstständig erledigen

Sonstige Aufgaben:
- Korrespondenz, Berichte, Aktenvermerke und Protokolle selbstständig erstellen
- Elektronische Kommunikation (E-Mails überwachen, weiterleiten, verfassen und versenden)

Anforderungen an den Stelleninhaber:

- Ausgeprägte, persönliche Souveränität, Integrität und Glaubwürdigkeit
- Sicheres, angenehmes, sympathisches und überzeugendes Auftreten
- Selbstständigkeit und Eigeninitiative
- Flexibilität, arbeitet gerne im dynamischen Umfeld
- Aufgeschlossen, verschwiegen, taktvoll
- Fähigkeit zur Vorbildfunktion
- Fähigkeit, Einfluss verantwortungsvoll und angemessen auszuüben
- Bereitschaft, Verantwortung zu übernehmen sowie Handlungs- und Gestaltungsspielräume initiativ zu schaffen und zu nutzen
- Fähigkeit, auch bei Schwierigkeiten und Misserfolgen Ziele weiterzuverfolgen
- Hohe Identifikation mit den Unternehmenszielen
- Loyalität zum Vorgesetzten
- Fähigkeit zur Kooperation und Kommunikation
- Versierter Umgang mit moderner Bürotechnik (Textverarbeitung, Tabellenkalkulation, E-Mail, Präsentationsgrafik etc.)
- Sichere Kenntnisse in allen Fragen der Arbeitsorganisation
- Englisch in Wort und Schrift

Gutes Fachwissen in den Bereichen:

- Büroorganisation
- Arbeitsrecht
- Personalwirtschaft
- Informationsverarbeitung
- Kommunikationstechniken
- Betriebssoziologie und -psychologie
- Marketing
- Der Branche und dem spezifischen Ressort

Neben den hier aufgeführten Stellen ist der Stelleninhaber verpflichtet, auch andere, ihrer Vorbildung und ihren Fähigkeiten entsprechende Einzelaufträge auszuführen, die im Wesen nach zum Auftraggebiet gehören oder betrieblich notwendig sind.

Datum/Unterschrift Vorgesetzter	Datum/Unterschrift Stelleninhaber

Analyse der Bewerbungsunterlagen

Prüfen Sie vor dem Gespräch mit dem Bewerber genau die **Bewerbungsunterlagen –** was sollten sie beinhalten?

- Bewerbungsschreiben (auf Wunsch auch handschriftlich)
- Lebenslauf (tabellarisch und unterschrieben)
- Lichtbild (aktuell)
- chronologisch geordnete Zeugnisse
- Weiterbildungsbestätigungen bzw. sonstige Dokumente
- Sorgfalt, Genauigkeit, Ordnungsliebe, „Mitdenken"!

Aus den Bewerbungsunterlagen sollte eindeutig hervorgehen, über welche persönlichen Qualifikationen der Bewerber verfügt und dass der Bewerber aufgrund der Unterlagen über eine gewisse Struktur in der Präsentation bzw. in der Arbeitstechnik verfügt.

Der Lebenslauf sollte

- tabellarisch abgefasst sein
- den beruflichen Werdegang informativ darstellen
- die einzelnen Arbeitgeber bzw. Tätigkeiten auflisten
- Information über den derzeitigen Beschäftigungsstatus geben
- lückenlos sein
- möglichst zwei Seiten nicht überschreiten

Der Lebenslauf kann entweder nach der klassischen Form geschrieben werden oder nach dem amerikanischen System. Der klassische Lebenslauf ist chronologisch, während der amerikanische umgekehrt aufgebaut ist: Der Berufsweg wird von hinten nach vorne geschrieben und beginnt mit der heutigen Position.

4. Das Bewerbungsgespräch

Halten Sie das Bewerbungsgespräch durch eine professionelle Vorbereitung „fließend". Die folgende Checkliste soll Ihnen dabei behilflich sein:

Checkliste Bewerbungsgespräch

Die Vorbereitung des Bewerbungsgesprächs

- ☐ Liste mit notwendigen Fragen (schriftlich) bereitlegen
- ☐ Welche Informationen müssen Sie dem Bewerber geben?
- ☐ Studium der einzelnen Bewerbungsunterlagen im Vorhinein
- ☐ Erstellen eines individuellen Gesprächsplans
- ☐ Termin so festsetzen, dass für Ruhe und Unterbrechungsfreiheit gesorgt ist
- ☐ Auch den ersten telefonischen Kontakt vorbereiten und beachten

Das Bewerbungsgespräch

- ☐ Auf einen pünktlichen Beginn achten
- ☐ Sachlich und freundlich bleiben
- ☐ Interesse und Respekt zeigen
- ☐ Vorgangsweise erklären (und auch einhalten)
- ☐ Firmeninformationen erst gegen Ende des Gesprächs geben
- ☐ Für das Gespräch danken

Fragen im Bewerbungsgespräch

- ☐ Stellen Sie gerade im Bewerbungsgespräch offene Fragen.
- ☐ Das Thema sollte weit gefasst sein.
- ☐ Beginnen Sie mit einem Fragewort:
  z. B.: „Was hat Sie veranlasst, Ihren letzten Arbeitsplatz zu verlassen?"
- ☐ Stellen Sie kurze Fragen.
- ☐ Vermeiden Sie eine Beeinflussung des Bewerbers.
- ☐ Nehmen Sie keine vorschnelle Wertung vor.

- ☐ Vermeiden Sie eigene Monologe.
- ☐ Ihr Zuhöranteil sollte 80 % des Gespräches ausmachen.
- ☐ Den Gesprächspartner immer ausreden lassen.
- ☐ Nützen Sie Schweigen und Stille im Gespräch effizient.
- ☐ Testen Sie Fachwissen durch einfache Fragen.
- ☐ Geben Sie Feedback.
- ☐ Einsatz von geschlossenen Fragen:
  - Als Antwort nur Ja/Nein, sie beginnen mit einem Zeit- oder Hilfszeitwort
  - Sie liefern nur eine knappe Information.
  - Zum Abklären von Sachaspekten (z. B. Zeit etc.)
- ☐ Seien Sie hartnäckig:
  - Nachfragen, z. B.: „Was meinen Sie mit ...?"
  - Neutrale Reaktion („Aha")
  - Wiederholen der Antwort, Widersprüche klären („Für mich ist noch offen ...")
- ☐ Vom ersten Eindruck nicht verleiten lassen
- ☐ Sachliche und objektive Bewertung
- ☐ Unklarheiten sofort beseitigen
- ☐ Auch eigene, praxisbezogene Informationen geben
- ☐ Fassen Sie am Schluss noch einmal alles aus Ihrer Sicht zusammen.

Beispiel eines Fragenkatalogs für das Bewerbungsgespräch

- Warum wollen Sie bei uns arbeiten?
- Wann können Sie anfangen?
- Welche Informationen haben Sie über unser Unternehmen/über Ihren Arbeitsbereich?
- Wie sehen Sie Weiterbildung im Beruf? Wären Sie dazu auch am Wochenende oder am Abend bereit?
- Welche Hobbys haben Sie?
- Lesen Sie Bücher, Zeitungen, Zeitschriften? Wenn ja, welche?
- Welche Teile der Tageszeitung interessieren Sie besonders?

- Mit welchem Typ von Mensch kommen Sie am besten aus?
- Was wollen Sie in 10 Jahren erreicht haben?
- Was kann Sie besonders faszinieren? Was ärgert Sie besonders?
- Wie würden Sie sich selbst bezeichnen? Als welchen Menschen würden Sie sich selbst bezeichnen?
- Was bedeutet für Sie der Begriff „teamfähig"? Können Sie mir erklären, wie Sie das genau meinen?
- Bei Rauchern: Ist es für Sie ein Problem, in einem Nichtraucherbüro zu arbeiten? Wenn ja, wie würden Sie es lösen?
- Bezeichnen Sie sich eher als Teammitarbeiter oder als Einzelkämpfer?
- Fällt es Ihnen leicht, bei einer Aufgabe um Hilfestellung zu bitten?
- Was verstehen Sie unter kreativem Arbeiten? Nennen Sie bitte einige Beispiele.
- Welchen Typ Mensch bewundern Sie?
- Welche neue Fähigkeit würden Sie sich aussuchen, wenn Sie am nächsten Morgen damit aufwachen könnten?
- Wie würden Sie Ihr persönliches Wunschbüro gestalten?
- Welche konkreten Erfahrungen bringen Sie für diese Aufgabe mit?
- Wie passt dieser Job in Ihre persönliche Karriereplanung?
- Welche Gegebenheit stellt für Sie einen Misserfolg dar? Hatten Sie bisher ein solches Erlebnis? Wenn ja, wie sind Sie damit zurechtgekommen?
- Was interessiert Sie an dem von uns angebotenen Job besonders? Was möchten Sie mich diesbezüglich fragen?
- Halten Sie sich selbst für zuverlässig? Nennen Sie mir bitte ein Beispiel dafür.
- Was erwarten Sie sich vom Unternehmen, von Ihrem Arbeitgeber? Welche konkrete Unterstützung? Welche Hilfestellungen?
- Welche Ihrer Qualifikationen ist für diese Position am relevantesten?
- Was ist wichtiger: Eine Aufgabe termingerecht zu erledigen oder lieber einen Tag später und dafür qualitativ besser abzugeben?
- Welchen Wunsch würden Sie sich gerne erfüllen?
- Was sind Ihre sonstigen Interessen?
- Was ist Ihre liebste Freizeitbeschäftigung?
- Wo waren Sie zuletzt auf Urlaub? Welche Aktivitäten haben Sie dort unternommen?
- Wie reagieren Sie grundsätzlich auf Kritik?

Checkliste: Die Bewertung der potenziellen Mitarbeiter

- ☐ Seien Sie zunächst extrem kritisch.
- ☐ Bewerten Sie nur die Fakten.
- ☐ Seien Sie objektiv, lassen Sie sich nicht vom ersten Eindruck täuschen.
- ☐ Bewerten Sie auch die Körpersprache, die nonverbale Kommunikation.
- ☐ Messen Sie die Kandidaten an der Position und nicht aneinander.
- ☐ Fragen Sie auch andere künftige Kollegen nach deren Meinung.
- ☐ Bewerten Sie schriftlich.
- ☐ Vereinbaren Sie eine „Probemitarbeit".
- ☐ Verständigen Sie alle Bewerber nach einer endgültigen Entscheidung.
- ☐ Entscheiden Sie nie unter Zeitdruck.
- ☐ Lassen Sie sich nicht von guten Schulzeugnissen blenden.
- ☐ Bewerten Sie nicht nur nach ein oder zwei Kriterien, sondern möglichst umfassend!

Beispiel eines Bewertungsbogens für ein Bewerbungsgespräch

Anforderungen	Kandidatin 1	Kandidatin 2	Kandidatin 3
Summe			

Notenskala: 1 – Kenntnisse/Fähigkeiten über den Anforderungen; **2** – gut geeignet; **3** – erfüllt die Mindestanforderungen; 4 – liegt deutlich unter den Anforderungen

Beispiel für ein Bewerbungs-Bewertungsprotokoll

Name, Alter: ____________________

Adresse, Telefonnummern: ____________________

____

Schulbildung, Weiterbildung: ____________________

____

Berufspraxis: ____________________

____

EDV-Kenntnisse/Sprachkenntnisse: ____________________

____

Derzeit beschäftigt bei: ____________________

____

Ehestmöglicher Arbeitsbeginn: ____________________

☐ Vorlage Zeugnisse:

welche: ____________________

☐ Vorlage Lebenslauf:

Anfahrtsweg: ____________________

☐ Raucherin ☐ Nichtraucherin

Allergien/Erkrankungen: ____________________

Bewertung:	**1**	**2**	**3**	**4**
Lebenslauf	☐	☐	☐	☐
Telefonverhalten	☐	☐	☐	☐
Äußere Erscheinung	☐	☐	☐	☐
Persönliche Einstellung	☐	☐	☐	☐

Allgemeine Bemerkungen:

Stopp

Typische Fehler bei der Mitarbeiterauswahl

- Wahl des falschen Mediums bei der Ausschreibung
- Zeitpunkt der Personalsuche falsch gewählt
- Unpräzise Angaben in der Stellenausschreibung
- Zielvorstellungen werden nicht klar formuliert
- Es erfolgt keine genaue Stellenanalyse
- Die Chance einer Vorauslese der Bewerbungen am Telefon wurde nicht genützt
- Chaotische Terminplanung bei den Bewerbungsgesprächen (Open End)
- Schlecht vorbereitete Bewerbungsgespräche
- Schlechtes Zuhören, zu viel selbst reden
- Ständige Unterbrechungen von außen
- Beeinflussung der Kandidaten durch den Interviewer

3.9 Personal-, Organisationsentwicklung und Coaching – Widerspruch oder Zusammenhang?

Warum sollen sich Mitarbeiter bzw. Assistenten von heute Gedanken über die Personal- bzw. Organisationsentwicklung machen? Zum einen sollte jede Führungskraft, also die Chefs, über Personalentwicklung (PE) und Organisationsentwicklung (OE) Bescheid wissen, aktiv mitmachen und im Rahmen von strategischen Vorgaben daran beteiligt sein. Das bedeutet weiters, dass auch der einzelne Mitarbeiter direkt oder indirekt damit zu tun hat.

- **Personalentwicklung (PE) ist heute nicht mehr die reine Veranlassung zur Weiterbildung, sondern beinhaltet alle Maßnahmen, die die Verbesserung der Qualifikation der Mitarbeiter zum Ziel haben – und zwar vom Eintritt bis zum Austritt aus der Organisation.** Die Träger der Personalentwicklung sind heute vor allem die Unternehmensleitung, die Leitung der Personal- bzw. Bildungsabteilung, der unmittelbare Linienvorgesetzte und letztlich auch der Betriebsrat bzw. die Personalvertretung. Das bedeutet, dass die angeführten Träger der Personalarbeit die Ziele von PE täglich leben müssen.
- **Organisationsentwicklung (OE) im systemischen Sinn betrachtet das Unternehmen als lernende Organisation, die nicht von Menschen, sondern von Kommunikationen bzw. Entscheidungen getragen wird.** Sämtliche Interventionen sind Angebote, die vom System angenommen werden oder nicht. Das Management ist Teil dieses Systems. In jeder Organisation sind sowohl Veränderungs- als auch Beharrungstendenzen zu erkennen. Die Basis für Veränderungen sind Erfahrungen, wobei Strategien, Kompetenzen und Ambitionen verändert werden können. Die Personalentwicklung wird damit Teil der Organisationsentwicklung und hat sozusagen eine Zuliefer- bzw. Umsetzungsfunktion für strategische Vorgaben.

Die **Personalentwicklung** eines Unternehmens muss mit der **Organisationsentwicklung** mithalten können, hat sich permanent mit neuen Methoden, Inhalten und Umsetzungsstrategien zu beschäftigen. Personalentwicklung hat damit die Schaffung von Voraussetzungen für organisationales Lernen als zentrale Aufgabe. Mitarbeiter werden (oder müssen) zunehmend lernfähig werden, um in den heutigen Veränderungsprozessen mithalten zu können. Damit werden Betroffene zu Beteiligten im heutigen Leadership-Verständnis. Veränderungen sind oft unbequem, permanentes Hinterfragen und Reflexion bedarf reifer, motivierter Mitarbeiter.

Sind einmal die Strukturen und Instrumente in sämtlichen Bereichen der PE, wie Personaleinführung, betriebliche Aus- und Weiterbildung, Lauf- und Karriereplanung, geschaffen, kann der einzelne Mitarbeiter seine Vorgesetzten und Kollegen aktiv unterstützen.

Human Resource Management bzw. Personalentwicklung werden heute unabdingbar als wesentliche Wettbewerbsgrößen angesehen. Ohne die Beachtung der Menschen im Unternehmen wird sich der gewünschte Unternehmenserfolg schwerer erreichen lassen. Hier geht es darum, die Mitarbeiter bestmöglich zu fördern, zu fordern und zu coachen, junge Mitarbeiter zielorientiert in den Arbeitsplatz zu integrieren, ohne eine lange Einschulungsphase zu riskieren. Die Einschulungsphasen werden zunehmend kürzer.

Mitarbeiter werden bzw. sollten nicht mehr als reines „Kapital" angesehen werden, sondern eigenverantwortlich ihren Teil zum Unternehmen beitragen. Mitarbeiter müssen heute einem Wandel und den damit verbundenen Anforderungen grundsätzlich positiv gegenüberstehen. Persönliche Befindlichkeiten und grundsätzliche Ablehnungseinstellungen sind nur in begrenztem Ausmaß tolerierbar.

In unseren Trainings und Coachings erhalten wir immer wieder von Mitarbeitern die Rückmeldung, dass sie oft keine Chance bekommen, diesen theoretischen Gedanken der Orientierung auf Veränderungen, auf die Umwelt, auf Kunden bzw. Qualität und Zielerreichung auch wirklich zu leben. Denn dort, wo vom Management her Lippenbekenntnisse kommen und die Management-Vorgaben nicht offensichtlich gelebt werden, fühlen sich Mitarbeiter nicht ernst genommen.

Genau in diesem Spannungsfeld steht beispielsweise die Office-Managerin. In vielen Unternehmen werden aufgrund von verschärften wirtschaftlichen Rahmenbedingungen gravierende Strukturveränderungen vorgenommen, Mitarbeiter ausgewechselt und Unsicherheit verbreitet. Die Office-Managerin bekommt hautnah mit, wie in den Sitzungen, in denen sie protokolliert, Managemententscheidungen getroffen werden. Und einige Tage danach sieht sie die unmittelbaren Auswirkungen so mancher strategischen Entscheidung. Darf bzw. kann sie jetzt dazu Stellung nehmen? Muss sie Verständnis für die Entscheidungen vor den Kollegen aufbringen?

Office-Mitarbeiter von heute werden demnach auch verstärkt in die Personalauswahl, in die Personaleinführung, in Traineeprogramme sowie in die betriebliche Weiterbildung als Kern der Personalentwicklung und auch in die aktive Konfliktbewältigung bzw. in Coaching als Teil der Personal- und Organisationsentwicklung miteinbezogen.

Denn dort, wo Weiterbildung direkt am Arbeitsplatz erfolgt, werden Office-Mitarbeiter Erfahrungen in der planmäßigen Unterweisung haben müssen – ebenso wie z. B. beim selbstgesteuerten Lernen am Arbeitsplatz. Die große Gefahr bei der Unterweisung am Arbeitsplatz ist das Rückdelegieren von Aufgaben im Zuge von hektischen Situationen oder Zeitdruck (siehe auch Kap. 3.5). Nach dem Motto: Bevor ich dem Mitarbeiter, der hier in der Job-Rotation die Arbeitsplätze wechselt, die Sache genau erkläre, mache ich es lieber selbst, dann habe ich es so, wie es der Chef möchte, und noch dazu schneller. Damit wird das, was oft in Teamtrainings forciert wird, nämlich gegenseitiges Lehren und Unterweisen, oft im Tagesgeschäft umgangen.

- **Coaching** ist eine Personalentwicklungsmaßnahme, die aufgrund von oft falsch verwendeten Begriffen hier geklärt werden soll. Dieses Schlagwort kommt uns in der heutigen Berufswelt immer wieder entgegen. Was bedeutet es nun, Coach der Mitarbeiter bzw. Kollegen zu sein, so wie in einigen Theorien gefordert, wie von einigen Vorgesetzten nach Führungskräftetrainings verlangt? Aus unserer Sicht ist das eine Bezeichnung für einen Vorgang, den viele Mitarbeiter seit jeher in ihrem beruflichen Umfeld getan haben. Denn tatsächlich als Coach im Sinn von Coaching zu fungieren, bedarf einer besonderen Ausbildung.

Wenn zum Beispiel ein Linienmanager von einem Mitarbeiter verlangt, einen Kollegen zu coachen, bedeutet das oft: Zeigen Sie ihm, wie es geht, führen Sie ihn so, dass er seine Leistung endlich erbringt, aber machen Sie Ihre Arbeit noch daneben.

Coachen bedeutet vielmehr: Geben Sie dem anderen Zeit, die Lösung aus sich heraus zu entwickeln.

Die offizielle Version von Coaching lautet:

Coaching soll ein zeitlich begrenzter, ziel- und ressourcenorientierter Beratungsprozess zur individuellen Unterstützung von Menschen im beruflichen Zusammenhang sein. Dieser Prozess beruht auf Freiwilligkeit, auf gegenseitiger Akzeptanz und läuft über den persönlichen Kontakt und die Unabhängigkeit des Coachees ab.

Oberstes Prinzip des Linienmanagers ist heute oft einzig und alleine die Frage, ob etwas dem schnellen Erfolg dient.

Eine Führungskraft, sowohl mit Linien- als auch mit Personalverantwortung, sollte diesbezüglich eine breitere Sicht haben und langfristiger denken. Oft hat der Kollege weder die Motivation noch die Qualifikation, eine bestimmte Leistung zu erbringen. Und es kann damit nicht Aufgabe des beauftragten Mitarbeiters sein, andere zu motivieren bzw. gar die Arbeit stillschweigend vom anderen zu übernehmen. Hüten Sie sich davor, im Sinne des in der Organisationsentwicklung stark geforderten Teamgedankens, die Arbeit des anderen auf Dauer zu übernehmen! Aus unserer Sicht ist es durchaus legitim, für eine kurze Zeit bzw. in „Notsituationen" die Arbeit des anderen mitzumachen, doch wo das auf Dauer notwendig ist, muss die Führungskraft entscheiden. Veränderte Werte in der Arbeitswelt sowie der Druck zur Leistungserstellung lassen solche Erscheinungen zunehmen.

Wir wollen damit nicht ausdrücken, dass Coaching weder für die Mitarbeiter noch die Führungskraft Vorteile hat. Im Gegenteil, dort wo es verantwortungsbewusst im Sinne von Förderung vorgenommen wird, haben alle Beteiligten beachtliche Motivations-, Leistungs- und Kostenvorteile. Coaching soll nicht missbraucht werden, um Mitarbeiter zu bestimmten Verhaltensweisen oder Meinungen zu bringen (vgl. dazu auch Kap. 3.2).

Tipp

Tipps zum Mitarbeiter-Coaching

- Zuerst müssen wir unterscheiden zwischen Coaching, das geschulte Führungskräfte oder speziell ausgebildete Mitarbeiter in ihre Tätigkeit integrieren können, und zwischen jenem Coaching, das von externen Spezialisten meist in besonders schwierigen Lebens- und Arbeitssituationen eingebracht wird.
- Bei Coaching durch geschulte Führungskräfte bzw. Mitarbeiter geht es darum, dem betroffenen Mitarbeiter zu helfen, wie er Aufgaben bzw. Probleme am Arbeitsplatz eigenständig lösen kann.
- Behalten Sie als interner Coach die Ziele des Arbeitsbereichs bzw. des Unternehmens im Auge. Das unterscheidet Sie vom externen Coach/Berater.
- Grundsätzlich soll es dabei nicht um ein „Mehr" an Leistung gehen, sondern um ein „anders". Die Grenze zu privaten Anliegen und Problemen soll dabei nicht überschritten werden.

- Und was uns dabei wichtig ist: Die Führungskraft kann sich ihrer Führungsaufgaben durch ein verordnetes Mitarbeitercoaching nicht entziehen. Führungskräfte werden im Sinne aktueller Leadership-Auffassung zu Personal- und Organisationsentwicklern vor Ort, diese Aufgaben können nicht delegiert werden.
- Coaching heißt im wissenschaftlichen Sinn nicht, Mitarbeiter zu „pushen", um Höchstleistungen zu vollbringen. Wenn Sie also dazu auserkoren sind, Mitarbeiter zu coachen, sollten Sie Ihre Rolle klar im Vorhinein definieren und transparent machen lassen, um nicht auf Ablehnung zu stoßen.
- Gutes, lösungszentriertes Coaching erfordert eine gewisse Distanz zum Coachee. Wenn dieser Anspruch ernst genommen werden soll, liegt es auf der Hand, dass Mitarbeiter bzw. Vorgesetzte aufgrund der Nähe keine optimale Coaches im offiziellen Sinn von Coaching sind. Coaches sollten kein fachliches Interesse an der Lösung haben, sondern den Coachee leiten, eine bestimmte Lösung zu finden.
- Coaching soll grundsätzlich in einem Vier-Augen-Gespräch ablaufen.

Coaching geht zusammenfassend davon aus, dass Menschen am ehesten den Lösungsweg akzeptieren, den sie selbst erarbeitet haben.

4 Office-Organisation

In diesem Kapitel steht der Kernbereich jedes guten Office-Managements im Mittelpunkt: die **Office-Organisation**. Wir betrachten dabei zunächst den wichtigen Bereich des **Zeit- und Selbstmanagements**. Die Frage nach den eigenen und den Unternehmenszielen sowie die Fähigkeit, Prioritäten zu setzen und als konkrete Arbeitshilfe zu nutzen, stehen dabei zunächst im Vordergrund. Zunehmend wichtiger für jedes Unternehmen wird der Bereich Informations- und Wissensmanagement: Wie begegne ich der immer größer werdenden Informationsflut? Wie verwalte ich die enormen Mengen an Wissen und Fakten? Ein weiterer Schwerpunkt ist das Thema **Projektmanagement**. Immer mehr Bereiche werden im Unternehmen projektbezogen organisiert.

Weiters geht es auch um konkrete Themen, wie der eigenen **Arbeitsplatzgestaltung** und um hilfreiche Tipps zur **Arbeitstechnik**, zur **Protokollführung** und zur **Reiseplanung**. Wer immer wieder mit dem leidigen Thema **Ablage** kämpft, für den haben wir einige Tipps zur besseren Organisation dieses Bereichs aufgelistet.

Bewusst ausgespart haben wir den Bereich „Office und EDV“, da dieses umfangreiche Thema und seine verschiedenen Systeme den Rahmen dieses Ratgebers übersteigen würde. Wir ersuchen den interessierten Leser, für spezielle Problembehandlungen die jeweiligen Handbücher der verwendeten Software, Systeme und Programme in Anspruch zu nehmen. Tipps zur E-Mail-Verwaltung im Outlook sind unter 4.2 angegeben.

Um den größten Nutzen aus all den angeführten Tools und Tipps, Checklisten und Anregungen zu ziehen, empfehlen wir Ihnen die Erstellung eines eigenen Office-Handbuches. Fassen Sie darin alle für Ihren Bereich wichtigen Checklisten und Tipps zusammen. Wie es aufgebaut werden kann, finden Sie am Ende dieses Kapitels.

4.1 Zeitmanagement

Selbstcheck: Prüfen Sie Ihre persönliche Zeitplanung

Markieren Sie jene Punkte, die bei Ihnen zutreffen:

- ☐ Mein täglicher Arbeitsablauf ist nicht planbar.
- ☐ Meine Ziele sind meist unklar, ich weiß oft nicht, was mich heute erwartet.
- ☐ Meine Probleme bei der Zeitplanung:
  - zu viele unplanbare Termine
  - zu viel Druck
  - Dauer der Aktivitäten wird falsch geschätzt
  - Termine werden mangelhaft koordiniert
- ☐ Manchmal fehlt mir der Überblick.
- ☐ Häufige Störungen bringen meinen Zeitplan immer wieder durcheinander, z. B. Telefon.
- ☐ Ich kann meine Arbeit nicht auf meinen individuellen Leistungsrhythmus abstimmen.
- ☐ Ich mache keine regelmäßigen Pausen.
- ☐ Ich verzettele meine Zeit oft mit Nebensächlichem.
- ☐ Ich neige dazu, Unangenehmes immer wieder aufzuschieben.
- ☐ Ich habe viele Termine nur im Kopf.
- ☐ Zur genauen Tagesplanung fehlt mir oft die Zeit.
- ☐ In meinem Bereich fehlen klare Richtlinien bei der Terminvergabe.

Haben Sie Ihre Schwachstellen erkannt?

Sicher sagen Sie jetzt: „Ja, aber ich habe auf viele Faktoren keinen Einfluss!“ Trotzdem hilft es, sich über die persönliche Zeitplanung Gedanken zu machen.

Sie können mehr ändern, als Sie denken!

Bewusster Umgang mit der eigenen Zeit

Am Anfang jeder guten Zeitplanung steht der feste Wille: Der Wille, die eigene Zeit bewusst einzusetzen. Überprüfen Sie Ihre innere Einstellung: Wer fest davon überzeugt ist, seine persönliche Zeitplanung in den Griff zu bekommen, wird erfolgreich sein. Denn wer seine Zeit fest im Griff hat, der erlangt Sicherheit, Arbeitszufriedenheit und erntet damit auch Anerkennung von außen.

Demgegenüber steht ein unaufhörlich größer werdender Zeitdruck: Immer mehr Aufgaben sollen in immer kürzerer Zeit erledigt werden. Trotz – oder gerade wegen – der vielen Hilfsmittel, die unsere Arbeit beschleunigen, kommen wir immer weniger mit unserer Zeit klar. Irgendwann kommt Mann/Frau dann an den Punkt, wo planvolles Vorgehen nur mehr zur Illusion wird. Wie der berühmte Hamster im Rad läuft man nur mehr seiner Zeit hinterher.

Was also tun?

Ihr persönlicher 5-Schritte-Plan für ein besseres Zeitmanagement:

Schritt 1: Lernen Sie das Dringende vom Wichtigen zu unterscheiden! Wer immer nur das Dringende tut, übersieht leicht das Wichtige.

Schritt 2: Definieren Sie Ihre eigenen Ziele und erkennen Sie die Ziele anderer, die Ihr Handeln mitbestimmen!

Schritt 3: Setzen Sie auf Grundlage dieser Ziele Prioritäten für Ihre Aufgaben!

Schritt 4: Analysieren Sie Ihre Arbeitsabläufe – wo gibt es noch ein Optimierungspotenzial?

Schritt 5: Planen Sie Ihre Zeit mit Disziplin und Konsequenz!

Nützen Sie Ziele als Energiequelle

Ziele sind mehr als reine Tätigkeitsanweisungen. Ziele geben dem eigenen Handeln Sinn und Richtung.

Wer seine Ziele kennt, der

- verhindert unnötigen Kraftaufwand durch planloses Handeln,
- muss nicht ständig die Richtung wechseln,
- kann seine Kräfte in die richtige Richtung bündeln,

- bewahrt die Übersicht,
- kann Kursabweichungen sofort korrigieren,
- vermeidet so unnötigen Druck und Stress,
- kann den Erfolg seines Handelns erst so richtig messen!

Doch das gilt nicht für alle Ziele. Wer ständig nach dem Unerreichbaren strebt, wird irgendwann frustriert aufgeben. Wie also müssen Ziele aussehen, um als Kraftquelle dienen zu können?

Checkliste Ziele

- ☐ Nur wenn meine Ziele zu mir passen, werde ich sie auch erreichen.
- ☐ Ziele müssen daher an meinen Stärken orientiert sein.
- ☐ Ziele sollen positive Entwicklungen in meinem Leben verstärken.
- ☐ Ziele müssen an meinen Begabungen orientiert sein.
- ☐ Ziele sollen inhaltlich genau definiert sein.
- ☐ Ziele müssen realistisch sein.
- ☐ Ziele müssen widerspruchsfrei formuliert sein.
- ☐ Ziele orientieren sich an Ergebnissen und nicht an Handlungen.
- ☐ Ziele müssen positiv und konkret formuliert werden.
- ☐ Ziele müssen schriftlich festgehalten werden.
- ☐ Ziele sollen von Zeit zu Zeit neu überdacht und neu formuliert werden.
- ☐ Meine persönlichen Ziele müssen zu den Zielen meines Chefs/meines Unternehmens passen.

Setzen Sie Prioritäten

Nur, wer Prioritäten setzt, kann sich auf die wichtigen Arbeiten konzentrieren.

Die eigenen und jene, von anderen vorgegebenen Ziele legen den Rahmen für die Prioritätensetzung fest. Nur anhand der Zielsetzung lässt sich unterscheiden, was wichtig oder unwichtig ist, was dringend und was weniger dringend ist.

Wer Prioritäten setzt, der

- schafft Überblick,
- kann Aufgaben nach ihrer Wichtigkeit reihen,
- kann sich bei seiner Arbeit voll und ganz konzentrieren,
- tut eines nach dem anderen,
- minimiert Störungen und Unterbrechungen.

Tipp

Es ist besser, *die* richtige Arbeit zu tun, als *eine* Arbeit richtig zu tun!

☑

Checkliste zur Prioritätensetzung

☐ **Definieren Sie A-Aufgaben:**

- sind dringend UND wichtig
- sollen sofort selbst erledigt werden
- tatsächlicher Zeitaufwand dafür ist oft gering, aber der Anteil am Gesamtergebnis ist groß
- machen ca. 15 % aller Aufgaben aus, aber ca. 65 % des messbaren Erfolgs

☐ **Definieren Sie B-Aufgaben:**

- sind wichtig, aber noch nicht dringend
- müssen nicht gleich erledigt werden
- sollten aber geplant werden – Termine festsetzen – kontrollieren
- machen ca. 20 % aller Aufgaben aus, aber ca. 20 % des messbaren Erfolgs

☐ **Definieren Sie C-Aufgaben:**

- sind weniger wichtig
- oft auch nicht dringend
- sollten: ☐ delegiert
  ☐ nachrangig behandelt
  ☐ eliminiert werden
- machen ca. 65 % aller Aufgaben aus, aber ca. 15 % des messbaren Erfolgs

- ☐ Machen Sie Ihre Aufgaben-Analyse schriftlich.
- ☐ Listen Sie alle Ihre Aktivitäten/Aufgaben pro Zeitraum (z. B. Woche/Tag) auf.
- ☐ Überprüfen Sie jede Tätigkeit, ob sie auch wirklich erforderlich ist – wenn nicht, eliminieren Sie sie!
- ☐ Schätzen Sie den Zeitbedarf jeder Aktivität möglichst genau und realistisch.
- ☐ Überlegen Sie bei jeder Aufgabe Wichtigkeit und Dringlichkeit.
- ☐ Geben Sie jeder Aufgabe eine A-, B- oder C-Wertung.
- ☐ Ordnen Sie dementsprechend diese Wertungen (Beachten Sie: in etwa die ersten 15 % der Aufgaben sind A-, die zweiten 20 % sind B- und der Rest C-wertig).
- ☐ Prüfen Sie, welche B- und C-Aufgaben Sie delegieren können.
- ☐ Legen Sie bei delegierten Aufgaben fest: An wen? Bis wann?
- ☐ Bestimmen Sie genaue Zeitpunkte: Wann beginne ich mit der Tätigkeit? Wann bin ich fertig?
- ☐ Planen Sie eine Spalte für ✔ ein – sie ist Ihr größter Motivationsfaktor!

Tipp

Listen Sie zwei Wochen lang Ihre Tätigkeiten auf, heben Sie eine Reihung (z. B. A, B, C) hervor. Damit wird für Sie und den Chef deutlich, welche Aufgaben welche Priorität haben. Reihen Sie Ihren Tagesplan in der Folge nach Ihren Prioritäten.

Effiziente Zeit- und Terminplanung im Office

Analysieren Sie nun Ihre Tätigkeiten und erfassen Sie alle Aktivitäten in einer Tätigkeiten-Liste.

Erstellen einer Tätigkeiten-Liste:

1. Erfassen

- der notwendigen Arbeiten für diese Woche bzw. diesen Tag
- von Unerledigtem vom Vortag
- von neuen Arbeitsaufgaben für diesen Tag
- von heute notwendigen Telefonaten und Schriftverkehr

2. Abschätzen der Länge der einzelnen Aufgaben durch

- konzentrierteres Arbeiten durch persönliche Zeitvorgaben
- Einhalten des Zeitrahmens
- Unterbinden von Störungen

3. Pufferzeit reservieren

- ca. 60 % für geplante Aufgaben vergeben
- ca. 20 % für Störungen oder unerwartete Aufgaben
- ca. 20 % für spontane oder kreative Aufgaben

4. Prioritäten setzen, Wichtigkeit bestimmen

- Kürzen Sie Ihren Aufgabenbereich auf ein realistisches Minimum.
- Legen Sie in Abstimmung mit Chef bzw. Mitarbeitern die Wichtigkeit der einzelnen Aufgaben fest, fragen Sie aktiv danach.

5. Unerledigte Aufgaben übertragen

- Das mehrmalige Übertragen von unerledigten Aufgaben hat einen psychologischen Effekt: Sie werden die Aufgaben endlich beginnen oder sie mangels Priorität vielleicht ganz streichen!

Grundsatz der Zeitplanung:

„Ein Tag hat 6 Stunden und eine Stunde hat 45 Minuten!"

Checkliste zur Terminplanung

- [ ] Termine mit Chef/Kollegen/Mitarbeitern zu einem fixen Tageszeitpunkt eintragen.
- [ ] Entscheidungsfreiraum bei der Terminvergabe grundsätzlich mit dem Chef abklären.
- [ ] Terminerinnerungen an den Chef mündlich und/oder schriftlich (am Vortag empfehlenswert).
- [ ] Beim Eintragen zwischen bestätigten und unbestätigten Terminen unterscheiden.
- [ ] Verschobene Termine streichen, nicht sofort löschen – Hinweis auf Neueintragung. Alle erledigten Termine dafür aus der Planung löschen.
- [ ] Terminnotiz beim Posteingang zu den entsprechenden Unterlagen (Urlaube, Messen, Tagungen etc. berücksichtigen).
- [ ] Schriftlich zu bestätigende Termine entsprechend kennzeichnen (z. B. Hotels, Reisetermine etc.).
- [ ] Bei Abgabeterminen durch andere stets Erinnerungszeiten einplanen.
- [ ] Schlagen Sie beispielsweise bei mehreren Teilnehmern mehrere Termine vor, um leichter einen gemeinsamen finden zu können.
- [ ] Vor-/Nachbearbeitungszeiten nicht vergessen.
- [ ] Unterlagen immer rechtzeitig vorbereiten. Vorausschauen!
- [ ] Termine zur Wiedervorlage extra kennzeichnen bzw. organisieren (z. B. in Pultordnern, Wiedervorlage-Sets).
- [ ] Termine in Kategorien einteilen, beispielsweise in:
  - Telefontermine
  - Termine im Haus
  - Termine außer Haus
- [ ] Erledigtes streichen/abhaken.
- [ ] Kontrolle/Überwachung nicht vergessen.
- [ ] Am besten in Halbstundenblöcken planen.
- [ ] Wegzeiten beachten und miteinberechnen.
- [ ] Sichern Sie Ihren elektronischen Kalender mit einem Passwort.
- [ ] Nehmen Sie sich Zeit zur Planung, wenn nötig, sichern Sie sich eine stille Minute am Ende Ihres Arbeitstages!

Tipp

- Beachten Sie den persönlichen Arbeitsrhythmus des Chefs.
- Legen Sie Termine mit externen Teilnehmern nicht zu zeitig am Morgen fest – bei Verspätungen aufgrund eines Staus etc. sind die nachfolgenden Termine „in Gefahr".

Persönliche Zeitfallen

Im Laufe eines Arbeitstages treten immer wieder Störungen auf, die Zeit „kosten". Gerade im Officebereich kommen dabei viele Störfaktoren von außen und sind daher nur begrenzt beeinflussbar. Sinnvoller ist es daher, die eigenen Störfaktoren zu identifizieren und den „inneren Schweinehund" zu bekämpfen.

Selbstcheck:

Prüfen Sie Ihre persönliche Zeitfallen	**oft**	**selten**	**nie**
Aufschieben von Tätigkeiten	☐	☐	☐
Unfähigkeit, „Nein" zu sagen	☐	☐	☐
Fehlende Selbstdisziplin	☐	☐	☐
Mangelndes Interesse, falsche Einstellung	☐	☐	☐
Unnötiger Perfektionismus	☐	☐	☐
Ineffiziente Kommunikation im Team	☐	☐	☐
Unklare Zielsetzungen	☐	☐	☐
Unklare Prioritäten	☐	☐	☐
Fehlende Übersicht	☐	☐	☐
Mangelhafte Tagesplanung	☐	☐	☐
Zwei Dinge gleichzeitig erledigen wollen	☐	☐	☐
Schlechtes Ablagesystem	☐	☐	☐
Zu viel Papierkram, zu viel zu lesen	☐	☐	☐
Unrealistische Zeiteinschätzungen	☐	☐	☐
Probleme beim Delegieren	☐	☐	☐
Schlechter Informationsfluss	☐	☐	☐
Fehlendes Management-Know-how	☐	☐	☐
Ausgebranntheit	☐	☐	☐
Laufende Unterbrechungen durch E-Mails	☐	☐	☐
Weitere:	☐	☐	☐

Tipp

Einige Tipps zum „Entschärfen" der häufigsten persönlichen Zeitfallen

Aufschieben von umfangreichen, schwierigen oder unangenehmen Aufgaben

- Setzen Sie sich ein **fixes Zeit-Ziel**, an dem Sie diese Arbeit erledigen.
- Wenden Sie die **Salamitaktik** an, unterteilen Sie Arbeiten nach Ihrem Umfang in große und kleine Aufgaben, erledigen Sie die Arbeiten Schritt für Schritt nach eigener Vorgabe. Achtung: Der erste Schritt ist meist der schwierigste.
- **Ziehen** Sie **unangenehme Aufgaben**, die Ihnen auf den „Magen" schlagen, **vor**. Oder informieren Sie Chef bzw. Mitarbeiter über den Erledigungszeitpunkt, damit wird Ihr eigener Druck größer, die Aufgabe zu erledigen.

Unfähigkeit, „Nein" sagen zu können (siehe auch 6.1)

- Nehmen Sie sich Zeit, ein „Nein" für sich selbst zu formulieren (z. B. Chef gibt Ihnen eine Aufgabe fünf Minuten vor dem Feierabend). Üben Sie die für Sie passenden Formulierungen im Trockentraining zu Hause, um sie im Ernstfall sofort zur Verfügung zu haben.
- Zeigen Sie Verständnis für den anderen, formulieren Sie freundlich, aber bestimmt.
- Beginnen Sie Ihre Formulierung nicht negativ, lieber neutral! „Ich verstehe, dass dieser Punkt für Sie wichtig ist."
- Nicht Ja sagen, wenn Sie Nein meinen.
- Sagen Sie, was Sie wollen. Verwenden Sie keine Ausreden, um sich vor dem klaren Nein zu drücken.
- Bieten Sie eine Lösung an: Wann werden Sie die Aufgabe wie erledigen können, was ist die Alternative?
- Begründen Sie bei Bedarf Ihr Nein – vermeiden Sie jedoch, sich zu rechtfertigen!
- Sagen Sie rechtzeitig Nein, nicht erst dann, wenn die Emotion überbordet!

Was bringt Ihnen „Nein"-Sagen?

1. Zeitgewinn für die eigenen Aufgaben bzw. Planung
2. Anerkennung unter Kollegen und Freunden
3. Mehr Respekt auch von Vorgesetzten
4. Erhöhtes Selbstbewusstsein

Fehlende Selbstdisziplin

- Machen Sie einen Vertrag mit sich selbst. In besonders hartnäckigen Fällen auch schriftlich!
- Sprechen Sie Klartext mit sich selbst: Welche Vorteile hat die nötige Selbstdisziplin für Sie?
- Belohnen Sie sich.
- Üben Sie in kleinen Schritten.
- Loben Sie sich für jeden Fortschritt!

Selbstcheck:

Prüfen Sie Ihre Störfaktoren von außen	**oft**	**selten**	**nie**
Telefon	☐	☐	☐
Unterbrechung durch unangemeldete Besucher	☐	☐	☐
Wertlose Post	☐	☐	☐
Ablenkung, Lärm	☐	☐	☐
Unterbrechung durch den Chef	☐	☐	☐
Unterbrechung durch Mitarbeiter	☐	☐	☐
Unvorhergesehene, dringende Arbeiten	☐	☐	☐
Terminänderungen	☐	☐	☐
Plötzlich auftretende Hektik	☐	☐	☐
Unproduktive Teambesprechungen	☐	☐	☐
Faxgerät oder Drucker für die gesamte Abteilung	☐	☐	☐
Weitere:	☐	☐	☐

Meist haben Sie wenige Möglichkeiten, diese Störungen zu unterbinden, trotzdem hier einige Tipps auf der nächsten Seite!

Tipp

- **Störung durch Besucher:** Sie als Office-Mitarbeiter sind heute nicht mehr Alleinunterhalter. Wechseln Sie zu Beginn einige freundliche Worte (siehe auch 1.3), setzen Sie danach jedoch Ihre Arbeit fort, indem Sie es höflich und bestimmt ansprechen.
- Bieten Sie dem Besucher an, in der Zwischenzeit im Besprechungszimmer **Platz zu nehmen** oder offerieren Sie **Zeitschriften**.
- **Sitzgelegenheiten** in Ihrem Büro laden zum Verweilen ein. Im Stehen plaudert es sich nicht so lange wie im Sitzen. Bieten Sie dem Besucher stattdessen außerhalb Ihres Büros einen Platz an.
- Besprechen Sie mit Ihrem Chef **Lösungsmöglichkeiten**, wenn er alle paar Minuten eine Aufgabe für Sie hat und Sie dadurch aus Ihrer Konzentration gerissen werden. Grundsätzlich gehören Chefs und Mitarbeiter zu den internen Kunden, sie sind auch als solche zu behandeln. Bei zu häufigen Störungen jedoch haben Sie Vorrang. Denn Sie sollen ja die Ihnen übertragenen Aufgaben möglichst zügig und konzentriert erledigen!

Exkurs: Umgehen mit Stress

Was aber tun, wenn die Zeitplanung, trotz aller guten Vorsätze und Hilfsmittel, aus den Fugen gerät? Wenn sich die Störungen von außen häufen, wenn kein noch so gut gemeinter Ratschlag der Kollegen hilft?

Es gibt meist **nicht nur eine** Ursache für Stress. Nur mehrere Faktoren, die subjektiv als Problem eingestuft werden, wirken als Stressauslöser. Stress entsteht dabei nicht durch erledigte Aufgaben, sondern hauptsächlich **durch noch nicht erledigte Aufgaben**!

Checkliste zur Stressbewältigung

- [ ] **Formulieren Sie Ihr Hauptziel positiv:** Konzentrieren Sie sich auf das, was Sie wollen:
  z. B. „Ich möchte ruhig sein" statt: „Ich möchte nicht mehr so verspannt sein."
- [ ] **Lösen Sie Ihr Problem aktiv:** Ändern Sie, wenn nötig, Ihren Weg, jedoch nicht das Ziel.
- [ ] **Haben Sie Geduld mit sich selbst:** Denn Veränderungen stellen sich nicht sofort ein.
- [ ] **Richten Sie Ihre Aufmerksamkeit in Stresssituationen auf Ihre Körperhaltung und auf Ihre Atmung:** Eine gelöste Haltung verändert das unmittelbare Stresserlebnis.
- [ ] Nehmen Sie eine möglichst **entspannte Körperhaltung** (Wie fühle ich mich wohl?) ein, um Ihren Atem wieder fließen zu lassen.
- [ ] **Kontrollieren Sie Ihre Selbstgespräche, Ihren inneren Dialog.** Wer sich selbst immer nur Negatives sagt („Das ist ja wieder typisch, dass du das nicht schaffst…"), der glaubt sich selbst auch irgendwann.
- [ ] **Achten Sie auf Ihre Atmung.** Machen Sie bewusst einen tiefen Atemzug und sagen sich: STOPP. Atmen Sie dann langsam wieder weiter. Halten Sie in einer verfahrenen Situation den Atem für einige Sekunden an.
- [ ] **Beobachten Sie, welche äußere Reize Sie in Stress-Situationen bringen.** Richten Sie Ihre Aufmerksamkeit in solchen Situationen auf einen anderen Wahrnehmungskanal – z. B. auf den Raum, auf den Geruch, auf den Ton.
- [ ] Formen Sie das, was Sie ändern wollen, in Bilder: **Visualisieren Sie das Ziel** und führen Sie diesen Entwurf auch entsprechend aus.
- [ ] Setzen Sie auf **physische Stressbewältigung**, z. B.:
  - Entspannung, Autogenes Training, Brain-Gym
  - Sport, Massage, Sauna
  - Ausnützen der Erholungsphasen
  - Achtung vor Soforthilfen wie Essen, Alkohol, Nikotin, Medikamenten!
- [ ] Achten Sie auch auf **psychische Stressbewältigung**, z. B.:
  - positive Grundhaltung

- bewusste Konflikthandhabung
- Befreien vom Stress-Image
- Visualisierung
- NLP-Techniken

- ☐ Intensivieren Sie das **Setzen von Prioritäten**.
- ☐ Beachten Sie Ihre persönliche **Leistungskurve**, Ihren **Biorhythmus**.
- ☐ Verbessern Sie Ihre **Arbeitstechnik**.
- ☐ Nutzen Sie **Checklisten** für Routinearbeiten und sparen Sie so Zeit und Energie.
- ☐ Achten Sie auf eine **bewusste Kommunikation** – viele Probleme lassen sich gemeinsam leichter lösen.
- ☐ Unterstützen Sie die **aktive Teamarbeit** in Ihrem Umfeld.
- ☐ **Delegieren** Sie, wo möglich.
- ☐ Nützen Sie die **Motivation** von und durch Kollegen.
- ☐ Schaffen Sie **klare Organisationen und Abläufe**.
- ☐ Fordern Sie **klare Kompetenzen**.
- ☐ Helfen Sie mit, das **Betriebsklima** zu verbessern.
- ☐ Achten Sie stets auf das Erwerben von neuen Fähigkeiten und Kenntnissen durch **Schulungen**.
- ☐ **Leben Sie, statt immer nur gelebt zu werden!**

4.2 Positives Informationsmanagement

Eine wesentliche Ursache, warum gerade der Assistenzbereich immer als das Machtzentrum im Unternehmen angesehen wird, ist die Tatsache, dass hier sehr viele Informationen zusammenlaufen. Mitarbeiter mit diesem umfangreichen Informationsfluss gehören zu den bestinformierten Personen im Haus. Und Wissen ist bekanntlich Macht! Doch wie soll man mit dieser Macht umgehen? Wie werden gesammelte Informationen richtig verteilt? Wie gespeichert?

14 Grundregeln für ein positives Informationsmanagement:

1. Ermitteln Sie Ihren **Informationsbedarf** — wie viel Information benötigen Sie tatsächlich?
2. Betrachten Sie Ihre **Ablage-Arbeit** als notwendigen Mosaikstein Ihrer Informationsverwaltung.
3. Listen Sie Ihre internen und externen **Informationsquellen** auf und überprüfen Sie permanent die Effizienz der erhaltenen Informationen!
4. Gibt es in Ihrem Unternehmen ein **klar strukturiertes Berichtswesen** mit einheitlichen Formularen?
5. Überlegen Sie genau, **wer** die Informationen benötigt und wer sie erhalten soll.
6. Greifen Sie möglichst oft zu Telefon, E-Mail bzw. persönlichen Gesprächen, um die **Schriftmengen zu reduzieren**.
7. Erarbeiten Sie ein Managementhandbuch bzw. **Informationsrichtlinien** (auch über die Form der schriftlichen Weitergabe von Informationen).
8. Informieren Sie **rechtzeitig, genau und vollständig**.
9. Holen Sie bei der Informationsweitergabe **Feedback** ein – wurde auch alles richtig verstanden?
10. Bereiten Sie die Information **empfängerorientiert** auf.
11. Zerlegen Sie Information in **„verdaubare" Teile**.
12. **Formulieren** Sie klar, bestimmt und möglichst kurz (vor allem via E-Mail, siehe auch 2.8).
13. Informationen sind erst dann effizient, wenn sie zu einer **Aktion** führen!
14. **Zu viel Information blockiert die Kommunikation!**

Stopp

Hüten Sie sich vor **„Betriebsklatsch"**. Lassen Sie sich auch nicht für fremde Zwecke missbrauchen: Seien Sie weder **„Spion"** des Chefs noch der Kollegen.

Die Informationsaufbereitung

☑

Checkliste: Die tägliche Post

Briefe, Faxe, E-Mails bzw. interne Mitteilungen

- ☐ **Eingangsdatum** bei Briefen stempeln, lesen, elektronische Post tagesaktuell bearbeiten.
- ☐ **Wahrnehmen** – konzentriert und bewusst. Lesen Sie nur das, was für Sie wichtig ist!
- ☐ **Sortieren** z. B. nach:
  - Unterschriften,
  - Termine,
  - Berichte,
  - einzelne Geschäftsbereiche,
  - Allgemeines,
  - Lesestoff,

  wobei die Reihenfolge nach den Vorlieben des Chefs bzw. der entsprechenden Mitarbeiter erfolgen soll. Sortieren Sie aus, was z. B. Ihr Chef nicht erhalten muss.
- ☐ Achtung: Der Posteingangskorb der elektronischen Post ist keine geeignete Ablage für eingehende Sendungen, d. h. E-Mails dorthin verschieben, wo sie vom Inhalt her hingehören.
- ☐ **Sofort** entscheiden, was weiter passiert – interne Informationswege beachten.
- ☐ Unnützes eliminieren – bei wiederkehrenden Werbesendungen aus dem Verteiler streichen lassen. Auch **interne,** wertlose Post „abbestellen".
- ☐ Interne Post nach Möglichkeit **papierlos** bearbeiten. Versenden Sie dabei nur berufsbezogene Nachrichten!
- ☐ Wichtige Stellen **markieren, Vermerke oder Querverweise anbringen** (z. B. R für Rücksprache, T für Termine, WV für Wiedervorlage).

- ☐ Antwortschreiben gegebenenfalls vorbereiten und mit der Eingangspost weiterleiten.
- ☐ Briefe mit Terminen mit Vermerk versehen: Ist der Termin möglich?

Fachzeitschriften und Bücher:

- ☐ Welche Zeitschriften werden wirklich benötigt? Mit dem Chef abstimmen!
- ☐ Fachartikel zur Chefentlastung lesen – das eigene Fachwissen wird damit ebenfalls erhöht.
- ☐ Bei Unklarheiten über die Vorgangsweise den Chef fragen – signalisiert Interesse!
- ☐ Wichtiges herausnehmen und markieren.
- ☐ Ordnen Sie Bücher und Fachzeitschriften nach Sachgebieten und innerhalb der Sachgebiete, wenn möglich, nach Autoren.
- ☐ Nur, was wirklich weiter benötigt wird, kommt in die Ablage!

Tipp

Fragen Sie sich regelmäßig:

- Wie wird in Ihrem Unternehmen mit Informationen umgegangen?
- Verbringen Sie relativ viel Zeit mit dem Suchen nach Unterlagen?
- Haben Sie ein internes Berichtssystem?
- Notieren Sie einige empfehlenswerte Informationsquellen, Websites etc., die für Kollegen oder andere Mitarbeiter sinnvoll sein können.
- Definieren Sie den Informationsbedarf nach verschiedenen Anforderungen, etwa nach folgendem Schema:

Aufgabenstellung	**Was soll ich erhalten?**	**Was will ich wissen?**

Die Ablage

Selbstcheck: Prüfen Sie Ihre Ablage-Praxis

- [ ] Ich schiebe diese Tätigkeit gerne vor mir her.
- [ ] Ich finde nicht immer alles auf Anhieb.
- [ ] Eine Vertretung muss ich immer erst einweisen.
- [ ] Es ist mir irgendwie angenehm, wenn sich nicht jeder in meiner Ablage zurechtfindet.
- [ ] Manchmal kann ich mich nicht entscheiden, wo ich etwas ablegen soll.
- [ ] Ich sollte öfters aussortieren.
- [ ] Ich sammle Unterlagen, Prospekte, Zeitschriften etc., um sie später irgendwann zu lesen.
- [ ] Manchmal vergesse ich, alte Kataloge wegzuwerfen, obwohl ich schon neue abgelegt habe.
- [ ] Nicht alle Aufbewahrungsfristen sind mir bekannt.
- [ ] Meine elektronische Ablage hat ein anderes Ordnungsschema wie meine Papier-Ablage.
- [ ] Mein Ablageplan ist nicht vollständig.
- [ ] Auf meinem Schreibtisch gibt es immer einen kleinen Rest an Unterlagen, der sich nicht richtig zuordnen lässt.
- [ ] Wenn manche Schriftstücke nur lange genug liegen bleiben, haben sie sich erledigt und können weggeworfen werden.
- [ ] Bei manchen Unterlagen, die vertraulich zu behandeln sind, beschleicht mich ein ungutes Gefühl, weil sie nicht gesichert sind.
- [ ] Ich kämpfe immer wieder mit Kollegen, die etwas aus meiner Papier-Ablage entwenden und nicht mehr zurückgeben.
- [ ] Ablage ist eine meiner ungeliebtesten Tätigkeiten, am liebsten würde ich diese Aufgabe delegieren!

Waren Sie ehrlich zu sich selbst? Haben Sie Ihre Problemfelder identifiziert? Dann sind die folgenden Tipps für Sie.

Ein wesentlicher Teil eines effizienten Informationsmanagements ist eine klar strukturierte, vollständige Ablage. Auch wenn diese Tätigkeit zu den eher ungeliebten gehört – gerade das beweist Professionalität. Ein positives Informationsmanagement zählt mit zu den wichtigsten Aufgaben im Unternehmen. Nehmen Sie diese Aufgabe daher bewusst wahr.

Tipps zur Organisation Ihrer Ablage

Tipp

- Gliedern Sie Ihre Ablage **einfach, klar und verständlich**.
- Ihre Vertretung, Mitarbeiter und Chefs müssen sich genauso **zurechtfinden** wie Sie selbst.
- **Selektieren** Sie im Sinne einer professionellen Arbeitsplatzorganisation alle eingehenden Schriftstücke sofort nach Erhalt analog zu Ihren vorgegebenen Stichworten.
- Kopieren Sie gezielt. Richten Sie beispielsweise eine **Verteilermappe** in Ihrem Bürobereich ein, anstatt zahlreiche Kopien zu machen und zu versenden.
- Vermeiden Sie **Doppel- und Mehrfachablagen**! Arbeiten Sie besser mit **Querverweisen**.
- Führen Sie im Bedarfsfall **„Entliehen-Formulare"** ein, auf denen verzeichnet wird, wer wann was aus Ihrer Ablage entliehen hat.
- Vermeiden Sie Ordner mit **„Verschiedenes"** oder **„Diverses"**.
- Legen Sie sich eine **Mustersammlung** für interessante Beiträge oder Schriftstücke (z. B. Einladungen, Kondolenzschreiben etc.) an.
- Werfen Sie **uninteressantes Werbematerial** sofort weg oder bestellen Sie direkt an Sie oder die Firma adressierte Direct-Marketing-Schreiben ab.
- Verwenden Sie arbeitsgerechte Ablagemittel bzw. Datensicherungssysteme mit **deutlicher Beschriftung**, z. B.:
  - Pultordner, Hängeordner
  - Einzelmappen/Pendelregistratur (inkl. Reiter) Multifachmappen, Ordnungsmappen, Clip-Mappen
  - Mikrofilm, Mikrofiche
  - Disketten, CD-ROM, DVD, ZIP
- Gliedern Sie sämtliche Ablagemittel in **detaillierte Unterbegriffe** (Trennblätter bzw. Farbkennzeichnung oder Symbole)

- Sortieren Sie nach **Wertigkeiten**: Tageswert, Prüfwert, Gesetzeswert, Dauerwert.
- Nützen Sie die Vorteile der **elektronischen Ablage**, die Ihnen Outlook oder ein anderes System bieten.
- Nützen Sie die **Papierablage beispielsweise für alle eingehenden Schriftstücke und die Ablage über EDV für die ausgehenden**.
- Definieren Sie **einheitliche Ordnungskriterien,** indem Sie die elektronische Ablage auf Ihrem PC an Ihre Papierablage anpassen,
  z. B. Ordnen nach Alphabet (Namen, Fachbegriffe etc.)
  Ordnen nach Nummern
  Ordnen nach Zeit (chronologisch)
  Ordnen nach der Merktechnik
- Im **elektronischen Verzeichnis** sind Dokumente rascher lokalisierbar.
- Erstellen Sie einen **Ablageplan** bzw. definieren Sie Stichwörter zum einfacheren Auffinden bestimmter Dokumente.

Beispiel für einen Ablageplan

Ordnungssystem	Ablagekategorien	Aufbewahrungsort
alphabetisch	Kundennamen (A–Z)	Kasten 5 Sekretariat auch elektronisch
nummerisch	Kundennummern Ordnungsnummern (Protokolle)	Kasten 3 Chefzimmer Kasten 1 großes Archiv auch elektronisch
nach Geschäfts-gebieten	Vertrieb – Verkaufsprogamm – Warenverzeichnis	Schreibtischablage Vertriebssekretariat Kasten 2 Vertriebssekretariat

- Fixieren Sie Termine, zu denen Sie ablegen – machen Sie dabei einen Vertrag mit sich selbst. Lassen Sie nicht zu, dass Ihre eigene Ablage vernachlässigt wird.
- Sorgen Sie im Rahmen eines Aktenfluss-Schemas für die termingerechte und regelmäßige Verlagerung von Schriftgut in weitere Registraturformen (z. B. von der Büro-Ablage ins Zentralarchiv), und zwar unter Berücksichtigung der gesetzlichen und internen Aufbewahrungsfristen.

Tipp

Extra-Tipp (!)
Erziehen Sie Ihren Chef: Wenn er in seinem Zimmer ständig Schriftstücke hortet, richten Sie ihm einen eigenen Ablagekorb auf seinem Schreibtisch ein. Noch „besser erzogene" Chefs machen einfach auf die Dokumente bestimmte Zeichen – wobei z. B. ein A für Ablage in der rechten oberen Ecke schon genügt!

Stopp

Ordnerbeschriftungen, die Dokumente mit Sicherheit unauffindbar machen:

- Diverses
- Liegen lassen
- Erledigt sich von selbst
- Sonstiges
- Gehört nur mir
- Schmierpapier

Die elektronische Ablage

Wenn in einem Unternehmen oft unklar wird, wo sich ein Dokument befindet, Platzprobleme bestehen, Mehrfachablagen vorkommen und Akte nicht immer komplett sind, ist ein elektronisches Archiv als erster Schritt gefragt. Zwar finden sich nach wie vor die größten Mengen an Schriftstücken in Ordnern wieder, aber zunehmend können Unterlagen auf Datenträger aussortiert werden. Nützen Sie diese platz- und kraftsparende Variante.

Was muss ich vorweg klären?

(auch als Grundlage zur Zusammenarbeit mit externen Anbietern für elektronische Ablagesysteme gedacht):

- Erstellung eines Konzepts (Dokumentenmanagement, Workflow bzw. Aktenfluss-Management) zur Archivierung im Gesamtkontext des Unternehmens (siehe auch Seite 227):
  - Unternehmensinformationen
  - Erkennen der Ist-Situation
  - IT-Umfeld
  - Konzeption Soll-Szenario (welche Unterlagen sollen wann für wen sichtbar, verfügbar, bearbeitbar sein, welche Fristen müssen beachtet werden?)
  - Dimensionierung
  - Ressourcen

- Erstellen eines Anforderungskatalogs für den Projektstart
- Echtbetrieb Archivierung
- Manöverkritik und Weiterentwicklung – Fehlerbehebung

Dokumente und Schriftstücke sollten auch im **elektronischen Archiv** nach der klassischen Gliederung:

- Tageswert
- Prüfwert
- Gesetzeswert
- Dokumentationswert/Dauerwert
- Erinnerungswert

eingegeben werden.

Definieren Sie danach die **Ablageformen** (html, ftp bzw. pdf), einen **Ablageplan** bzw. die jeweiligen **Zugriffsberechtigungen**.

Legen Sie zusätzlich **Kontrolltermine** fest, zu denen bestimmte Unterlagen von einer Registraturstufe in die nächste verlagert werden, um freien Speicherplatz zu erhalten.

Tipp

Nützen Sie die Möglichkeit, Dokumente direkt in ein pdf-Format zu kopieren und so papierlos abzulegen.

Checkliste zur Organisation Ihrer E-Mail-Ablage

- ☐ Gehen Sie bei der Installation Ihrer Ablage vom Explorer aus und gliedern Sie übersichtlich, um das Umsortieren zu erleichtern. Gliedern Sie so einfach wie möglich mit höchstens zwei Unterverzeichnis-Stufen.
- ☐ Wählen Sie treffende, prägnante Bezeichnungen bzw. Abkürzungen für Ihre elektronischen Ordner – möglichst nach dem gleichen System wie die Papier-Ablage. Benennen Sie eingehende Inhalte und Dokumente, die Sie ablegen wollen, nach Ihrer immer gleich bleibenden Systematik um.
- ☐ Definieren Sie die Zugriffsberechtigungen für Ihre persönliche E-Mail-Ablage.
- ☐ Wichtig ist eine geordnete Ablage für eingehende E-Mails – nicht Mail und Ausdruck doppelt ablegen! Ordnen Sie wie auf Ihrem Schreibtisch bzw. in Ihrer Arbeitsplatzablage.
- ☐ Legen Sie Ihre E-Mail-Nachrichten zügig ab, damit sich im Posteingang lediglich aktuelle Nachrichten befinden. Bearbeiten Sie jede Nachricht nach Möglichkeit nur ein Mal.
- ☐ Archivieren oder kennzeichnen Sie E-Mails extra zur Weiterbearbeitung (z. B. in einem speziellen Ordner „Antwort“).
- ☐ Bilden Sie die Organisation Ihrer Papierablage auch im E-Mail-Ordner ab, um das Suchen und Finden zu erleichtern.
- ☐ Legen Sie nicht direkt im Posteingang ab, sondern in Ihren persönlichen Ordnern auf der Festplatte.
- ☐ Legen Sie regelmäßig auch in Ihren persönlichen Ordnern oder in Datenbanken ab – EDV-Ablage ist nichts „Totes“, sondern Grundlage Ihres Wissensmanagements.
- ☐ Achten Sie bei Ihrem Ablage-System auf eine schnelle Zugriffsmöglichkeit, auf Überschaubarkeit und auf einen für Ihren Arbeitsbereich sinnvollen Aufbau.
- ☐ Achten Sie bei Ihrer E-Mail-Ablage auf eine logische und chronologische Systematik.
- ☐ Legen Sie auch elektronisch alles nur ein Mal ab, löschen Sie alle Nachrichten, die Sie nicht brauchen, oder speichern Sie sie über ein anderes Medium ab.
- ☐ Vermeiden Sie Ordner für „Verschiedenes“ oder „Diverses“ in Ihrer elektronischen Ablage.
- ☐ Vergessen Sie bei der elektronischen Ablage nicht das regelmäßige Entleeren des Papierkorbs, um nicht notwendige Speicherkapazitäten zu binden!

- Schützen Sie „Top-Secret-Dokumente" mittels eines Passworts.
- Originalunterlagen sollten Sie stets unangetastet lassen; speichern Sie das Original und bearbeiten Sie die Kopie davon (mit neuem Dateinamen). Damit stehen Ihnen Originale zum Nachvollziehen zur Verfügung.
- Legen Sie Poststücke, die Sie einscannen, nicht in einem eigenen Ordner ab, sondern unter der betreffenden Thematik.
- Bearbeiten Sie mindestens ein Mal monatlich Ihr Fach „Gelöschte Nachrichten" bzw. „Gesendete Nachrichten", indem Sie notwendige Inhalte im jeweiligen Ablageordner speichern oder ganz löschen.
- Installieren Sie nicht funktionale allgemeine Ordner, wie z. B. Korrespondenz, Protokolle, Berichte, sondern unbedingt **prozessorientiert** nach dem jeweiligen Projekt oder Geschäftsbereich:

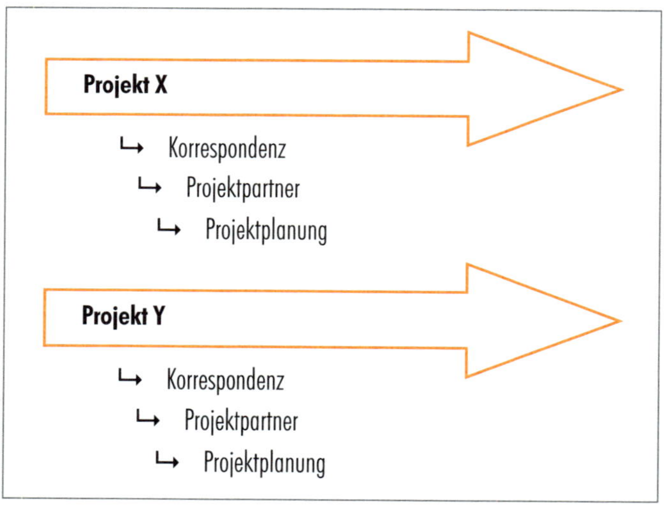

- Erarbeiten Sie die Kriterien bzw. Bereiche Ihrer elektronischen Ablage, z. B.
  - Ordnen nach Alphabet (Namen, Fachbegriffe etc.)
  - Ordnen nach Nummern
  - Ordnen nach Zeit (chronologisch)
  - Ordnen nach Hauptgruppen (laufende Projekte, Kunden etc.)
  - Ordnen nach Untergruppen (Anfragen, Meetings, Angebote etc.)

Exkurs: E-Mail-Verwaltung im Outlook

E-Mails im Outlook auf Wiedervorlagen legen

Zur Organisation Ihrer E-Mails ist es hilfreich, die Möglichkeiten im Outlook zu nützen.

Gehen Sie wie folgt vor, um ein Meldungsfenster zum festgesetzten Datum bzw. Uhrzeit zu erhalten:

1. Öffnen Sie die betreffende E-Mail-Nachricht.
2. Klicken Sie auf das Symbol „Zur Nachverfolgung" bzw. definieren Sie eine von Ihnen gewählte Bezeichnung.
3. Klicken Sie auf den „Dropdown-Pfeil" am rechten Ende des Felds FÄLLIG und wählen im eingeblendeten Kalender ein Wiedervorlage-Datum bzw. eine Uhrzeit.
4. Bestätigen Sie die Eingaben mit OK und schließen Sie das Fenster.

E-Mails archivieren

Archivieren Sie Ihre E-Mails aus dem Posteingangsordner, indem Sie im Outlook

1. auf das Menü „Datei auf Archivieren" klicken;
2. in der Zeile „Elemente archivieren, die älter sind als:" rechts auf den Pfeil und im Kalender auf das gewünschte Datum klicken;
3. unter der Rubrik „Archivdatei" erhalten Sie einen Vorschlag, unter welchem Namen und wo die Archivdatei gespeichert werden soll. Unter „Durchsuchen" können Sie ein anderes Verzeichnis, ein anderes Laufwerk oder einen anderen Namen wählen.

Wir empfehlen Ihnen, im Dateinamen Wort und Datum oder Zahl zu kombinieren, um eine schnellere Auffindbarkeit zu garantieren.

Organisieren Sie insgesamt Ihren Posteingang über den Regel-Assistenten, indem Sie festlegen, wie beispielsweise mit Werbe-Mails, Mails von bestimmten Mitarbeitern bzw. Absendern oder von Ihrem Chef verfahren werden soll.

Organisation des Posteingangs

Organisieren Sie Outlook nach Ihrem Bedarf, indem Sie in der Outlook-Leiste Ihre eigenen Ordnergruppen anlegen und sie damit spontan zur Verfügung haben.

4.3 Wissensmanagement

Wissen ist zu einem der wesentlichsten Produktionsfaktoren unseres Zeitalters geworden. Wissen entsteht nicht nur in den einzelnen Menschen, sondern auch durch die Interaktion einer Vielzahl von Menschen und Umwelten. Das so entstandene Wissen ist jedoch nur dann im Unternehmen nutzbar, wenn derjenige, der Teile davon benötigt, diese auch findet. Im Sinne von Zielgruppenzentrierung, Reaktionsvermögen und Logistik der Daten ist die Implementierung eines geeigneten Systems zum Verwalten dieses Wissens daher entscheidend. Im Wesentlichen geht es darum, das Wissensmanagement innerhalb einer Organisation mit einem schnellen und effizienten Zugriff zu garantieren.

Wissen kann im Gegensatz zu Daten und Informationen nicht unabhängig von Personen gespeichert werden. Wissen hat Handlungsrelevanz. Daten sind codierte Beobachtungen und damit grundsätzlich uneingeschränkt erfassbar.

Auf dem Gebiet der technischen Infrastruktur wird eine Menge angeboten. Doch Software, wie Dokumentenmanagement-Systeme, Workflowsysteme oder Wissensmanagement-Tools, alleine sind zu wenig. Büroorganisation, Arbeitsdokumentation, Ablagesysteme, Dokumentenmanagement, der elektronische Akt u. Ä. sind Teile des Wissensmanagements.

Ziele eines effizienten Wissensmanagements im Unternehmen (vgl. dazu Loisel):

- Wissen für alle Mitarbeiter und Beteiligten zur Verfügung zu stellen
- Bewahrung von Informationen durch Aufbau eines Wissensportals mit den Teilen Recherche, Diskussionsforen, Web-Dokumentenrepository, Vernetzung
- Transparenzsteigerung
- Aus Fehlern lernen zu können (Fehlerprävention, Fehlerbehebung)
- Nutzungsgrad des vorhandenen Wissens zu erhöhen, potenzielle Wissensquellen zu identifizieren und verfügbar zu machen
- Aufbereitung von Wissen als Basis für Managementstrategien

Der Kreislauf des Wissensmanagements (nach Probst)

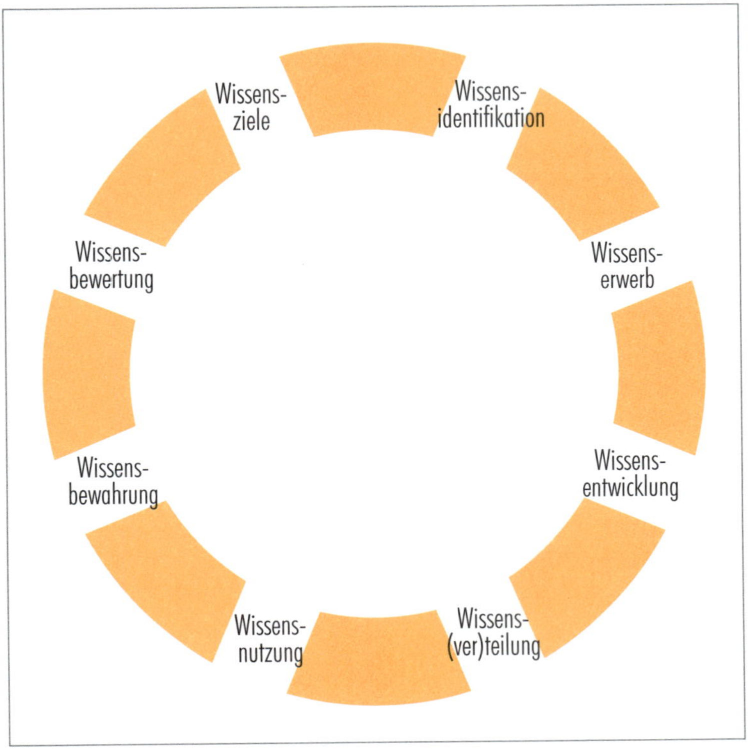

Wissensmanagement umfasst alle Maßnahmen der aktiven Gestaltung, Entwicklung und Lenkung von Wissen

Dokumenten-Management-System (DMS)

Im DMS werden Dokumente digital verwaltet, archiviert und indexiert. Im Unterschied zur Papierablage können Dokumente so nach vielen unterschiedlichen Kriterien geordnet und wieder gefunden werden.

Grundvoraussetzung für eine Umstellung auf ein DMS ist jedoch immer eine gut strukturierte Papierablage (siehe auch Seite 219).

Vorteile:

- Dokumente werden rasch gefunden
- Sie sparen Archiv- und Speicherplatz

- Sie sparen Papier
- Sachverhalte können unverzüglich und vor Ort geklärt werden
- Kein Kopieren, kein Verteilen, keine Fehlzeiten mehr
- Akten können beim Verleihen nicht mehr verschwinden
- Größtmögliche Transparenz im Unternehmen
- Wird in einem Originaldokument etwas geändert, können alle anderen betreffenden Dokumente als „logische Kopien" ebenfalls geändert werden
- Eine Versionsverwaltung dokumentiert die Entwicklung und Veränderung eines Dokumentes
- Via www kann standortunabhängig von dafür autorisierten Mitarbeitern auf Dokumente zugegriffen werden – dadurch werden die Mitarbeiter vor Ort im Büro entlastet
- Zugriffsrechte sichern vertrauliche Daten

Was ist neu?

- Dokumente werden innerhalb des DMS erstellt
- Es wird elektronisch archiviert
- Die Archivierung erfolgt anhand von Dokumentenmerkmalen – Attributen
- Diese Attribute werden in Masken erfasst, die der Wiederauffindung dienen
- Diese Attribute müssen zu Beginn des Bearbeitungsprozesses eingegeben werden – manchmal sehr zeitaufwendig!
- Je genauer indexiert wurde, desto besser ist ein späteres Suchergebnis.
- Im Zweifel steht auch eine Volltextrecherche zur Verfügung.

Wie können solche Attribute aussehen?

- Name des Empfängers/Absenders
- Dokumententyp (Protokoll, Rechnung, Angebot, Vertrag, Plan etc.)
- Datum
- Betreff
- Fortlaufende Dokumentennummer
- Stichwort zum Inhalt
- Struktur laut Aktenplan

Vor allem in Bereichen, wie Banken, Versicherungen und öffentliche Verwaltung findet der elektronische Akt immer mehr Verbreitung. Den zunächst hohen Kosten der Einführung stehen eine wesentlich größere Effizienz und eine höhere Kundenorientierung gegenüber.

Workflow-System

Workflow bedeutet kurz zusammengefasst eine Lenkung der Geschäftsprozesse und Abläufe eines Unternehmens. **Ein Workflow-Management-System bildet wiederkehrende, strukturierte Arbeitsabläufe ab und kontrolliert die Weiterleitung von Dokumenten.** Es steuert die Vorgänge elektronisch und kann alle Dokumente, Informationen und Aktionen in die einzelnen Arbeitsschritte einbinden und autorisierten Mitarbeitern zuordnen. Die Grundlage des Worksflows sind Prozess- und Vorgangsbeschreibungen.

Im Mittelpunkt eines Workflow-Management-Systems steht der elektronische Akt.

Er wird dem beteiligten Mitarbeiter in den elektronischen Postkorb zugeteilt. Die Bearbeitungsdauer ist messbar und transparent. Es ist jederzeit feststellbar, in welchem Bearbeitungsstadium sich ein elektronischer Akt gerade befindet.

Workflow-Management-Systeme sind vor allem dort sinnvoll, wo viele Mitarbeiter bzw. bearbeitende Stellen an einem Ort bzw. auch sogar länderübergreifend in einen Vorgang einbezogen werden sollen (z. B. Krankenhausinformationssystem für die Zusammenarbeit Krankenhaus–Krankenkasse–niedergelassener Arzt, andere Kliniken, Apotheken, ambulante Pflege).

Durch die Kombination eines durchdachten Dokumentenmanagementsystems und eines integrierten Workflows kann ein optimaler Nutzen für alle beteiligten Gruppen im Unternehmen erreicht werden.

4.4 Projektmanagement im Office

Das Wort „Projekt“ wird von vielen Mitarbeitern als Bedrohung empfunden. Es wird gleichgesetzt mit mehr Arbeit, großem Termindruck, viel Hektik, endlosen Meetings und viel Kritik hinterher. Trotz dieser Widerstände setzt sich die Organisation der Aufgaben in Projektform immer mehr durch.

✔ **Projektmanagement ist eine Organisationsform für die effiziente Durchführung von besonderen Aufgabenstellungen**.

Was sind besondere Aufgabenstellungen?

- Planungs- und/oder Realisierungsaufgaben mit **komplexem Inhalt**.
- Sie haben einen genau **definierten Anfangszeitpunkt**.
- Sie haben einen genau **definierten Endzeitpunkt**.
- Es sind dafür bestimmte (außerordentliche) **Mittel** (Ressourcen) notwendig.
- Es besteht ein bestimmter **Budgetrahmen**.
- Die **Aktivitäten mehrerer Personen** sind erforderlich.
- **Mehrere Bereiche eines Unternehmens** sind davon betroffen.
- Es bestehen genaue **Zielvorstellungen** über das Endergebnis.

Solche Aufgaben erledigen sich nicht einfach von selbst – sie erfordern genaue

- **Planung**
- **Organisation**
- **und Überwachung der Umsetzung**.

Mit anderen Worten: **Sie erfordern Projektmanagement!** Doch Projektmanagement darf nicht zu Überorganisation führen. Solche als „Projekte“ definierte Aufgaben müssen organisatorisch und personell eindeutig von anderen Maßnahmen und dem Tagesgeschäft abgegrenzt werden. Speziell im Office-Bereich läuft Projektarbeit neben dem Tagesgeschäft, der Office-Mitarbeiter ist also selten ausschließlich für ein Projekt tätig, er muss die Projektarbeit vielmehr in seine „normale Tätigkeit“ integrieren.

Ablauf eines Projekts

1. Die Projektinitiative

Unter Projektinitiative versteht man die Summe aller Aktivitäten, die vor der eigentlichen Projektbeauftragung erfolgen. Dazu gehören:

- Ideensammlung
- Ideenprüfung
- Ressourcenprüfung
- Terminprüfung
- Prioritätensetzung

Diese Initiative kann von jedem Mitarbeiter ausgehen, sie muss nicht immer vom Vorgesetzten initiiert werden.

2. Der Projektauftrag

Nach Überprüfung der Projektwürdigkeit kommt es zum tatsächlichen Auftrag, ein Projekt durchzuführen, wenn sich die Aufgabenstellung als „projektwürdig" herausgestellt hat. Der **Auftraggeber** stammt dabei meist aus dem Linienmanagement (Abteilungsleitung, Geschäftsführung). Wichtig ist, dass es nur einen Auftraggeber gibt, um den Projektauftrag so klar wie möglich zu definieren. Als **Auftragnehmer** wird die Projektleitung bestimmt.

Der Projektauftrag enthält die Beschreibung aller Elemente, die zur Durchführung notwendig sind:

- Projektbezeichnung
- Ausgangssituation
- Arbeitsziel
- Arbeitsinhalt
- Vorgehen
- Meilensteine
- Budget
- Arbeitsstruktur
- Projektinformation und -dokumentation
- Spezielle organisatorische Rahmenbedingungen/Steuerungselemente

Der Auftraggeber trägt die Verantwortung für Sinn und Nutzen des Projekts (Zielsetzung), der Projektleiter trägt die Verantwortung für die Durchführung.

3. Die Projektdurchführung

Projektziel:

Zunächst muss das Projektziel klar definiert werden. Wie soll der Endzustand aussehen? Welches konkrete Ergebnis wollen wir erreichen? Vor allem Qualität, Termine und Kosten müssen festgelegt werden. Projektziele sollen widerspruchsfrei, transparent und überprüfbar sein. Sie sollten regelmäßig überprüft und notfalls angeglichen werden. Eine permanente Abstimmung zwischen Auftraggeber und Projektleiter bzw. zwischen Projektleiter und Team ist ebenfalls notwendig.

✔ **Ein klar definiertes Ziel ist die wichtigste Grundvoraussetzung für einen erfolgreichen Projektverlauf!**

Die Ziele und die entsprechende Zielhierarchie des Projekts müssen allen Projektmitarbeitern bekannt sein.

Zwischen Auftraggeber und Projektleiter sollte eine regelmäßige **„Zielkontrolle“** vereinbart werden.

Stopp

Vorsicht: Oft existieren „verborgene Ziele" – bewusste oder unbewusste Erwartungen, Befürchtungen oder einfach nicht klar ausgesprochene Widerstände.

Pflichtenheft:

Die Ziele bestimmen die weitere Planung, das „Pflichtenheft“ als Grundlage dafür wird daraus abgeleitet. Das Pflichtenheft ist ein arbeitstechnisches Hilfsmittel zur Durchführung des Projekts.

Inhalte des Pflichtenheftes:

- Konkrete Beschreibung der Ziele nach quantitativen und qualitativen Kriterien
- Auflistung der zu erbringenden Arbeiten
- Beschreibung der benötigten Ressourcen
- Beschreibung von Methoden und Vorgehensweisen
- Zeitplan
- Art der Kontrolle, Überprüfung und Berichterstattung

Projektplanung:

Richtige Planung ist die Basis erfolgreicher Projektarbeit. Sie schafft die Grundlage für die Steuerung des Projekts und minimiert das Risiko eines Fehlschlags.

Die Planung umfasst dabei Art und Umfang der Leistung, den dafür notwendigen Zeitaufwand, die Termine sowie die notwendigen Ressourcen, deren Beschaffung und Einsatz, den dadurch entstehenden Aufwand und die notwendigen Investitionen.

Projekt-Planungsinstrumente:

- **Strukturplan:** Das Projekt wird in Teilprojekte und **„Arbeitspakete"** zerteilt bzw. aufgesetzt.

  Inhalt eines Arbeitspaketes:
  - Beschreibung der Aufgabe
  - Verantwortlicher
  - Dauer der Bearbeitung
  - frühester/spätester Arbeitsbeginn
  - frühester/spätester Endtermin
  - Ressourcen, Material
  - Kosten
  - Schnittstellen zu anderen Paketen
  - Risiken
- **Meilensteine:** Das sind Ereignisse mit besonderer Bedeutung für das gesamte Projekt oder für das Arbeitspaket.

  Sie sind als Termine Teil der Planung (z. B. Anfang und Ende von Arbeitspaketen, Präsentation des Projektfortschritts beim Auftraggeber).

  Zur Kontrolle dient die **Meilensteintrendanalyse**. Sie liefert rechtzeitig die Information, dass ein Korrekturbedarf entstanden ist, noch bevor echter Schaden entstehen kann.
- **Phasengliederungsschema:** Das Projekt wird in zeitliche und logische Unterabschnitte unterteilt. Ziel ist das rechtzeitige Erkennen von Fehlentwicklungen durch zeitlich fixierte Soll/Ist-Vergleiche. Die Übersichtlichkeit der Abläufe geht somit nicht verloren.
- **Balkenplan/Netzplan:** Dabei erfolgt eine detaillierte Darstellung aller Abläufe. Der Balkenplan zeigt die zeitliche Erstreckung von Arbeitspaketen – Beginn und Ende eines Vorgangs – in einer Zeitachse. Diese Darstellungsform ist einfach und ohne großen Erstellungsaufwand möglich. Die Abhängigkeiten der Arbeitspakete untereinander können jedoch dabei nicht erfasst werden.

  Im Netzplan lassen sich Abläufe logisch und systematisch erfassen, wobei Zeit, Kosten und gegenseitige Beeinflussungen dargestellt werden können. Diese Form der Planung zwingt zum logischen Durchdenken des gesamten Projektablaufs und bietet eine gute Übersicht durch die graphische Darstellung und Visualisierung der Risikobereiche. Es handelt sich dabei jedoch um ein sehr komplexes Planungsinstrument, das einen großen Aufwand erfordert und oft auch nicht sehr übersichtlich ist. Gute Software hilft dabei entscheidend.

- **Kostenanalyse:** Hier werden sowohl die **direkten Projektkosten,** z. B. Angebotserstellung, Planung, Personal, Material, wie auch die **laufenden Kosten**, z. B. Kosten für Raummiete, Infrastruktur, Entsorgung, erfasst.
- **Risikoanalyse:** Was kann das Projekt gefährden? Die meisten Risiken liegen dabei in der Startphase eines Projekts! Die Kriterien zur Beurteilung von Risiken sind dabei:
  - die Wahrscheinlichkeit des Eintretens
  - die Schadenshöhe
  - der Einfluss auf andere Elemente des Projekts
  - die Gefahr für den Gesamterfolg
  - die Möglichkeiten zur Kontrolle/Vermeidung

Zeitplan:

- **Projektstart:** Der Projektstart ist der erste große Meilenstein im Projektverlauf – von ihm hängt oft schon ab, wie sich ein Projekt entwickeln wird. Wichtig dabei ist die richtige Einbettung in das gesamte Unternehmensgeschehen: Stehen die benötigten Mitarbeiter zur Verfügung? Sind alle Vorbereitungen abgeschlossen?

  Danach erfolgt meist eine **Start-up-Sitzung**. Sie stellt einen wichtigen Faktor zur Teambildung dar und sollte daher besonders genau und gewissenhaft vorbereitet werden. Diese Aufgabe fällt auch oft in den Bereich der Office-Mitarbeiter. Ziel dabei ist das Schaffen eines einheitlichen Informationsstandes und das Vorstellen aller wichtigen Fakten, Instrumente und Zusammenhänge. Der Mitarbeiter bekommt dabei die nötige Zeit, sich mit den Zielen und Inhalten des Projekts zu identifizieren und so motivierter zu beginnen. Die **„emotionale Qualität“** solcher Meetings bestimmt für längere Zeit das Klima im Projektteam und beeinflusst wesentlich die Arbeitsqualität.
- **Zeitplan:** Der Zeitplan wird durch von außen vorgegebene Termine, von internen Terminen, von der Zeitdauer der Arbeitspakete, den frühest- bzw. spätestmöglichen Anfangs- und Endterminen von Arbeitspaketen und den Abhängigkeiten und Bedingungen der Arbeitspakete untereinander bestimmt. Wichtig ist auch das vorherige Festlegen, welche Maßnahmen bei einer Terminabweichung ergriffen werden sollen. Unbedingt notwendig ist das Einbauen von **Pufferzeiten**: Sie sind die

Spanne zwischen frühestem und spätestem Start- bzw. Endtermin. Sie ermöglichen eine gewisse Flexibilität.

Tipp

Diese Pufferzeiten sollten im Sinn einer realistischen Zeitplanung möglichst an den Endtermin verlegt werden.

- **Projektende:** Ein erfolgreiches Projekt hat auch einen organisierten Projektabschluss. Das Ergebnis wird präsentiert und die Projektmitarbeiter haben die Möglichkeit, gemeinsam das Projekt zu reflektieren. Wichtig dabei ist die **Erfahrungssicherung als Datenpool** für spätere Projekte, um aus den Fehlern zu lernen.
- Der Projektabschlussbericht beinhaltet:
  - Beschreibung des Projekts
  - Verweis auf andere Quellen und Informationen (z. B. ausführliche Dokumentation im Archiv)
  - Beschreibung der verwendeten Methoden und Hilfsmittel
  - Bewertung der gesammelten Erfahrungen
  - Kurze Zusammenstellung der wichtigsten Aspekte: Was war förderlich, was war hinderlich, wo waren wir besonders erfolgreich?
  - Zusammenfassung

4. Die Projektüberwachung

Ziel der Projektüberwachung ist der Vergleich der Ist-Daten mit den Planwerten, das Aufzeigen von Abweichungen und die Analyse ihrer Ursachen sowie die laufende Aktualisierung der Planung. Überwacht werden dabei konkret der Projektfortschritt, die Einhaltung der Termine, die Verwendung und Nutzung der Ressourcen und besonders die Kostenentwicklung.

Grundvoraussetzung für eine effiziente Projektüberwachung ist dabei eine aktuelle, vollständige und aussagekräftige Ist-Datenerfassung. Diese Aufgabe fällt häufig in den Kompetenzbereich der Office-Mitarbeiter. Sie sind nicht nur immer häufiger in Projektteams mit einbezogen, sie übernehmen auch immer öfter die Leitung oder die Kontrolle eines Projekts.

Stopp

Kontrolle,

- die vorher nicht mit allen Beteiligten abgestimmt wurde,
- die heimlich erfolgt,
- die als Bedrohung statt als Hilfe gesehen wird!

5. Das Projektberichtswesen

Vorweg der wichtigste Grundsatz für jede Form von Berichtswesen:

✔ ***So viel Bericht wie nötig, so wenig Bericht wie möglich!***

Das Berichtswesen, das ein Projekt dokumentiert und somit begleitet, umfasst im Wesentlichen **drei Bereiche:**

- projektinterner Informationsaustausch
- projektexterner Informationsaustausch
- Projektdokumentation

Vor dem Projektstart muss schon klar festgelegt sein, wer was wann an wen und in welcher Form berichtet! Die Richtlinie dabei ist: Wie **nützt** die Information den Betroffenen? Das wichtigste Instrument ist dabei immer noch das laufende Gespräch – es kann „anlassbezogen" oder als bloße „Kontaktpflege" erfolgen. Gesprächsnotizen werden dabei in ein **Projekttagebuch** eingetragen.

Mit jedem Projekt sind auch diverse **Meetings** verbunden – effiziente Vorbereitung, Durchführung und Nachbearbeitung sichern dabei den Projekterfolg.

Die Projektdokumentation

Sie umfasst alle wichtigen Unterlagen und Daten eines Projekts und ist meist ein fixer Auftragsbestandteil. Sie sichert die Verständlichkeit, die Nachvollziehbarkeit und das Auffinden der Unterlagen.

Inhalte:

- Planung
- Abwicklung (Berichte, Besprechungsunterlagen, allgemeiner Schriftverkehr)
- Änderungen/Status (z. B. nach dem Ampel-System)
- Abschlussbericht

Praxis-Beispiel

Folgendes Schema soll als Hilfe zum Erstellen der Info-Richtlinien dienen. Adaptieren Sie diese Tabelle an Ihren konkreten Bedarf!

	Häufigkeit					Info von								Info an							
	t	w	m	b	e	A	P	T	eM	iM	B	L	S	A	P	T	eM	iM	B	L	S
Pflichtenheft																					
Projektplanung																					
Berichtswesen																					
Protokoll																					
Schriftverkehr intern																					
Schriftverkehr extern																					
Sitzungen																					
Medien, Zeitungen																					
Pläne																					
Gutachten																					
Verträge																					
Gesprächsnotizen																					
Ablagen																					
Ordner																					
Rechnungswesen																					
Entscheidungen																					
Daten(-zugriff)																					
Terminkontrolle																					
Kostenkontrolle																					
Änderungen																					
Vertretung																					
Urlaubsplan																					
Einsatzplanung																					

Abkürzungen:

Häufigkeit:
t – täglich
w – wöchentlich
m – monatlich
q – quartalsmäßig
b – bei Bedarf
e – nach Erhalt

Info von/an:
A – Auftraggeber
P – Projektleiter
T – Teilnehmer
eM – externe Mitarbeiter
iM – interne Mitarbeiter
B – Behörden
L – Lieferanten
S – Sonstige

Stopp

Gefahr für jedes Berichtswesen: Großer Zeitaufwand für viel Papier, das kaum gelesen wird!

6. Die Präsentation des Projektstatus

In dieser wichtigen Phase geht es darum, komplexe Prozesse sichtbar zu machen und Information zielorientiert aufbereitet darzustellen. Diese Präsentation liefert Diskussions- und Entscheidungsgrundlagen für dieses und weitere Projekte. Sie bietet den Orientierungsrahmen für die Projektmitarbeiter und erhöht so den internen und externen Stellenwert. Sie macht den Erfolg eines Projekts erst transparent. Mitarbeiter im Office sind dabei eine wesentliche Stütze des Projektverantwortlichen.

Checkliste zur Projektpräsentation

- [ ] **Genaue Vorbereitung**
  - Welchen Wissensstand haben die Teilnehmer, wo ist der gemeinsame Ausgangspunkt?
  - Welche Botschaft will ich vermitteln? Welchen Nutzen?
  - Welche Schwerpunkte und Kernaussagen, welche Argumente?
  - Welche Form wähle ich?
  - Welche Unterlagen benötige ich?
  - Welche Visualisierungshilfen?
- [ ] **Orientierung am Zuhörer**
- [ ] **Die Form festlegen**
  - Induktiver Aufbau: Mit einem konkreten Beispiel beginnend, Schritt für Schritt nach „außen“ zur Kernaussage
  - Deduktiver Aufbau: Kernaussage wird nacheinander in verschiedene Beispiele und Argumente zerlegt und begründet
- [ ] **Visualisieren – mit Sprache und Bild**
- [ ] **Klare und aussagekräftige Darstellungen**
- [ ] **Sparsame Animation und Effekte**
- [ ] **Schriftgröße für alle lesbar**
- [ ] **Konkrete Aussagen**
- [ ] **Kurz fassen (maximal fünf Grundgedanken)**
- [ ] **Ersten und letzten Eindruck besonders beachten**
- [ ] **(Blick-)Kontakt zum Publikum halten**
- [ ] **Natürliche Gestik und Mimik**
- [ ] **Richtiges Sprechtempo**
- [ ] **Professionelle Einwandbehandlung**
- [ ] **Argumente für Vorgesetzte „mitliefern“**

Checkliste: Der geeignete Projektmitarbeiter

- ☐ Er/Sie kennt und versteht die Aufgaben des Projekts.
- ☐ Er/Sie kennt das Unternehmen.
- ☐ Er/Sie ist für die Aufgabe qualifiziert.
- ☐ Er/Sie bringt großen Einsatzwillen mit.
- ☐ Er/Sie hat die nötige Zeit.
- ☐ Er/Sie hat Erfahrung mit und Freude an der Gruppenarbeit.
- ☐ Er/Sie ist konfliktfähig.
- ☐ Er/Sie bringt auch unmögliche Ideen ein.
- ☐ Er/Sie kennt und hält sich an die Spielregeln der Gruppe.
- ☐ Er/Sie beherrscht die nötige Software.
- ☐ Er/Sie muss sich nicht auf Kosten anderer profilieren.
- ☐ Er/Sie ist ein Kommunikationsprofi.

Checkliste: Projektwürdigkeitsprüfung

A) Muss-Kriterien

- [ ] Einmaligkeit, Neuartigkeit
- [ ] Komplexer Inhalt
- [ ] Definierter Anfang
- [ ] Definiertes Ende
- [ ] Übergreifendes Thema, interdisziplinär

B) Kann-Kriterien

- [ ] Termindruck vorhanden
- [ ] Abgegrenzte Dauer
- [ ] Budget festgesetzt
- [ ] Große Wichtigkeit
- [ ] Großer Neuheitsgrad
- [ ] Risiko

C) Soziale Kriterien

- [ ] Mehrere Mitarbeiter sind am Projekt beteiligt
- [ ] Mehrere Abteilungen sind daran beteiligt
- [ ] Mehrere Mitarbeiter sind vom Ergebnis betroffen
- [ ] Mehrere Abteilungen sind vom Ergebnis betroffen
- [ ] Die Handlungen und Entscheidungen des Projektumfeldes sind mitbestimmend
- [ ] Konkurrenz zwischen projektinternen und -externen Ressourcen

Checkliste: Projektanalyse

- ☐ Was wollen wir erreichen?
- ☐ Was ist bei der Bearbeitung wichtig?
- ☐ Was ist im Einzelnen konkret zu machen?
- ☐ Wie machen wir es?
- ☐ Wie soll die Qualität sein?
- ☐ Wer sind die Teammitglieder?
- ☐ Wer macht was?
- ☐ Wer arbeitet mit wem?
- ☐ Was ist bereits vorhanden?
- ☐ Wie sind die externen Rahmenbedingungen?
  - Welche Termine gibt es?
  - Starttermin?
  - Endtermin?
  - Zwischentermine?
  - Fixe/flexible Termine?
- ☐ Welches Fachwissen benötigen wir?
- ☐ Woher bekommen wir die nötige Information?
- ☐ Welche Hilfsmittel benötigen wir noch?
- ☐ Welches Budget brauchen wir wofür?
- ☐ Was ist noch unklar?

Checkliste: Projektinformationen an das Team

- [ ] Projektname
- [ ] Genauer Projektinhalt
- [ ] Ansprechpartner – extern/intern
- [ ] Kompetenzverteilungen
- [ ] Termine
- [ ] Was ist vertraulich?
- [ ] Welche Unterlagen befinden sich wo?
- [ ] Wichtige Eckdaten
- [ ] Die aktuelle Gesetzeslage
- [ ] Sonstige Vorgaben
- [ ] Die interne Organisation
- [ ] Kontakte zu externen Stellen
- [ ] Die Erwartungen und der Nutzen des Projekts
- [ ] Umweltfaktoren (z. B. Politik)
- [ ] Risiken und Widerstände
- [ ] Berichtswesen und Dokumentation
- [ ] Vorstellen aller Arbeitsinstrumente

Checkliste: Gliederung für den Endbericht

1. Inhaltsverzeichnis
2. Abkürzungsverzeichnis
3. Aufgabenstellung
4. Ist-Stand (Basisdaten, Ausgangssituation)
5. Lösungsmöglichkeiten
6. Bewertung/Auswahl
7. Lösung
8. Detailausarbeitung
9. Zusammenfassung/Empfehlung
10. Literaturverzeichnis
11. Abbildungs- und Tabellenverzeichnis
12. Beilagenverzeichnis

Checkliste: Texterstellung

- ☐ Keine Kritik am Auftraggeber
- ☐ Einheitliche Begriffe und Abkürzungen
- ☐ Keine Umgangssprache
- ☐ Jede Aussage begründen/belegen
- ☐ Prägnante und „zielgerichtete" Ausdrucksweise
- ☐ Bezüge und Querverweise deutlich machen
- ☐ Quellen angeben
- ☐ Positive Ausdrucksweise
- ☐ Den „roten Faden" erkennbar machen
- ☐ Kapitelbezogene, ausgewogene Textmengen
- ☐ Einfache Grafiken
- ☐ Prägnante Begriffe wählen
- ☐ Text muss ohne Beilagen lesbar sein
- ☐ Detailberechnungen/-tabellen in den Anhang
- ☐ Zahlen „leserfreundlich" formatieren und abrunden
- ☐ Besonders wichtig: die Zusammenfassung

Checkliste: Die Endredaktion

- ☐ Wurden alle Punkte des Auftrages bearbeitet?
- ☐ Seitenaufbau und optischer Eindruck
- ☐ Literatur-, Abkürzungs-, Beilagenverzeichnis
- ☐ Stimmen die Seitenzahlen in der Inhaltsangabe?
- ☐ Tippfehler/Rechtschreibung
- ☐ Richtige Verweise auf Kapitel, Abbildungen, Beilagen etc.
- ☐ Richtige Abbildungs- und Tabellenbeschriftungen
- ☐ Lesbarkeit der Grafiken
- ☐ Richtige Legenden unter den Grafiken
- ☐ Widersprüchliche Aussagen in unterschiedlichen Kapiteln
- ☐ Richtige Berechnung wichtiger Zahlen
- ☐ Gleiche Aussagen von Text und Abbildung
- ☐ Nachvollziehbare Vorgangsweise
- ☐ Eindeutiges Ergebnis/Empfehlung
- ☐ Zweckmäßiger, aktueller Verteiler

Als Zusammenfassung:

Checkliste: Erfolgsfaktoren im Projekt

- ☐ **Die Ziele:** Sie müssen klar und eindeutig definiert sein und dürfen wenig Raum für unterschiedliche Interpretationen lassen. Sie müssen konkret, überprüfbar und erreichbar sein.
- ☐ **Der Auftraggeber:** Hat klare Ziele und bestimmt die Parameter genau. Nur ein Auftraggeber!
- ☐ **Der Projektleiter:** Er besitzt die nötigen fachlichen, organisatorischen und kommunikativen Fähigkeiten. Er muss „führungsfähig" sein.
- ☐ **Das Team:** Alle Projektmitarbeiter müssen „teamfähig" sein. Sie benötigen hohe Einsatzbereitschaft, Belastbarkeit, Kompromissbereitschaft und natürlich die fachlichen Qualifikationen.
- ☐ **Die Kompetenzen:** Schnelles und flexibles Reagieren ist nur möglich, wenn die notwendigen Kompetenzen vorhanden und klar verteilt sind. Sie müssen auch für alle transparent sein.
- ☐ **Kommunikation:** Effektive Kommunikation intern, extern und an allen Schnittstellen ist erforderlich. Sie ist nicht planbar, sondern eine Frage der Kultur im gesamten Unternehmen!
- ☐ **Die Planung:** Ungefähr 90 % aller späteren Fehler haben ihre Ursache in ungenauer oder falscher Planung! Überwachung und notwendige Änderungen sind nur auf der Grundlage ordentlicher Planung möglich.
- ☐ **Das Pflichtenheft:** Eine genaue und detaillierte Beschreibung aller Aufgaben erleichtert die Durchführung eines Projekts. Daher besser im Vorhinein sämtliche Fragen und Unklarheiten behandeln sowie schriftlich fixieren, als sich nachher rechtfertigen zu müssen!
- ☐ **Die Dokumentation:** Sie sichert die Transparenz eines Projekts. Sie ist Teil der Leistungserstellung. Nur mit einer genauen Dokumentation lässt sich der Erfolg darstellen.
- ☐ **Die Schulungen:** Sind die fachlichen Qualifikationen nicht (ausreichend) vorhanden, ist eine Schulung notwendig. Besser vorher Zeit und Geld investieren, als ein Projekt scheitern zu lassen. Bei allen Mitarbeitern sollte laufend auf ausreichendes Coaching geachtet werden.
- ☐ **Das Projektumfeld:** Viele Faktoren von außen bestimmen auch den Erfolg eines Projekts. Welche sind es bei Ihnen?

4.5 Arbeitsplatzgestaltung

Selbstcheck: Wie wohl fühle ich mich an meinem Arbeitsplatz?

- [ ] Ich verlasse meinen Schreibtisch manchmal unaufgeräumt.
- [ ] Es kommt vor, dass vertrauliche Unterlagen auf meinem Tisch offen herumliegen.
- [ ] Ich suche häufig Unterlagen.
- [ ] Fensterbänke, Kartons und alte Geräte dienen bei mir als Ablagefläche.
- [ ] Die Stöße auf meinem Schreibtisch werden immer zahlreicher.
- [ ] Telefon- und Computerkabel umschlingen wie Lianen meinen Arbeitsplatz.
- [ ] Manchmal stehen schmutziges Geschirr oder leere Essensverpackungen auf meinem Tisch.
- [ ] Ich habe meinen Arbeitsplatz sehr persönlich gestaltet: Urlaubsfotos, Sprüche, Nippes und Stofftiere zeigen meine persönliche Note.
- [ ] Plastiktüten, Handtaschen und Ähnliches stehen herum.
- [ ] Manchmal stehen meine Straßenschuhe unter dem Tisch/in der Ecke.
- [ ] Die Pflanzen in meinem Büro sind dem Untergang geweiht.
- [ ] Der Boden/die Wände weisen schadhafte Stellen auf.
- [ ] Die Luft in meinem Büro ist oft schlecht.
- [ ] Das Licht ist ungenügend für meine Arbeit.
- [ ] Mein Stuhl ist unbequem.
- [ ] Im Sommer ist es unerträglich heiß.
- [ ] Die Klimaanlage ist manchmal unangenehm.
- [ ] Im Winter sind die Räume total überheizt.
- [ ] Manchmal stört mich der Lärm.
- [ ] Mein Arbeitsplatz erinnert manchmal an ein Durchhaus – ständig kommen und gehen Mitarbeiter.
- [ ] Ich sehe die Türe nicht.
- [ ] Ich fühle mich in meinem Büro beengt.

Nicht jeder kann in einem absoluten Wohlfühl-Büro arbeiten. Die räumlichen Gegebenheiten lassen sich oft nur schwer beeinflussen. Leider sind oft gerade auch neue Büros, die ja eigens für die Mitarbeiter konzipiert wurden, unangenehm, etwa nach dem Motto: *„Das Büro unseres Architekten sieht sicher ganz anders aus! Der sollte einmal einen Tag hier arbeiten müssen!"* Diese Klage hören wir oft. Doch nicht immer sind die „bösen" Architekten schuld. Oft wird sofort nach Einzug in ein neues Büro mit der „Umplanung" begonnen – und nicht immer hin zum Besseren. Wer alte Kartons als Abstellfläche, verwelkte Pflanzen als „Zierde" und persönlichen Kleinkram in Unmengen im neuen Büro platziert, der braucht sich nicht zu wundern, wenn von der sorgsam durchdachten Planung nichts übrig bleibt. Durchforsten Sie also Ihr Büro nach unnötigen und störenden Dingen und scheuen Sie sich nicht, Möbel umzustellen und zu entrümpeln. Viele störenden Dinge sehen wir nach einiger Zeit einfach nicht mehr – wir fühlen uns nicht so recht wohl, wissen aber nicht genau, warum.

Der perfekte Arbeitsplatz verbindet „Wohlfühlen" mit „Zweckmäßigkeit". Die folgende Checkliste soll Ihnen helfen, diesem Ziel näher zu kommen.

Checkliste: Mein Arbeitsplatz

- ☐ Achten Sie auf eine „flüssige" Anordnung der Geräte (Telefon, PC, Drucker, Fax, Scanner etc.).
- ☐ Sie sollten immer von links nach rechts arbeiten, wenn Sie Rechtshänder sind, Linkshänder umgekehrt.
- ☐ Sie benötigen ungehinderte Bewegungsfreiheit.
- ☐ Gibt es kleine Entfernungen zwischen häufig benutzten Dingen (kurze Wegzeiten)?
- ☐ Gibt es einen raschen Zugang zu Akten, Materialien etc.?
- ☐ Sie benötigen einen guten Überblick – ein voller Schreibtisch lenkt ab!
- ☐ Mehr als Telefon, Notizblock mit Stift und eventuell Terminkalender (abgesehen vom PC) benötigen Sie prinzipiell nicht auf Ihrem Schreibtisch.
- ☐ Alle anderen Arbeitsutensilien gehören in den Schreibtisch.
- ☐ Bestimmen Sie einen fixen Platz für alle Arbeitsmaterialien.
- ☐ Vermeiden Sie freien Zugriff anderer Mitarbeiter auf Ihre persönlichen Materialien.
- ☐ Nach Möglichkeit gehören nur zwei Ablagekörbe auf den Tisch: für Posteingang und Postausgang.
- ☐ Alle anderen Schriftstücke, die nicht gleich abgelegt werden, können auch in einen Hängeregister wandern – und sind damit aus Ihrem Blickfeld.
- ☐ Achten Sie auf die nötige Helligkeit, bringen Sie eventuell eine zusätzliche Lichtquelle seitlich am Arbeitsplatz an.
- ☐ Gestalten Sie den Arbeitsplatz so, wie er Ihrem körperlichen Wohlbefinden förderlich ist.
- ☐ Achten Sie bei aller Individualität auf einen professionellen Gesamteindruck.

Tipp

Lassen Sie Ihren Arbeitsplatz immer wieder durch diesen persönlichen Check laufen! Bekämpfen Sie die allseits bekannte Betriebsblindheit!

Checkliste: PC-Arbeit

- ☐ Die wichtigsten Sehobjekte (Bildschirm, Tastatur, Belege etc.) sollten in gleichem **Sehabstand** (40 bis 60 cm) aufgestellt sein.
- ☐ Die **oberste Zeile auf dem Bildschirm** soll etwas unter der Augenhöhe sein (auf keinen Fall darüber!). Der Bildschirm soll möglichst nicht geneigt sein.
- ☐ Wichtig ist auch die **richtige Aufstellung des Bildschirms**, sodass sich keine Reflexion durch Fenster oder Beleuchtungskörper ergibt.
- ☐ Die **Tastatur** sollte flach auf dem Tisch stehen und einen Abstand von 5 cm zur Tischkante haben.
- ☐ Die **Sitzfläche Ihres Sessels** sollte sich ungefähr zwei Fingerbreit unterhalb Ihrer Kniekehlen befinden.
- ☐ Überprüfen Sie, ob Sie genügend Platz und **Bewegungsfreiheit** für Ihre Beine haben (Laden, abgestellte Taschen etc.). Gesundheitsfördernd sitzen Sie breitbeinig und in den Hüftgelenken leicht nach vorn gebeugt.
- ☐ Stellen Sie Ihre **Füße** bequem und fest auf den Boden.
- ☐ **Oberschenkel und Unterschenkel** sollten einen Winkel größer als 90 Grad bilden.
- ☐ **Oberarm und Unterarm** sollten im rechten Winkel oder etwas weniger angewinkelt sein.
- ☐ Die Hände sollten mit dem Unterarm eine Linie bilden. Stützen Sie Ihren Rumpf mit beiden Armen neben dem Becken ab.

Stopp

Wer seinen Arbeitsplatz voller Stofftiere, origineller Kaffeetassen und Urlaubssouvenirs hat, wird von seinen Mitmenschen kaum als professionell eingestuft werden!

Selbstcheck: Bürofitness

- ☐ Abends ist mein Nacken oft verspannt.
- ☐ Ich habe häufig Kopfweh.
- ☐ Mein Rücken tut oft weh.
- ☐ Meine Füße oder Beine schlafen manchmal nach längerem Sitzen ein.
- ☐ Manchmal schlafen meine Hände ein.
- ☐ Meine Beine sind oft verkrampft.
- ☐ Manchmal fühle ich mich ganz steif, wenn ich von meinem Schreibtisch aufstehe.
- ☐ Meine Augen tränen abends oft.
- ☐ Manchmal sehe ich verschwommen.
- ☐ Ich habe oft keine Zeit für eine richtige Pause.
- ☐ Ich esse meist nebenher eine Kleinigkeit.
- ☐ An manchen Tagen komme ich kaum dazu, auf die Toilette zu gehen.

Haben Sie mehr als ein Kreuzchen gemacht? Dann kann es auf keinen Fall schaden, sich über mehr Fitness am Arbeitsplatz Gedanken zu machen. Die folgende Checkliste soll Ihnen dabei helfen.

Checkliste: Fit im Büro

- ☐ Achten Sie immer wieder auf kurze Zwischenpausen – Zeit dafür bekommt man nicht zugeteilt, die muss man sich nehmen!
- ☐ Unterbrechen Sie Ihre Tätigkeit immer wieder für kurze gymnastische Übungen – die lassen sich oft auch während eines Telefonats unterbringen.
- ☐ Stehen Sie öfter auf – auch und gerade bei wichtigen Telefongesprächen! Sie haben so nicht nur Bewegung, Sie verhelfen sich auch zu einem ganz anderen Standpunkt mit wesentlich mehr Nachdruck!
- ☐ Achten Sie auf Ihre Sitzhaltung – halten Sie den Rücken gerade.
- ☐ Nützen Sie die gesamte Sitzfläche aus.
- ☐ Spannen und entspannen Sie immer wieder kurz Ihre Beinmuskulatur.
- ☐ Achten Sie auf Ihre Atmung, vor allem auf das Ausatmen.
- ☐ Achten Sie auf gute Durchlüftung.
- ☐ Starren Sie nicht auf den Bildschirm, sondern gewöhnen Sie sich an, immer wieder zu blinzeln.
- ☐ Trinken Sie viel Wasser, ungesüßten Saft oder Tee.
- ☐ Essen Sie reichlich Obst und Gemüse.
- ☐ Die kleinen Belohnungen zwischendurch müssen nicht immer Schokolade sein – der Süßigkeitsbedarf kann auch gut mit Trockenfrüchten gestillt werden.

4.6 Arbeitstechniken

1. Schnelllesen im Berufsleben

Wer immer wieder größere Mengen an Schriftstücken verarbeiten muss, benötigt die richtige Technik, um nicht mit unnötigen Leseübungen seine Zeit zu verschwenden. Denn mit etwas Übung lassen sich große Mengen an „Schriftfutter" rationell und schnell bewältigen.

Grundsätzlich unterscheiden wir drei Techniken für schnelleres Lesen:

- Die **sichere Bewegung der Hand**
  Ihr Pacer (Finger etc.) folgt jeder Zeile einer Seite von ganz links nach ganz rechts. Diese Technik benötigen Sie für schwierige Texte, Verträge oder fachlich neue Bereiche.
- Die **halbsichere Bewegung der Hand**
  Ihr Pacer fährt nur den mittleren Abschnitt einer Textpassage entlang. So verdoppeln Sie Ihre Lesegeschwindigkeit! Diese Technik eignet sich für weniger schwierige Texte.
- Die **gleichmäßige Bewegung der Hand**
  Bewegen Sie Ihren Pacer von ganz links außen nach ganz rechts außen. Bleiben Sie auf der rechten Seite und bewegen Sie Ihren Pacer eine, zwei Zeilen nach unten, während Sie ihn wieder auf die linke Seite bewegen. So bewältigen Sie leichte Texte mühelos.

Ebenfalls für einfache Texte bietet sich das Diagonallesen an:

- Vermeiden Sie ein lautes oder leises Mitsprechen.
- Schalten Sie alle Lärmquellen in Ihrer Umgebung aus.
- Lesen Sie zuerst das Inhaltsverzeichnis.
- Lesen Sie Titel oder Vorwort genau – oft enthalten sie schon die wesentliche Information.
- Lesen Sie Interessantes lieber noch einmal.
- Überfliegen Sie Uninteressantes.
- Lesen Sie den letzten Absatz besonders aufmerksam – meist bietet er eine Zusammenfassung des Wesentlichsten.

Schwierige Texte erarbeiten Sie sich durch gezieltes Hervorheben:

- Markieren Sie wichtige Textstellen.
- Benützen Sie dafür eventuelle zwei oder sogar mehrere Farben.
- Stellen Sie Querverbindungen her.
- Gewöhnen Sie sich an, Unklarheiten sofort zu kennzeichnen.
- Notieren Sie gleich beim Lesen Argumente und mögliche Antworten.
- Erfassen Sie die **Botschaft**, konzentrieren Sie sich auf das **Wesentliche** eines Satzes.
- Überspringen Sie konsequent Nebensächliches.
- Finden Sie die **„Schlüsselwörter"** (z. B. Merkmale, Hauptcharakteristika) eines Textes, speichern Sie sie, um sie dann später zu **visualisieren.**
- Erfassen Sie das **„Bild"** einer Botschaft. Bilder, nicht Worte erzeugen einen Eindruck in unserem Gedächtnis.
- Zum **Merken von Fakten** vergeben Sie die folgenden fünf W-Fragen (eventuell auch durch Nummerierung seitlich kennzeichnen):
  - Wer? 1
  - Was? 2
  - Wann? 3
  - Wo? 4
  - Warum? 5
- **Rekapitulieren** Sie das Gelesene sofort, um sich an Schlüsselpunkte zu erinnern bzw. um die eigenen **Notizen** zu **vervollständigen**!
- Konzentrieren Sie sich auf den Text, schalten Sie Ablenkungen so weit wie möglich aus!

Stopp

Sie können Ihr Lesetempo noch so steigern: Wenn Sie das Gelesene nicht verarbeiten, nützt das so gut wie nichts! Es geht also um rasches Verstehen bzw. die Wiedergabe und nicht so sehr um schnelles Lesen!

2. Erhöhen der Konzentrationsfähigkeit

Konzentration ist die Fähigkeit, sich mit einer Aufgabe oder Sache über einen längeren Zeitraum auseinander zu setzen.

Nur wenn Sie sich auf eine Sache voll konzentrieren, nehmen Sie sie bewusst auf und können sie optimal speichern.

Stopp

So zeigt sich Konzentrationsmangel:

- Vergesslichkeit
- Flüchtigkeitsfehler
- motorische Unruhe

Was Sie dagegen unternehmen können:

- Teilen Sie Ihre Zeit ein, gehen Sie nach einem festgelegten Plan vor.
- Setzen Sie Prioritäten und halten Sie sich konsequent daran.
- Teilen Sie Ihre Tätigkeiten in überschaubare Einheiten ein, gehen Sie nach der „Salamitaktik“ vor.
- Reduzieren Sie Ablenkungsmöglichkeiten in ihrer Arbeitsumgebung.
- Ersuchen Sie Kollegen, die Sie aufhalten, freundlich, aber bestimmt um Verständnis.
- Schalten Sie Ihr Handy aus, bitten Sie einen Kollegen, Ihre Anrufe für kurze Zeit zu übernehmen – Sie müssen nicht immer erreichbar sein.
- Richten Sie Ihren Arbeitsplatz möglichst rationell und bewusst ein.
- Wenn Sie im Internet recherchieren, vermeiden Sie ein „Abdriften“ zu „verführerischen“ Links.
- Wechseln Sie zwischen „Kopfarbeit“ und „Handarbeit“, beispielsweise zwischen Schreiben und Lesen.
- Schätzen Sie Ihre Fähigkeiten realistisch ein.
- Erwarten Sie nicht zu viel von sich und den anderen.
- Vergessen Sie nicht, bewusst kurze Pausen zu machen.
- Sorgen Sie für ausreichenden Schlaf.
- Planen Sie Ihre Freizeit bewusst – lieber eine Stunde in Ruhe lesen als drei Dinge gleichzeitig tun.
- Genießen Sie Ihre Freizeit ohne Reue und sorgen Sie für längere Erholungspausen.
- Trainieren Sie Ihr Gedächtnis durch Konzentrationsübungen.

Stopp

Unsere Großeltern wussten es schon sehr genau: „Niemand kann gleichzeitig auf zwei Hochzeiten tanzen." Jetzt versuchen wir es trotzdem und nennen es dann „Multitasking"!

3. Rationalisieren Sie Routinetätigkeiten

Gerade im Office gibt es einen beträchtlichen Anteil an Routinearbeiten. Routinetätigkeiten sollten daher möglichst effizient und zeitsparend ablaufen, um Freiraum für kreativere Tätigkeiten zu schaffen. Denn Routine bedeutet Langeweile und Langeweile schafft Fehler!

Überprüfen Sie daher Ihre Routinetätigkeiten – was lässt sich rationalisieren?

Tipp

Die Standardisierung von Dokumenten (z. B. Formatvorlagen, Serienbriefe, Outlook-Seriendruck, Serien-E-Mail von Word aus) beispielsweise führt nicht nur zu einem professionellen Aussehen, sondern auch zu höherer Arbeitseffizienz!

Das wichtigste Hilfsmittel bei Routinetätigkeiten sind Checklisten. Sie zerlegen komplexe, wiederkehrende Arbeitsvorgänge in einzelne Teilschritte. So wird verhindert, dass ein Teilschritt übersehen wird. Sie finden in unserem Buch einige Checklisten. Sie sollen Ihnen helfen, sich auf jene Punkte zu konzentrieren, die für Sie wichtig sind.

Tipp

Nehmen Sie sich diejenigen Checklisten als Vorlage, die für Sie hilfreich sind. Aber erstellen Sie Ihre Checklisten selbst – denn nur, was Sie selbst kreiert und kritisch überarbeitet haben, wird für Sie zum wertvollen Hilfsmittel!

Wann ist eine Checkliste sinnvoll?

- ✔ Bei häufig wiederkehrenden Aufgaben, Routineaufgaben.
- ✔ Bei Aufgaben, die aus vielen Einzelschritten bestehen, von denen leicht einer übersehen werden kann bzw. die regelmäßig überprüft werden sollen.
- ✔ Wenn diese Aufgaben von verschiedenen Personen durchgeführt werden.

- Wenn bei eher seltenen Aufgaben das Übersehen eines Teilschrittes weit reichende Folgen haben kann.
- Wenn Sie von jemandem vertreten werden: Auflistung der einzelnen Aufgaben und wie sie abzuwickeln sind.
- Bei der Einschulung neuer Mitarbeiter.

Welche Vorteile hat eine Checkliste für meine Arbeitstechnik?

- Durch die Standardisierung entsteht die Sicherheit, dass nichts vergessen wird.
- „Schritt für Schritt" lassen sich umfangreiche Tätigkeiten leichter bewältigen – durch die „Salamitaktik" wird die Arbeit strukturiert.
- Erfahrungen von früheren Erledigungen einer Aufgabe können genutzt werden – man muss nicht immer alles neu erfinden.
- Stress und Zeitdruck behindern die Ausführung nicht.
- Eine Checkliste dient auch als Kontrollinstrument.
- Sie ist hilfreich, wenn die Aufgabe delegiert wird.
- Sie hilft beim Schaffen von Zeitreserven.
- Sie hilft, Stress und Zeitdruck zu reduzieren.

Was enthält eine gute Checkliste?

- Alle wichtigen und notwendigen Tätigkeiten für die jeweilige Aufgabe
- Alle an der Erledigung beteiligten Personen
- Alle Termine
- Einen Erledigungsvermerk
- Gegebenenfalls Ablagevermerke

Wie muss eine gute Checkliste sein?

- Klar und präzise
- Möglichst einfach
- Verständlich

Checkliste für eine Checkliste

1. Zunächst werden alle Arbeitsabläufe analysiert und beschrieben.
2. Kann man einen Arbeitsablauf in immer gleiche Teilschritte zerlegen?
3. Nun kommt das Sammeln und Notieren aller Ideen – ungeordnet – z. B. mit Hilfe von Brainstorming.
4. Alle Einzeltätigkeiten, Aufgaben und Prüfschritte werden danach aufgelistet: wer, wo, wann, wie, welche Unterlagen, wie viel, was.
5. Die Tätigkeiten werden nun geordnet und gereiht.
6. Jetzt geht es darum, Probleme zu erkennen und Alternativen zu suchen.
7. Sie sollten danach die Vollständigkeit überprüfen.
8. Gehen Sie jetzt die Liste mit Mitarbeitern und Chefs durch.
9. Beim Arbeiten mit der Checkliste müssen eventuelle Fehler sofort behoben und Fehlendes hinzufügt werden.

Beispiel für eine sehr allgemeine Checkliste:

Was	– ist Ziel und Zweck der Arbeit?
Wie	– ist die Durchführung? – werden Störungen vermieden oder verringert?
Welche	– Unterlagen gibt es? – zusätzlichen Infos werden benötigt und wo bekommt man sie? – Hilfsmittel benötigt man?
Wer	– soll welche Tätigkeiten übernehmen? – muss noch informiert werden?
Wann	– ist eine Zwischenkontrolle sinnvoll? – muss sie erledigt sein?
Wie viel	– Zeit benötigt die Tätigkeit?
Wo	– werden die Tätigkeiten ausgeführt?

Lassen Sie neben den Punkten einer Checkliste auch Raum für persönliche Eintragungen – so wird Ihre Checkliste zum lebendigen Arbeitsmittel!

Tipp

4. Gestalten Sie Besprechungen effizient

Wenn Sie häufig Meetings organisieren müssen, sind die Arbeitsschritte fast immer dieselben. Sie lassen sich gut in eine Checkliste gliedern und müssen vor dem Meeting nur mehr Punkt für Punkt abgehakt werden.

Checkliste für das Vorbereiten eines Meetings

- ☐ Thema des Meetings
- ☐ Tagesordnungspunkte
- ☐ Datum
- ☐ Beginn
- ☐ Geplantes Ende
- ☐ Benötigte Geräte und Technik
  - PC
  - Beamer
  - Overheadprojektor
  - DVD-Player
  - Diaprojektor
  - Ersatzgeräte
  - Verlängerungskabel
  - Mikrofon
  - Pinnwand, Flipchart
  - Stifte, Papier
- ☐ Tischkarten
- ☐ Sitzordnung je nach Sitzungstyp
- ☐ Bedarfsgerechte Anordnung der Stühle

- ☐ Beleuchtung, Heizung und Belüftung checken
- ☐ Ausschalten von Lärmquellen
- ☐ Sitzungsleiter
- ☐ Namen der Teilnehmer (Telefonnummer, E-Mail)
- ☐ Protokoll – ja/nein
- ☐ Protokollführer
- ☐ Einladung
  - Telefonisch
  - Schriftlich
  - Per E-Mail
- ☐ Benötigte Unterlagen für Teilnehmer
- ☐ Vorarbeiten, Informationsaufbereitung
- ☐ Bitte um Teilnahmebestätigung
- ☐ Nennung eventueller Ersatzteilnehmer/Vertretungen
- ☐ Hinweis auf Redezeitbeschränkungen
- ☐ Organisieren der Bewirtung
  - Gläser, Servietten etc.
  - Getränke (Temperatur!)
- ☐ Rauchordnung festlegen – Aschenbecher
- ☐ Sicherstellung der Verfügbarkeit des Raumes
- ☐ Vorbereiten eines Garderoberaumes
- ☐ Sonstiges

Checkliste für eine effiziente Besprechung

- ☐ Alle Teilnehmer sind gut vorbereitet.
- ☐ Termine werden rechtzeitig mit den Teilnehmern abgestimmt.
- ☐ Auf einen pünktlichen Beginn achten.
- ☐ Die Sprechzeiten werden begrenzt.
- ☐ Die Sollzeiten für einzelne Besprechungen werden eingehalten.
- ☐ Klare Ziele werden vereinbart.
- ☐ Unsachliche Ausführungen werden unterbrochen.
- ☐ Es geht um Ergebnisse, nicht um Redezeit.
- ☐ Ergebnisprotokolle werden möglichst innerhalb von 24 Stunden veranlasst.
- ☐ Endzeiten werden pünktlich eingehalten.
- ☐ Kompetenzen für Maßnahmen werden geklärt.
- ☐ Unterbrechungen und Störungen werden möglichst ausgeschaltet.
- ☐ Pausen finden nach etwa 50 Minuten statt, Erfrischungen werden angeboten.
- ☐ Der Besprechungsraum ist zweckdienlich, aber nicht zu gemütlich.
- ☐ Mitarbeiter und Chef werden konsequent „erzogen“.
- ☐ Es herrscht wertschätzende Grundhaltung im Team. Widersprüche werden nicht als Störung oder Bedrohung empfunden, sondern als Chance für ein besseres Teamergebnis.

Stopp

In vielen Unternehmen gilt der Grundsatz: Ein Meeting ist etwas, wo alle hineingehen und nichts herauskommt!

5. Organisieren Sie Veranstaltungen erfolgreich

Veranstaltungen zu planen ist eine Herausforderung im Berufsleben, die oftmals neben der Tagesarbeit erfolgt. Planen Sie Ihre Veranstaltungen nach den Regeln eines guten Projektmanagements.

Zunächst geht es um das Festlegen von:

- Zielen
- Mitteln
- Zeit
- Organisation (Wer? Wie? Wo? Wann?)

Die festgelegten Ziele sollen dabei wirtschaftlich, also mit möglichst geringem Aufwand, erreicht werden können.

Planen Sie zu Beginn nicht zu detailliert und genau. Lassen Sie Spielraum für Kreativität.

Checkliste für die Grobplanung einer Veranstaltung

- ☐ Projektbeschreibung: Welche Art von Veranstaltung?
- ☐ Kontakte mit Projektbeteiligten herstellen
- ☐ Genehmigungen, Förderansuchen einholen, Verträge abschließen
- ☐ Groben Zeitplan erstellen, in Teilbereiche gliedern (Ferienzeiten und andere Großveranstaltungen einkalkulieren)
- ☐ Finanzierung sichern, Finanzpläne erstellen
- ☐ Sponsoringmöglichkeiten ausloten
- ☐ Catering planen
- ☐ Ressourceneinsatz planen
- ☐ Permanente Betreuung der Beteiligten sichern
- ☐ Checklisten erstellen
- ☐ Informationen sichern/Abstimmung mit den Vorgesetzten festlegen
- ☐ Begleitende Kontrollmeetings vorsehen

Tipp

Ihre Planung soll auf Grund von Zielen und Vorgaben entstehen und nicht auf Grund von Schwierigkeiten und Problemen!

Checkliste zur Detailplanung einer Veranstaltung

Festlegen von Arbeitspaketen, z. B.

- ☐ Projektstrukturplan erstellen (Achtung bei Überlappungen von Aufgaben!)
- ☐ Exakte Checklisten anlegen bzw. ergänzen
- ☐ Kontaktnahme mit Referenten
- ☐ Reservierung Raum/Saal, Hotelbesichtigung
- ☐ Reservierung der Zimmer
- ☐ Presseaussendungen
- ☐ Exakte Klärung der eigenen Ressourcen
  - räumlich
  - zeitlich
  - personell
  - finanziell
- ☐ Verleihfirmen kontaktieren
- ☐ Anmeldung bei Behörden
- ☐ Kontrolltermine setzen (Pufferzeiten berücksichtigen!)
- ☐ Erstellen eines Terminplans (z. B. Balkendiagramm)
- ☐ Transporte klären
- ☐ Sicherheitsvorschriften/Sicherheitskonzept

Tipp

Legen Sie vor allem in dieser Phase Ihr Augenmerk auf möglichst effiziente Hilfsmittel! Gerade Veranstaltungsplanung ist ein Bereich, der sehr vom persönlichen Erfahrungsschatz lebt. Machen Sie daher eine umfassende Manöverkritik nach der Veranstaltung und sammeln Sie alle gewonnenen Erkenntnisse.

Checkliste: Vor einer Veranstaltung

- ☐ Veranstaltungsart
- ☐ Zielformulierung
- ☐ Teilnehmerkreis
- ☐ Wer hat den Vorsitz? Wer begrüßt?
- ☐ Ehrengäste?
- ☐ Wer von der Presse nimmt teil?
- ☐ Wer führt das Protokoll?
- ☐ Welche Referenten?
- ☐ Wann ist der genaue Termin?
- ☐ Wie lange dauert das Meeting, die Konferenz?
- ☐ Welcher Ort?
- ☐ Wie hoch sind die Kosten?
- ☐ Werden technische Geräte benötigt?
- ☐ Unterbringung der auswärtigen Teilnehmer
- ☐ Bewirtung
- ☐ Nebenveranstaltungen
- ☐ Fotograf

Tipp

Ergänzen Sie all diese Checklisten nach einer Veranstaltung bzw. erstellen Sie für sich Listen mit hilfreichen Tipps.

Checkliste für die Einladungen

- ☐ Veranstaltungsart
- ☐ Veranstaltungsziel
- ☐ Veranstaltungszeit
- ☐ Veranstaltungsdauer
- ☐ Veranstaltungsort
- ☐ Veranstaltungsleiter
- ☐ Telefonnummer, Adresse des Ortes
- ☐ Teilnehmerkreis
- ☐ Referenten
- ☐ Mitzubringende Unterlagen
- ☐ Teilnehmergebühren
- ☐ Weitere voraussichtliche Kosten
- ☐ Anreisemöglichkeiten/Zubringerdienst
- ☐ Parkplätze/Zufahrtsskizze
- ☐ Nebenveranstaltungen
- ☐ Rahmenprogramm
  - Besichtigungen
  - Werkbesichtigungen
  - Stadtrundfahrten
  - Kinderprogramm
  - Theater, Oper
  - Museen
  - Sehenswürdigkeiten
- ☐ Bewirtung
- ☐ Kleidungsfragen
- ☐ Termin für Rücksendung der Antwortkarten
- ☐ Ansprechpartner für Detailfragen/Veranstaltungssekretariat

Checkliste: Nach Eingang der Antwortkarten oder Rückmeldungen

- [ ] Antwortkarten auswerten
- [ ] Teilnehmerliste erstellen
- [ ] Tischkarten anfertigen
- [ ] Namensschilder anfertigen
- [ ] Anwesenheitsliste vorbereiten
- [ ] Hotelzimmer bestellen
- [ ] Sonstige Wünsche erfüllen (z. B. Theaterkarten)

Checkliste: Der Veranstaltungsraum

- [ ] Auswahl des passenden Raumes
- [ ] Beleuchtung
- [ ] Heizung/Regulierbarkeit
- [ ] Belüftung
- [ ] Verdunkelung
- [ ] Akustik
- [ ] Anordnung der Tische und Sessel
  - Theaterbestuhlung
  - Klassenraum-Bestuhlung
  - Fischgrätenanordnung
  - Block- oder Konferenztafel
  - Bankettbestuhlung
  - U-Form mit oder ohne Tischen
  - E-Form
  - T-Form
  - Cocktailempfang mit Stehtischen
- [ ] Sitzordnung/Sitzplan

- ☐ Tischkarten
- ☐ Firmenemblem
- ☐ Dekoration
- ☐ Rednerpult/Referententisch
- ☐ Mikrofon
- ☐ Lautsprecher
- ☐ Zusätzliche Beleuchtung
- ☐ Möglichkeit für Simultandolmetscher
- ☐ Bewirtung während des Meetings
- ☐ Informationstisch
- ☐ Pressetisch
- ☐ Platz für den Protokollführer
- ☐ Nebenräume
- ☐ Uhr
- ☐ Telefon, Internetzugang, Fax
- ☐ Garderobe
- ☐ Sanitärräume/Toiletten
- ☐ Hinweisschild für die Außentür („Veranstaltung ...“)
- ☐ Aschenbecher
- ☐ Gläser, Getränke
- ☐ Verlängerungskabel
- ☐ Schreibmaterial (Kugelschreiber oder Schreibblöcke mit Firmenlogo)
- ☐ Getränke für Referenten

Checkliste: Veranstaltungsunterlagen

- ☐ Firmenlogo: erste Seite oder auf jeder Seite?
- ☐ Form der Unterlagen (Ringmappe, Ordner etc.)
- ☐ Beschriftung der Unterlagen
- ☐ Tagesordnung/Programme
- ☐ Teilnehmerlisten (Vorsicht Datenschutz!)
- ☐ Namensschilder zum Anstecken
- ☐ Bewertungsbogen
- ☐ Begrüßungsschreiben
- ☐ Schreibmaterial (Kugelschreiber oder Schreibblöcke mit Firmenlogo)
- ☐ Stadtplan bzw. Hotelprospekt

Checkliste: Technische Hilfsmittel

- [ ] Video-Beamer
- [ ] Overhead-Projektor
- [ ] Folien
- [ ] Stifte
- [ ] Ersatzzubehör
- [ ] Projektionswand
- [ ] Diaprojektor mit Zubehör
- [ ] Pinnwand mit Zubehör
- [ ] Blatthalterungen an den Wänden
- [ ] Moderationsmaterial/-unterlagen
- [ ] Flipchart mit Zubehör
- [ ] Papier
- [ ] Schreibmaterial
- [ ] Tonband-/Aufnahmegerät
- [ ] Videoanlage
- [ ] Filmkamera
- [ ] LC-Display
- [ ] Video-Großraumprojektor
- [ ] Leuchtstab, Zeigestab
- [ ] Mehrfachstecker, Verlängerungskabel
- [ ] Filmprojektor mit Zubehör
- [ ] Wandtafel mit Kreide
- [ ] Aktenvernichter
- [ ] Raumverdunkelung
- [ ] Leinwand
- [ ] Laserpointer
- [ ] Dolmetscheranlage

Checkliste: Sonstiges

- ☐ Visitenkarten der unternehmensinternen Teilnehmer bereitlegen
- ☐ Namensschilder
- ☐ Teilnehmerliste auflegen und betreuen
- ☐ Hinweisschilder anbringen
- ☐ Reservierte Plätze für Referenten, Gäste, Presse
- ☐ Türkontrolle
- ☐ Unterlagen für Redner

Checkliste: Durchführung einer Veranstaltung

- ☐ Abholung der Teilnehmer
- ☐ Begrüßungsschreiben im Hotel, Geschenk
- ☐ Zubringer zum Meeting oder zur Veranstaltung
- ☐ Außen- und Innenbeschilderung
- ☐ Übernahme der Parkplatzgebühren
- ☐ Übernahme der Garderobegebühren
- ☐ Versorgung der Chauffeure
- ☐ Empfang der Gäste
- ☐ Betreuung der Gäste
- ☐ Betreuung der Presse
- ☐ Pressemappen
- ☐ Betreuung der Referenten
- ☐ Garderobe
- ☐ Sanitäre Einrichtungen
- ☐ Bewirtung
- ☐ Ausleeren der Aschenbecher
- ☐ Lüften
- ☐ Fotograf
- ☐ Sicherheitsvorkehrungen für besonders gefährdete Gäste
- ☐ Nebenveranstaltungen betreuen
- ☐ Botendienst
- ☐ Telefonzentrale

Checkliste: Was Sie bereit haben sollten

- ☐ Flugplan, Fahrpläne
- ☐ Stadtplan
- ☐ Hotelführer
- ☐ Tageszeitungen
- ☐ Veranstaltungskalender
- ☐ Nähzeug
- ☐ Schmerztabletten
- ☐ Kleiderbürste, Fleckenwasser
- ☐ Erste-Hilfe-Kasten

Checkliste: Verabschiedung der Teilnehmer

- ☐ Diverses Informationsmaterial
- ☐ Geschenke, originell verpackt
- ☐ Hinweise für Rückreise
- ☐ Verkehrsmeldungen beachten
- ☐ Verabschiedung

Checkliste: Nachbearbeitung einer Veranstaltung

- ☐ Räumen des Tagungsraumes
- ☐ Rückgabe entliehener Geräte
- ☐ Unterlagen sortieren und aufbewahren
- ☐ Abrechnung mit Hotel
- ☐ Bezahlen von Honoraren
- ☐ Dankschreiben an Referenten und eventuell an Teilnehmer
- ☐ Bezahlung der Nebenveranstaltungen
- ☐ Überweisung sonstiger Rechnungen
- ☐ Protokollanfertigung
- ☐ Auswerten des Protokolls und anderer Notizen
- ☐ Termine eintragen und überwachen
- ☐ Nachbesprechung mit Chef und Mitarbeitern
- ☐ Checklisten überarbeiten/ergänzen
- ☐ Ermittlung der Gesamtkosten
- ☐ Presseveröffentlichungen auswerten
- ☐ Fotos und Dokumentation verschicken

6. Planen Sie Reisen effizient

Trotz aller modernen Kommunikationsmittel haben Geschäftsreisen nach wie vor nicht an Bedeutung verloren. Nur der Zeitdruck, unter dem sie erledigt werden sollen, wird immer größer. Und das Angebot an Transportmöglichkeiten wird ebenfalls umfangreicher. Dadurch wird eine exaktere Planung notwendig.

Ohne Internet ist eine Reiseplanung heute nicht mehr vorstellbar. Doch das Angebot wird immer größer und der Tarifdschungel immer unübersichtlicher. Nicht von ungefähr ist unsere Checkliste zur Reiseplanung besonders lang geworden – und trotzdem stellt sie nur eine „Momentaufnahme" dar. In keinem anderen Bereich ist ein ständiges Ergänzen der benötigten Informationen und Webadressen so dringend erforderlich wie hier!

Checkliste zur Reiseplanung

1. Schritt: Planung und Vorbereitung

- ☐ Wann ist der genaue Termin?
- ☐ Welches Verkehrsmittel wird benützt?
- ☐ Was ist das Reiseziel?
- ☐ Wer sind die Gesprächspartner?
- ☐ Was ist der Reisezweck?
- ☐ Wie ist die genaue Reiseroute? (Internet!)
- ☐ Wie sind die Fahrzeiten?
- ☐ Sind alle Gesprächspartner informiert?
- ☐ Welche Hotelreservierungen sind erforderlich?
- ☐ Ist der Reiseplan bzw. Travel-Schedule angefertigt?
- ☐ Ist ein Zugplan/Flugplan aufgestellt?
- ☐ Sind die Tickets besorgt?
- ☐ Ist der Transfer zum/vom Flughafen/Bahnhof organisiert?
- ☐ Welche Möglichkeiten des Rahmenprogramms bestehen?
- ☐ Wird ein Dolmetscher benötigt?

Checkliste zur Reiseplanung

2. Schritt: Unterlagen zusammenstellen

- ☐ Reisemappe
- ☐ Reiseplan einfügen
- ☐ Geschäftliche Unterlagen, Besprechungsunterlagen
- ☐ Kataloge, Prospekte, Muster
- ☐ Korrespondenz
- ☐ Anschriftenverzeichnis

- ☐ Visitenkarten (deutsch bzw. englisch, mehrsprachig)
- ☐ Telefonverzeichnis bzw. E-Mail-Verzeichnis
- ☐ Geschäftsbriefbogen und Umschläge, Briefmarken
- ☐ Notizblock und Schreibmaterial
- ☐ Reiseberichtsformulare/Reiseabrechnungsformulare
- ☐ Werbe- bzw. Gastgeschenke
- ☐ Mitgeführte Geräte (wenn notwendig mit entsprechenden Unbedenklichkeitserklärungen)

Checkliste zur Reiseplanung

3. Schritt: Reisepapiere

- ☐ Reisepass
- ☐ Visum
- ☐ Impfbescheinigungen
- ☐ Versicherungspolizzen
- ☐ Fahrkarten/Tickets
- ☐ Platzkarten/Schlafwagenreservierung
- ☐ Reservierung Mietauto
- ☐ Zugplan/Flugplan
- ☐ Bei Autoreisen: Führerschein, Zulassungsschein, Vollmacht für Dienstwagen, Ersatzschlüssel, gegebenenfalls Mietwagenpapiere, Notrufnummern

Checkliste zur Reiseplanung

4. Schritt: Sonstiges

- ☐ Bargeld, Scheckkarte, Kreditkarte
- ☐ Reiseversicherung
- ☐ Internationale Telefon-Wertkarte
- ☐ Bargeld
- ☐ Diktiergerät (Batterien, Bänder, Mikrofon)
- ☐ Laptop (Disketten, Batterien)
- ☐ Lektüre (Fachzeitschriften)
- ☐ Kalender, Terminplaner
- ☐ Sprachführer
- ☐ Reiseführer
- ☐ Stadtpläne
- ☐ Hotelführer
- ☐ Erfrischungstücher

Checkliste zur Reiseplanung

5. Schritt: Innerbetriebliche Regelungen

- ☐ Kompetenzen in Abwesenheit des Chefs klären
- ☐ Vorhandene Termine überprüfen, Wiedervorlage-Evidenz durchsehen
- ☐ Unterschriften des Chefs (Blankovollmachten) einholen
- ☐ Postvollmachten klären
- ☐ Versicherungen abschließen
- ☐ Information des Chefs festlegen

Ergänzend wollen wir Ihnen noch einige Erfahrungen aus der Praxis anführen:

Für Flugreisen:

- Buchen Sie, wenn möglich, längere Zeit im Voraus, um den gewünschten Flug bzw. das gewünschte Hotel im Rahmen besonderer Angebote zu bekommen.
- Beachten Sie die Stornofristen.
- Im Sinne einer maximalen Kostenoptimierung buchen Sie nach Möglichkeit mehrere Reisen auf einmal, um günstigere Konditionen zu erhalten.
- Beachten Sie die „Vielflieger-Rabatte", Meilen- oder Kombitickets bzw. verhandeln Sie beste Konditionen! Achtung: Papiertickets immer mit Aufschlag, E-Tickets bzw. Online-Booking ohne Aufschlag.
- Beachten Sie die jeweils aktuellen Sicherheitsbestimmungen bezüglich Handgepäck.
- Nutzen Sie die elektronischen Check-in-Möglichkeiten bzw. MSM-Check-in.

Für Autoreisen:

- Informationen zum Nulltarif erhalten Sie bei den meisten Autovermietungsfirmen. Informieren Sie sich vorher über Firmenvereinbarungen oder spezielle Konditionen.
- Sparen Sie Kosten, indem Sie Fahrgemeinschaften organisieren und Reisepläne intern abstimmen.
- Achten Sie bei Autoreisen auf eine eventuelle Vignetten-Pflicht, Road-Pricing, Autobahngebühren etc.
- Informieren Sie die Mitarbeiter im Fall von Autoreisen über Besonderheiten bei den Verkehrsvorschriften des jeweiligen Landes.

Für Hotelbuchungen:

- Nehmen Sie Hotelreservierungen grundsätzlich schriftlich vor, um Fehlerquellen und unangenehme Situationen auszuschalten.
- Bitten Sie um eine Reservierungsbestätigung als Beleg.
- Benützen Sie Reservierungsnummern zum Nulltarif.
- Fragen Sie bei Bestellung mehrerer Zimmer bzw. Flüge nach Gruppenrabatten.

- Wenn im Hotelaufenthalt kein Frühstück im Preis inbegriffen war, muss dies auf der Hotelbestätigung vermerkt sein, da es zu einer Änderung des Tagespauschalsatzes kommt.
- Gute Hotels bieten den Check-out per Kreditkarte über das TV-Gerät im Zimmer. Damit entfallen Wartezeiten an den Rezeptionen. Machen Sie Ihre Mitarbeiter darauf aufmerksam.

Sonstige Tipps:

- Vermerken Sie besondere Wünsche/Bedürfnisse Ihrer Mitarbeiter, wie z. B.
  - Gangplatz im Flugzeug
  - Vegetarisches Menü
  - Nichtraucherzimmer
- Erarbeiten Sie die Grundlage für eine Travel- bzw. Car-Policy.
- Erstellen Sie für Ihren Chef bzw. MitarbeiterInnen bzw. deren Vertretung einen Reiseplan:

Beispiel:

Datum/Ort	Uhrzeit/Dauer	Gesprächspartner	Zweck/Unterlagen

- Legen Sie eine Liste mit wichtigen Nummern bzw. Internet-Adressen zurecht:
  - Routenplanung
  - Zugsauskunft
  - Flughafen-Auskunft
  - Mietwagen-Service
  - Reisebüro
  - Zoll- und Einreisebestimmungen.
- Solche Datenpools sind auch auf ausgesuchten CD-ROMs erhältlich.
- Wenn Sie umfangreiche Reiseplanungen durchführen müssen, empfiehlt es sich, auf spezielle Reiseplaner-Programme im PC zurückzugreifen. Sie haben vor allem den Vorteil einer größtmöglichen Transparenz der Reisekostenaufwendungen.

- Kopieren Sie im Vorhinein Kreditkarten sowie persönliche Papiere der Mitreisenden.
- Achten Sie auf eine rechtzeitige und korrekte Reiseanmeldung bzw. Reiseabrechnung nach der Dienstreise (Belege, Unterlagen, Dateneingabe!).
- Beachten Sie Zeitverschiebungen.
- Beachten Sie ausländische Feiertage.
- Aktualisieren Sie Zoll- und Einreisebestimmungen.
- Aktualisieren Sie Impfbestimmungen.
- Organisieren Sie die Abwesenheit Ihres Chefs, indem Sie Vertretungsregelungen (Checklisten!) aktualisieren, Teammitglieder informieren, vorausplanen und diverse Termine abstimmen bzw. verschieben.

Tipp

Zur umfassenden Reisevorbereitung gehören auch Hinweise zu den (ausländischen) Gesprächspartnern, wie Hobbys, Familiensituation oder regionale Bräuche – siehe auch 1.4!

4.7 Protokollführung aktuell

Selbstcheck: Unsere Protokoll-Kultur

- ☐ Müssen Sie manche Informationen in Ihren Protokollen zwei Mal lesen?
- ☐ Sind die Informationen oft unvollständig?
  (wichtige Fakten, Namen und Daten fehlen oder sind falsch)
- ☐ Enthalten die Schriftstücke umständliche Formulierungen und überflüssige Floskeln?
- ☐ Wandert manches Schriftstück ungelesen in den Papierkorb?
- ☐ Werden oft subjektive Meinungen und Vermutungen wiedergegeben?
- ☐ Lässt sich nicht unterscheiden, was Fakten und was Vermutungen sind?
- ☐ Wird einiges wiederholt bzw. doppelt erwähnt?
- ☐ Enthalten Besprechungsnotizen oft keine oder mangelhafte Angaben über Ergebnisse und Maßnahmen?
- ☐ Wird das Protokoll der Sekretärin im Nachhinein vom Chef sowieso verbessert bzw. neu diktiert?
- ☐ Diktieren einzelne Sitzungsteilnehmer im Nachhinein ihre eigenen Stellungnahmen ins Protokoll?
- ☐ Ist bei Besprechungen oft unklar, wer mitschreibt, oder wird erst im Nachhinein jemand bestimmt?
- ☐ Wird aus mehreren Teilmitschriften ein Protokoll zusammengefügt?
- ☐ Wird die so entstandene Niederschrift von einer anderen Person überarbeitet?
- ☐ Schreiben bei wichtigen Meetings oft hochbezahlte Mitarbeiter (in Langschrift) mit?
- ☐ Gibt es zwar eigens abgestellte Protokollführer, die aber von der Thematik der Verhandlung/Sitzung wenig Ahnung haben und daher inhaltlich uninformiert sind?
- ☐ Läuft bei Konferenzen ein Tonband mit? Werden die Inhalte dann nur gekürzt im Protokoll wiedergegeben?
- ☐ Werden Protokolle geschrieben, um zu beeindrucken statt etwas auszudrücken?

Viele Besprechungen sind deswegen ineffizient, weil Ziele, Ergebnisse und Verantwortlichkeiten nicht ausreichend festgehalten wurden. Und genau diese Tätigkeit des Festhaltens, die Protokollführung, ist oft ein sehr ungeliebtes Kind. Nicht der dafür fähigste Mitarbeiter wird mit dieser Aufgabe betraut, sondern derjenige, der sich am wenigsten dagegen wehren konnte. Diese weit verbreitete Praxis führt dann zu wenig hilfreichen Protokollen. Dabei ist gerade diese Tätigkeit eine sehr wichtige und verantwortungsvolle. Gerade in unserem Informationszeitalter ist das richtige Erfassen der Ergebnisse gemeinsamer Arbeit von zentraler Bedeutung. Die besten Ideen, die in einer hochkarätigen Besprechung geboren werden, sind nur so gut, wie sie auch dokumentiert werden. Nur dann führen sie auch zu Aktionen, zu Ergebnissen und Maßnahmen.

Drücken Sie sich also nicht vor dieser wichtigen Tätigkeit. Beweisen Sie vielmehr Ihre Kompetenz im Umgang mit den aktuellen Standards zur Protokollführung.

Welche Protokolle gibt es?

- **Wortprotokoll:** Jede Wortmeldung wird dokumentiert, stilistische Korrekturen sind erlaubt.
- **Verlaufsprotokoll:** Der gesamte Verlauf einer Diskussion wird wiedergegeben – jedoch nicht wörtlich, sondern sinngemäß.
- **Ausführliches Ergebnisprotokoll:** Geraffte Wiedergabe aller wesentlichen Beiträge, die zum Gesamtergebnis führen.
- **Ergebnisprotokoll:** Enthält lediglich die Ergebnisse, Beschlüsse und Entscheidungen, kann auch in Tabellenform geschrieben werden und ist die effizienteste Form von Protokollen.
- **Gedächtnisprotokoll:** Der Sitzungsverlauf wird nachträglich festgehalten.
- **Kurzprotokoll:** Verkürzte Form z. B. des ausführlichen Ergebnisprotokolls (kann mit oder ohne Namensnennung der Sprechenden erfolgen).
- **Ebenfalls in Protokollsprache abgefasste Berichte:**
  - Telefonnotiz
  - Aktennotiz
  - Besprechungsnotiz
  - Vermerke und Einträge in Dokumentationen, Dateien
  - Vortragsniederschriften, Veranstaltungsberichte

Alle Protokolle enthalten Ergebnisse und Maßnahmen sowie die zugehörigen Termine und verantwortlichen Personen.

1. Die Vorbereitung

Protokollführung ist eine oft unterschätzte Leistung – legen Sie daher auf eine konzentrierte Vorbereitung Wert!

Wenn Sie Protokollführer sind, sollten Sie vorher überlegen:

- ✔ Haben Sie schon **frühere Protokolle** gelesen?
- ✔ Wissen Sie über das **Thema der Sitzung** genau Bescheid?
- ✔ Kennen Sie die **Fachausdrücke**?
- ✔ Kennen Sie die **Verhandlungs- oder Sitzungsteilnehmer**?
  - Namen, Titel und Positionen sowie
  - deren Sachkenntnisse, Interessen und Ziele
  - Entscheidungsbefugnis
  - persönliche Betroffenheit
  - Persönlichkeitsmerkmale und Verhandlungsstil
- ✔ Kennen Sie die **Tagesordnung**?
- ✔ Wissen Sie über die **Geschäftsordnung** Bescheid?
  - Unter welchen Voraussetzungen kann ein Beschluss gefasst werden? Wer vertritt wen?
  - Welche Mehrheiten sind dafür notwendig?
  - Gibt es Redezeitbeschränkungen?
  - Wann kann jemandem das Wort entzogen werden?
  - Gibt es eine namentliche Abstimmung?
- ✔ Besitzen Sie alle notwendigen **Vorinformationen**?
- ✔ Kennen Sie die erforderlichen **formalen Richtlinien**?
  - Wie wird ein Protokoll abgefasst?
  - Was steht am Beginn, was am Ende?
  - Wie werten Sie die Mitschrift zum Protokoll aus?
  - Wer muss unterschreiben?
  - Wie lautet der Verteiler?
- ✔ Können Sie ein **Tonband** mitlaufen lassen?
- ✔ Schreiben Sie unmittelbar am **Laptop** mit?

- ✔ Haben Sie auch die nötige **Zeit** für diese Tätigkeit?
- ✔ Planen Sie Ihren Zeitbedarf **gleich im Anschluss** an die Protokollführung!

Checkliste zur Protokollvorbereitung

- ☐ Richten Sie Laptop, Stromkabel, Disketten etc. her.
- ☐ Und/oder sorgen Sie für genügend Schreibmaterial etc.
- ☐ Nehmen Sie für jeden Tagesordnungspunkt ein neues Blatt, das sorgt für Übersichtlichkeit.
- ☐ Nummerieren Sie die Blätter.
- ☐ Legen Sie ein separates Blatt für persönliche Notizen an, am besten in einer anderen Farbe.
- ☐ Schreiben Sie bei großen Tagungen die Sitzordnung auf oder bereiten Sie ein Blatt vor, auf das Sie die Personennamen während der Sitzung nur einzutragen brauchen.
- ☐ Überlegen Sie sich für jeden Namen eine Abkürzung oder eine Nummer – schreiben Sie sie auf eine Liste oder prägen Sie sich diese ein.
- ☐ Lassen Sie sich auch für die einzelnen Themen bzw. Tagesordnungspunkte Abkürzungen einfallen.
- ☐ Machen Sie sich mit den Räumlichkeiten vertraut.
- ☐ Liegen die Teilnehmerunterlagen auf?
- ☐ Wo können die Sitzungsteilnehmer in Ruhe telefonieren?

2. Die Protokollaufnahme

Während der Sitzung ist es besonders wichtig, dass Ihnen die wesentlichen Informationen nicht entgehen. Besonders zu Beginn des Protokollschreibens ist man oft nervös und möchte nur ja alles richtig machen. Gerade dann passieren Fehler. Nehmen Sie die nachfolgenden Tipps als Hilfe, um sich gezielt auf die Aufgabe vorzubereiten.

Tipps zum aktiven Zuhören während der Protokollaufnahme

Tipp

- Üben Sie sich im aktiven Zuhören: Der Zuhörer ist nur Empfänger einer Botschaft, nie der Sender!
- Achten Sie auf die **Betonung, Mimik und Gestik**, denn **Sie hören auch mit den Augen**!
- Verwenden Sie **visuelle Gedächtnisstützen**:
  - besonders wichtig bei visuellen Typen
  - akustische Typen merken sich Gehörtes leichter.
- Gehen Sie als Protokollführer **objektiv**, ohne vorgefasste Meinung, in die Besprechung.
- Bewahren Sie den **Überblick**, auch wenn noch so viele durcheinander reden.
- Auch wenn es diese aktive Form des Zuhörens schwierig macht: Lassen Sie sich nie von Emotionen mitreißen – bleiben Sie immer in der Position des **objektiven Beobachters**!
- **Denken Sie** bei jedem Diskussionspunkt **mit** – schalten Sie nicht einfach ab. Es ist gefährlich, sich nur aufs Mitschreiben zu konzentrieren.
- **Gehen Sie auf den Sprecher ein** – welche Stellung hat er, welche Machtposition, welche Ziele verfolgt er? Was meint er mit dem Gesagten wirklich?
- Lassen Sie sich durch die gute Rhetorik eines Einzelnen nicht blenden – **reduzieren Sie das Protokoll auf den Sachgehalt**.
- Auch unscheinbare Wortmeldungen können **Wesentliches** enthalten.
- So filtern Sie **Wesentliches** heraus:
  - Wer
  - Was
  - Wann
  - Wie (nicht unbedingt warum!)
  - Wo
- Achten Sie bei allen Ihren Überlegungen auf den wichtigsten Aspekt guter Protokollführung: **Prinzipiell geht es um die Zukunft, um Ergebnisse und Maßnahmen und nicht um die Vergangenheit bzw. um die Rechtfertigung von Versäumtem.**

3. Formale Richtlinien und Gestaltung eines Protokolls

Der Protokollrahmen:

Grundsätzlich steht es Ihnen frei, welches Layout Sie wählen. Wichtig ist nur, dass die nachfolgenden Punkte enthalten sind:

Checkliste Protokollrahmen

- ☐ Was wurde besprochen?
  - Thema
  - Art der Besprechung (z. B. Teambesprechung)
  - Tagesordnung
- ☐ Wann wurde besprochen?
  - Tag
  - Uhrzeit (Beginn und Ende)
- ☐ Wo wurde besprochen?
  - Ort der Verhandlung mit genauer Adresse und Angabe der Räumlichkeiten
- ☐ Wer hat besprochen?
  - Veranstalter
  - Teilnehmer (Teilnehmerliste)
- ☐ An oberster Stelle: Name des Vorsitzenden, des Sitzungsleiters (kann auch in der Teilnehmerliste mit entsprechendem Vermerk angeführt werden)
- ☐ Im Anschluss: alle Teilnehmer namentlich anführen, und zwar
  - alphabetisch oder
  - nach Rang und Position oder
  - „bunt gewürfelt"
  - mit Titeln (akademischer Grad und/oder Funktionstitel)
  - oder einheitlich ohne Titel
- ☐ Zum Schluss des Protokolls oder am Ende des Deckblattes
  - Datum
  - Name des Protokollführers
  - Unterschrift des Protokollführers (rechts)
  - Unterschrift des Vorsitzenden (links)
  - Verteiler (auch jene Stellen anführen, die nur einen Teil des Protokolls erhalten)

Checkliste: Standardisierte Protokolle – Protokollformular

Wenn lediglich die wichtigsten Punkte einer wöchentlichen Sitzung oder die Ergebnisse einer Routine-Besprechung festgehalten werden sollen, genügt oft ein vorgefertigtes Formblatt – Sie sparen damit viel Zeit und Mühe!

Was ein „standardisiertes Protokoll" enthalten sollte:

- ☐ Thema der Besprechung
- ☐ Termin
- ☐ Teilnehmer
- ☐ Ziele der Besprechung
- ☐ Ergebnisse/Maßnahmen
- ☐ Zuständigkeiten
- ☐ Termine zu den Maßnahmen
- ☐ Verteiler
- ☐ Beginn und Ende der Besprechung
- ☐ Schriftführer

Beispiele für die Gestaltung eines Protokolls

1. Tabellenform (für reine Ergebnisprotokolle)

Tagesordnungspunkt	Wer/Abteilung	zu bearbeiten bis wann	zu erledigen von
Top 1			
Top 2			

2. Beispiel eines Protokollrahmens für eine interne Besprechung

PROTOKOLL – Jour Fixe

Datum:

Von:

An:
Cc:

Betrifft: Abteilungs-Jour-Fix am

Tagesordnungspunkte	**Inhalte**	**Termine/Wer**

3. Protokoll Projektbesprechung

Protokoll Projektbesprechung		
Protokoll Nr.: Ort:	Datum: Protokollführer:	Uhrzeit:
Teilnehmer:		
Tagesordnungspunk-	te:	Wer/Abteilung:
Bis wann?		

Ausführliches Ergebnisprotokoll

TOP 1: Austria XY GmbH

Beantragt wird die Prolongation der ... Im Hinblick auf die ... Im Zuge der Diskussion weist MAIER darauf hin, dass ... Angesichts der nach wie vor schlechten Ertragslage wird der Antrag bei der nächsten Sitzung mit BERGER eingehend besprochen.

Beschluss: Der Antrag wird einstimmig genehmigt.

TOP 2: Bericht über ...

KÖNIG berichtet über die aktuelle Entwicklung der Liegenschaft XY, wobei Folgendes festgehalten wird:

- Der neue Termin für die Vertragsunterzeichnung ist der 17.05.2000.
- Die Genehmigung für ... verzögert sich.

Beschluss: zur Kenntnis genommen. Der Geschäftsführung ist über die weitere Vorgangsweise zu berichten.

Checkliste für die mögliche Gliederung Ihres Protokolls

- ☐ Reihen Sie die Gliederung der behandelten Themen
  - nach Tagesordnungspunkten
  - chronologisch
  - nach sachlichen Zusammenhängen.
- ☐ Innerhalb der Themen gliedern Sie in
  - Berichte, Sachverhaltsdarstellungen
  - Diskussionsbeiträge
  - Anträge
  - Beschlüsse
- ☐ Heben Sie wichtige Textstellen hervor – durch Unterstreichen, Einrücken, Großbuchstaben
- ☐ Streichen Sie die Namen der Redner hervor, z. B. durch Blockbuchstaben, Fettschrift etc.
- ☐ Heben Sie Anträge und Beschlüsse hervor (Beschluss: ... oder bei Tabellenform eigene Spalte mit Verantwortlichkeit und Datum)
- ☐ Gestalten Sie Ihr Protokoll optisch ansprechend
  - Hochformat ist meist leserfreundlicher als Querformat
  - wenn möglich mit 1½ -Zeilen-Abstand

Checkliste: Was gehört in ein Protokoll?

- ☐ **Ist die Wortmeldung zum Thema?** Ist sie wesentlich, weil darin ein Antrag, eine wichtige Information etc. vorkommt? Ist sie für die Beschlussfassung wichtig?
- ☐ **Hat die Wortmeldung persönliche Bedeutung?**
  - für den Sprecher
  - für andere Teilnehmer
  - für andere, nicht anwesende Mitarbeiter/Außenstehende
- ☐ **Wenn eine Person verschiedene Meinungen vertritt:**
  - Gehen Sie davon aus, dass die zuletzt geäußerte Meinung gilt
  - Bringen Sie einen Zusatz an, der die „Meinungsvielfalt" andeutet
- ☐ **Wenn mehrere Personen die gleiche Meinung vertreten:**
  - Fassen Sie zusammen und führen Sie an, wer aller dieser Meinung ist
- ☐ **Beachten Sie beim Verfassen alle Regeln der Textierung:**
  - **Die direkte Rede** für Anträge und Beschlüsse
  - **Die indirekte Rede** für Mitteilungen und Behauptungen
  - Jeder Redebeitrag beginnt mit einem **„Einführungswort"** („teilt mit", „gibt bekannt")
  - Protokolle in der **Gegenwart** abfassen
  - **Kurze und klare** Sätze
  - Keine **Wortwiederholungen** und Doppelaussagen
  - Sparsamer Gebrauch von **Eigenschaftswörtern** (Gefahr der Wertung)
  - **Höflichkeitsfloskeln** werden gekürzt
  - Sparsam mit **Fremdwörtern** umgehen
  - So viel wie nötig, so wenig wie möglich

Tipp

Der Protokollführer soll stets das festhalten, **was** verhandelt wurde, nicht **wie** verhandelt wurde!

Stopp

Was nicht in ein Protokoll gehört:

- Umständliche Einleitungen, Nebengedanken
- Wiederholungen
- Äußerungen in beleidigendem Ton
- Persönliche Wertungen des Gesagten

Sonderfälle der Protokollführung

1. Das Sofortprotokoll (auch Simultanprotokoll)

Der genaue Hergang der Besprechung ist im Nachhinein nicht relevant, es bestehen keine besonderen Formvorschriften. Die Ergebnisse werden sofort während der Besprechung festgehalten, der Vorsitzende unterfertigt unmittelbar nach der Sitzung das Protokoll.

Vorteile dieser Simultan- oder Sofortprotokolle:

- Das Protokoll liegt unmittelbar bei Ende der Sitzung vor
- Der Vorsitzende kann sofort unterschreiben (was einen langen Schriftverkehr oft abkürzt!)
- Die Teilnehmer können sofort ihre Zustimmung geben
- Änderungen und Unklarheiten können sofort beseitigt werden
- Jeder Teilnehmer hat sofort sein Exemplar und kann es als Arbeitsunterlage nutzen
- Der Aufwand für den Protokollführer wird vor allem im Nachhinein verringert
- Zeitersparnis durch Verwendung von vorgefertigten Formblättern
- Das Einhalten entsprechender Formvorschriften bereitet kein Kopfzerbrechen mehr
- Die Teilnehmer verlassen die Sitzung mit dem Gefühl größerer Effizienz und eine fristgerechte Umsetzung der Beschlüsse wird dadurch eher ermöglicht
- Die Bürokratie und die Informationsflut im Unternehmen wird bekämpft

2. Das Management-Summary

Ist eine nachträgliche bzw. zusätzliche Kurzzusammenfassung der getroffenen Beschlüsse und vorgetragenen Berichte für bestimmte Entscheidungsträger. Derartige Zusammenfassungen werden in der Praxis in Tabellenform angelegt.

Vorteile eines Management-Summary:

- Prägnante Information für Geschäftsführer bzw. Vorstandsmitglieder, die nicht bei der Sitzung anwesend waren, über relevante Punkte.
- Kann im Intranet eines Unternehmens bestimmten Verfügungsberechtigten zugänglich gemacht werden, ohne das gesamte Protokoll zu veröffentlichen.
- Kann einem ausführlichen Protokoll am Beginn oder am Ende als Kurzzusammenfassung für den eiligen Leser angeschlossen werden.
- Die Informationsflut für Entscheidungsträger wird verringert.
- Unterstützt die Ausführungskontrolle der getroffenen Beschlüsse und Vereinbarungen bzw. als Vorgabe für eine Beschluss-Datenbank.

Beispiel Management Summary bzw. Beschlussliste:

Management Summary			
Protokoll Nr./oder: Beschlüsse von ..... bis ...... Datum: Protokollführer:			
Nr.	Beschlüsse, Berichte, Aufgaben	verantwortlich	Termin

4.8 Das aktuelle Office-Handbuch

Gehören Sie auch zu denjenigen Mitmenschen, die gerne und oft einschlägige Fachliteratur lesen und sich dabei jedes Mal mit dem guten Vorsatz motivieren: „Genau das werde ich umsetzen!"

Doch leider verpuffen alle guten Vorsätze sehr rasch im Dickicht des Büroalltages. Wie lässt sich das verhindern?

Betreiben Sie **aktives Wissensmanagement in eigener Sache**: Stellen Sie für Ihren Office-Bereich Ihr persönliches Handbuch zusammen. Denn Sie wissen am besten, welche Informationen benötigt werden. Nutzen Sie unser Buch als Anregung, übernehmen Sie diejenigen Checklisten, die Ihnen Ihre Arbeit erleichtern können. Ergänzen Sie dieses Handbuch, wann immer Sie neue, nützliche Informationen entdecken. Denn auch für ein Handbuch gilt: Es ist immer nur so gut, wie es auch aktuell gehalten wird. Ein Gradmesser dabei ist die tatsächliche Verwendung für den Büroalltag.

Grundsätzlich sollte ein Office-Handbuch

- einen Organisationsplan
- die wichtigsten Informationen über Ihren Tätigkeitsbereich
- eine Telefonliste und
- eine Übersicht über laufende Projekte

enthalten.

Der große Vorteil liegt dabei auch darin, dass Sie jederzeit von Kollegen vertreten werden können. Es geht dabei nicht nur um den Katastrophenfall, wenn Sie ganz plötzlich von einem Moment zum anderen ausfallen, sondern vor allem auch um die sonst oft so hektischen Momente vor dem Urlaub. „Was muss ich der Kollegin noch sagen? Was ihr aufschreiben?" Genießen Sie in Zukunft entspannte Ferien – ohne schlechtes Gewissen und ständig läutendes Handy!

Beispiel – Ein Vorschlag für mögliche Inhalte eines Office-Handbuchs:

1. **Fixer Aufgaben-Tagesplan für den Arbeitsbereich (auch für Vertretungen)** *siehe Beispiel unten*
2. **Wichtige Daten des Unternehmens**
3. **Richtlinien für Geschäftsbriefe, Faxe**
   - Formulierungen
   - Textbausteine
   - Dokumentvorlagen

- Verteiler
- Unterschriftenregelungen
- Logovorlagen, Farben
- Auflistung von Titeln bzw. zeitgemäßen Anreden

4. **Aktuelle Rechtschreibregeln**
   - Hinweise zur gendergerechten Sprache

5. **E-Mail-Einmaleins**
   - Signatur
   - Form
   - Tipps zur E-Mail-Sprache
   - E-Mail-Policy mit E-Mail-Prioritätenliste für das Office

6. **Vorgehen bei Kundenbeschwerden**

7. **Interne Informationen**
   - Organisationsstrukturen, Organigramme
   - Informationsstrukturen im Intranet
   - Vorgaben für Intranet-Autoren inkl. Dokumentvorlagen z. B. für Arbeitsanweisungen
   - Tipps zum Corporate Wording
   - Richtlinien für die interne Informationsweitergabe
   - Postbearbeitung
   - Ablageplan
   - Bedienungsanleitungen
   - Büromaterialverwaltung
   - Hotline für EDV-Probleme u. Ä.
   - Internetadressen
   - Serienbriefe erstellen
   - Spezielle Tipps zu den verwendeten Systemen und Programmen
   - Protokollerstellung

8. **Richtlinien für die einheitliche Kundenbetreuung**
   - Kundenempfang/Smalltalk
   - Gästebewirtung
   - Stil und Etikette
   - Besprechungsraum-Koordination
   - Restaurant-Bestellung
   - Meldeformeln am Telefon
   - English on the phone

9. **Einführung neuer Mitarbeiter**
   - Checkliste Vorbereitung Arbeitsplatz
   - Wesentliche Informationen für die ersten Arbeitstage

- Informationen über das Unternehmen
- Betriebsvereinbarungen
- Vertretungsregelungen
- Corporate Wording im Unternehmen
- Vorgaben zum Corporate Behavior (Kleidung, Auftreten etc.)

10. Hinweise für Notfälle
- Wer ist wann zu verständigen?
- Sicherheitsvorschriften
- Arbeitsschutzvorschriften
- Wo ist der Erste-Hilfe-Kasten? Wo der Feuerlöscher?

11. Rechtliche Informationen
- Unterschriftenregelung
- Reiseabrechnungen
- Vollmachten

Beispiel für einen Aufgaben-Tagesplan im Office als Vorlage für Ihr Office-Handbuch:

Zu Tagesbeginn:

- Überprüfung des Tagesplans
- Starten aller Bürogeräte
- Zeitungen auf Unternehmensaktualität durchschauen
- Chefmappe vom Vortag bearbeiten
- Fixe Aufgaben für das Chefbüro (z. B. aktuelle Verkaufszahlen ausdrucken)
- Arbeiten, die Konzentration verlangen, bzw. Schwerpunktaufgaben möglichst zu Beginn erledigen

Im Tagesverlauf:

- Postbearbeitung zu fixen Zeiten
- Spesenkassa-Auszahlungen zu fixen Zeiten, um Zwischendurchstörungen zu vermeiden
- Personalverwaltungsaufgaben zu fixen Zeiten
- Fixtermine überprüfen
- Routinearbeiten zeitlich günstig platzieren
- Zeitplan bzw. Tätigkeitenliste mit dem Chef abstimmen („stille Stunde“)

- Überprüfen der Aktivitäten auf Delegierbarkeit
- Fixe Ablagetermine einhalten
- Fixe E-Mail-Zeiten einhalten
- Besondere Vorlieben des Chefs beachten (z. B. kurze Mittagspause ohne Störung)

Tagesabschluss:

- Zeitplan für nächsten Tag aktualisieren bzw. bei Bedarf ausdrucken
- Unerledigtes abschließen bzw. terminisieren
- Kontrolle der eigenen Tätigkeitenliste
- Abschließen sämtlicher versperrbarer Büroschränke, Kassen etc.
- Abschalten sämtlicher Bürogeräte (Kaffeemaschine, Kopierer, Fax etc.)

Tipp

Sie können das Office-Handbuch auch elektronisch erstellen. Achten Sie jedoch darauf, dass auf dieses Dokument jederzeit zugegriffen werden kann – auch ohne Ihr Passwort!

5 Office-Know-how

5.1 Betriebswirtschaftliches Basiswissen

Office-Mitarbeiter von heute werden zunehmend in wesentliche unternehmerische Prozesse eingebunden. Es genügt nicht mehr, nur über Detailwissen des eigenen Arbeitsbereichs zu verfügen. Das Grundverständnis aller betrieblichen Zusammenhänge ist gefordert. Wer über betriebswirtschaftliches Know-how verfügt und wer die Bedeutung von Begriffen, wie Kennzahlen und Stakeholder, kennt, kann in betriebswirtschaftlichen Fragen „mitreden“. Genau dieses Mitreden und Mitdenken wird in allen Office-Bereichen zunehmend verlangt.

Auch wenn die Sekretariats-Mitarbeiterin beispielsweise keine eigenen unternehmerischen Entscheidungen fällt, so ist oft sie es, die diese Entscheidungen innerhalb des Unternehmens mitträgt und kommuniziert.

Wir wollen uns daher in diesem Kapitel genau jenem erforderlichen Grundwissen widmen und legen dabei keinen Anspruch auf Vollständigkeit – das würde den Rahmen dieses Buches eindeutig sprengen und die Geduld des Lesers überstrapazieren. Wir wollen dieses Kapitel vielmehr als einen Grundriss der betrieblichen Zusammenhänge verstanden wissen. Worauf kommt es an, wenn ich ein Unternehmen als Ganzes betrachte? Welche Fakten sind aussagekräftig? Welche Zusammenhänge gilt es zu beachten? Diesen Fragen gehen wir im Teil 5.2 nach.

Da dieser Ratgeber vor allem als Nachschlagewerk dienen soll, haben wir besonderes Augenmerk auf die kurze Erklärung einzelner Schlagwörter der einschlägigen Fachsprache gelegt. So ist eine Art „betriebswirtschaftlicher Grundwortschatz“ entstanden, der helfen soll, die im Unternehmen besonders häufig gehörten Schlagworte zu verstehen und in jedem Gespräch „up to date“ zu sein (Teil 5.3).

5.2 Einige grundsätzliche Fragen zur Betriebswirtschaft

Was ist eigentlich ein Unternehmen?

Ein Unternehmen ist ein offenes, soziales und produktives System:

- **Offen**, weil es mit der Umwelt in Beziehung steht.
- **Sozial**, weil Menschen darin zusammenarbeiten.
- **Produktiv**, weil Güter und Dienstleistungen hergestellt werden.
- Ein **System**, weil viele einzelne Teile, Elemente zusammenwirken und sich gegenseitig beeinflussen.

Ein Unternehmen kann aber auch als Wertkette gesehen werden: So kauft z. B. ein Produktionsunternehmen am Beschaffungsmarkt Rohstoffe und andere Produktionsfaktoren, die zur Erstellung seines Produktes notwendig sind. Der Lieferant erhält dafür den Einkaufspreis. Im Unternehmen werden dann diese Produktionsfaktoren kombiniert und neue Waren erzeugt. Dabei kommt es zu einer Wertsteigerung. Das erzeugte Produkt wird weiter an den Kunden verkauft, der den Kaufpreis an das Unternehmen zahlt. So beginnt die Wertkette von neuem.

Wer hat Interesse an einem Unternehmen?

Zunächst sind das die **Eigentümer**, die gleichzeitig die Kapitalgeber sind. Sie wollen mit dem Unternehmen verdienen, ihr eingesetztes Kapital soll sich gut verzinsen. Die Rentabilität steht im Vordergrund. Sie wollen in der Unternehmensführung direkt oder indirekt mitbestimmen.

Die **Mitarbeiter** wollen für ihre im Unternehmen geleistete Arbeit entlohnt werden. Sie wollen weiters Sicherheit und ein gutes Arbeitsklima, aber auch Motivation, Mitbestimmung und Anerkennung sind vorrangige Interessen.

Die **Kunden** sind interessiert an einer guten Qualität des Produkts, einem fairen Preis, an guten Lieferbedingungen, einer steten Verfügbarkeit und Fehlerfreiheit. Sie wollen von den Mitarbeitern freundlich behandelt werden.

Die **Lieferanten** wollen ihrerseits sichergehen, dass das Unternehmen die eigenen Produkte weiterhin kauft (Abnahmegarantien) und vereinbarungsgemäß bezahlt.

Der **Gesellschaft** geht es um die Beachtung von Umweltschutzbestimmungen und um eine sozial ausgerichtete Beschäftigungspolitik des Unternehmens.

Die **Medien** wollen über möglichst viele Unternehmensvorgänge informiert werden.

Der **Gesetzgeber (Staat)** achtet auf die Einhaltung aller rechtlichen Rahmenbedingungen und die Sicherung der Arbeitsplätze.

Die **Interessenvertretungen** handeln die Rahmenbedingungen für die Einkommen der Mitarbeiter aus und sind an der Sicherheit am Arbeitsplatz sowie an der Mitbestimmung an der Unternehmensgestaltung interessiert.

Alle diese Gruppen nehmen Einfluss auf die unternehmerischen Entscheidungen. Dieses Konzept der Unternehmensführung wird auch **Stakeholder-Value-Konzept** genannt.

Welche Entscheidungen muss ein Unternehmensgründer treffen?

1. Unternehmenszweck: Was will ich herstellen? Auf welchen Märkten?
2. Wahl der Rechtsform: Wer soll aller beteiligt sein? Wie viel Kapital benötige ich?
3. Aufstellen eines Budget- und Finanzplanes: Wie viel Eigenkapital, wie viel Fremdkapital benötige ich? Wo beschaffe ich mir dieses Kapital? Welches Anlagevermögen, welches Umlaufvermögen benötige ich?
4. Strategische und operative Ziele festlegen
5. Welche rechtlichen Rahmenbedingungen sind wesentlich?
6. Wie organisiere ich mein Unternehmen? Welche Mitarbeiter benötige ich? Was mache ich im Unternehmen selbst, welche Leistung lagere ich aus?

Welche Rechtsformen gibt es?

Zunächst ist folgende Einteilung wichtig:

- **Öffentlich-rechtliche Unternehmen:** eine öffentlich-rechtliche Körperschaft (Bund, Länder, Gemeinden) ist Eigentümer oder Träger des Unternehmens (z. B. Sozialversicherung, Krankenhäuser, Post, Müllabfuhr).
- **Privatrechtliche Unternehmen:** Eigentümer sind Privatpersonen, aber auch andere Privatunternehmen, Organisationen bzw. öffentlich-rechtliche Körperschaften. Das Unternehmen unterliegt den Normen des Privatrechts.

Privatunternehmen werden wie folgt unterteilt (nach österreichischem Gesellschaftsrecht):

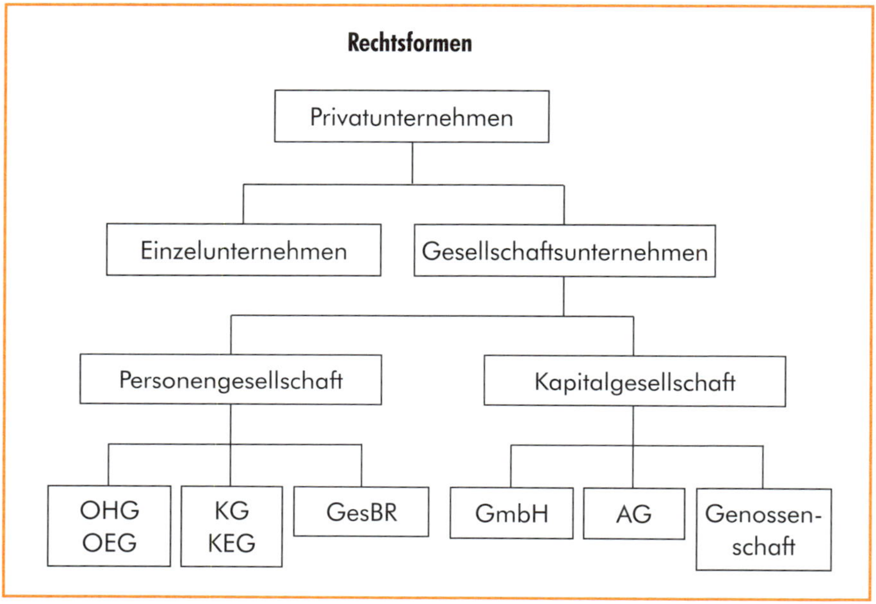

Einzelunternehmen sind am schnellsten gegründet, da sie mit den wenigsten gesetzlichen Auflagen und Vorschriften belastet sind. Es genügt, die Geschäfte einfach aufzunehmen, sich beim Finanzamt eine Steuernummer zu besorgen und sich gegebenenfalls bei der Gewerbebehörde anzumelden. Der Einzelunternehmer kann alleine über die Führung seines Unternehmens bestimmen, er muss auch den Gewinn mit niemandem teilen. Er haftet allerdings unbeschränkt, also auch mit seinem Privatvermögen für alle Schulden des Unternehmens. Es ist daher nur dann ratsam, diese Form zu wählen, wenn man über genügend Eigenkapital verfügt und das Unternehmen nicht sehr kapitalintensiv ist.

Gesellschaftsunternehmen stehen dagegen im Eigentum mehrerer Personen, die sich zur unternehmerischen Tätigkeit zusammengeschlossen haben:

Die **Offene Handelsgesellschaft (OHG)** ist eine Personengesellschaft, zu der sich mehrere gleichberechtigte Partner zusammenschließen. Alle Gesellschafter haften unbeschränkt, also auch mit ihrem Privatvermögen. Ein Gläubiger des Unternehmens kann sogar die gesamten Forderungen, die er gegen das Unternehmen hat, von jedem beliebigen Gesellschafter einfordern (= **„solidarische Haftung“**). Alle Gesellschafter haben daher großes Interesse an der Geschäftsführung und sind aktiv daran beteiligt. Die Kreditwürdigkeit des Unternehmens ist hoch.

Bei der **Kommanditgesellschaft (KG**) ist bei einem oder mehreren Gesellschaftern die Haftung beschränkt: Der **Kommanditist** ist im Prinzip ein reiner Kapitalgeber. Seine Einlage kann aber auch aus der Mitarbeit im Unternehmen, Zurverfügungstellen von Fachwissen, Patentrechten etc. bestehen. Er haftet nur in Höhe seiner Einlage, hat deswegen nur begrenzte Kontrollrechte und Mitsprache im Unternehmen. Somit ist er am Erfolg des Unternehmens beteiligt, ohne mit seinem Privatvermögen haften zu müssen. Der **Komplementär** hat die gleichen Rechte und Pflichten wie ein Gesellschafter einer OHG: Er haftet unbeschränkt solidarisch und hat dafür volle Entscheidungsgewalt.

Die **Offene Erwerbsgesellschaft (OEG – Achtung: ab 1. 1. 2007 Offene Gesellschaft bzw. OG**) und die **Kommanditerwerbsgesellschaft (KEG)** sind grundsätzlich der OHG und KG ähnlich, allerdings sind sie für jene Unternehmen gedacht, die die Voraussetzungen der OHG und KG nicht erfüllen: Mindestumsatz unter 400.000,– EUR, keine Vollkaufmannseigenschaft. Sie sind sozusagen die kleinen Schwestern dieser Gesellschaftsformen und zum Beispiel für Freiberufler ideal, die auf diesem Weg eine Gesellschaft gründen können.

Die **Gesellschaft mit beschränkter Haftung (GmbH)** ist eine Gesellschaftsform mit eigener Rechtspersönlichkeit, sie ist eine **juristische Person**.

Eine juristische Person ist ein eigenes Rechtssubjekt, also ein künstliches Gebilde, das als Träger von Rechten und Pflichten auftritt. Das heißt, nur die Gesellschaft kann geklagt werden, nicht die Gesellschafter persönlich, wie bei den Personengesellschaften.

Die GmbH ist die Eigentümerin des Gesellschaftsvermögens und haftet für ihre Schulden. Die beteiligten Gesellschafter reduzieren so ihr Risiko auf die Höhe ihrer Einlage. Um den Gläubigern dieser Unternehmensform aber ein gewisses Maß an Sicherheit zu geben und somit auch die Kreditwürdigkeit zu steigern, ist gesetzlich ein Mindestkapital bei der Gründung, das **Stammkapital,** von 35.000,– EUR vorgesehen. Die Hälfte davon muss in bar, die andere Hälfte kann auch in Sachwerten aufgebracht werden. Die Gründungskosten sind relativ hoch und die eingeschränkte Kreditwürdigkeit führt dazu, dass vor allem in der Anfangsphase von den Banken bei der Kreditvergabe an die GmbH oft die persönliche Haftung der geschäftsführenden Gesellschafter verlangt wird. Die Gesellschafter sind laut Gesetz nicht zur Mitarbeit im Unternehmen verpflichtet, sie können auch eine andere Person als Geschäftsführer bestimmen. Es existiert somit eine Trennung zwischen Kapitalbeteiligung und Mitarbeit, ein typisches Kennzeichen der Kapitalgesellschaft.

Die **stille Gesellschaft** stellt einen Sonderfall dar: Der „stille Gesellschafter" ist, wie der Kommanditist bei der KG, reiner Kapitalgeber ohne Mitspracherecht im Unternehmen. Er bleibt anonym und ist lediglich am Gewinn bzw. Verlust beteiligt. Das Unternehmen selbst kann jede beliebige Rechtsform aufweisen. Der Vorteil dieser Form der Geldbeschaffung für das Unternehmen besteht darin, dass nur dann Zahlungen an den stillen Gesellschafter erfolgen, wenn ein Gewinn ausgewiesen wird.

Die **Aktiengesellschaft (AG)** ist ebenfalls eine Gesellschaft mit eigener Rechtspersönlichkeit, also eine juristische Person. Die Gesellschafter sind mit Einlagen am **Grundkapital** beteiligt, das mindestens 70.000,– EUR betragen muss. Dieses Grundkapital ist in **Aktien** aufgeteilt, die Gesellschafter heißen daher auch **Aktionäre.** Schon mit kleinen Beträgen kann man sich so an einem erfolgsversprechenden Unternehmen beteiligen. Das Verlustrisiko bleibt dabei auf den Kaufpreis (**Kurswert** zum Zeitpunkt des Kaufs) der Aktie beschränkt. Die Aktie kann jederzeit wieder verkauft werden. Alljährlich muss eine Versammlung aller Aktionäre stattfinden (Hauptversammlung). Die Hauptversammlung wählt den Aufsichtsrat, der wiederum den Vorstand bestimmt und diesen in weiterer Folge auch kontrolliert. Der Gewinn, der mit einer Aktie erzielt werden kann, besteht einerseits aus einem Anteil am jährlich erzielten Gewinn des Unternehmens **(Dividende)** und andererseits aus dem möglichen Kursanstieg der Aktie **(Kursgewinn)**. So bietet diese Unternehmensform die Möglichkeit, relativ große Mengen an Kapital breit gestreut am Kapitalmarkt zu erhalten. Dem stehen hohe Gründungskosten, ein großer bürokratischer Aufwand und viele gesetzliche Regelungen, die beachtet werden müssen, gegenüber.

Die **Genossenschaft** ist ein Zusammenschluss von Personen, dessen Hauptzweck die Förderung bestimmter wirtschaftlicher Interessen und größere Effizienz, z. B. durch gemeinsamen Einkauf, Verkauf oder Organisation, ist. Das Erzielen von Gewinn ist dabei nicht vorrangig. Die Genossenschaft ist jederzeit offen für neue Mitglieder.

Was versteht man unter Vertretungsbefugnis und Zeichnungsberechtigung?

Wer ein Unternehmen nach außen vertreten darf, ist zunächst einmal gesetzlich geregelt. Beim Einzelunternehmen ist es der Unternehmer selbst, bei der OHG ist jeder Partner einzeln vertretungsbefugt, bei der KG nur der Komplementär. Bei der GmbH wird ein Geschäftsführer ernannt, der nach außen vertritt – das kann auch ein Gesellschafter sein, ein so genannter geschäftsführender Gesellschafter. Die AG wird durch ihre Vorstandsmitglieder vertreten. Diese gesetzlichen Regelungen können aber auch durch die Gesellschafter abgeändert werden:

- einzelne Gesellschafter werden **von der Vertretungsbefugnis ausgeschlossen**;
- einzelne oder alle Gesellschafter sind nicht alleine vertretungsbefugt, sondern nur mit einem Zweiten gemeinsam (**Gesamtvertretung**).

Diese Beschränkungen müssen im **Firmenbuch** eingetragen werden.

Die Vertretungsbefugnis kann auch durch Erteilung von **Prokura** und **Handlungsvollmacht** erfolgen. Der **Prokurist** darf sämtliche Geschäfte und Verpflichtungen im Namen des Unternehmens eingehen – mit wenigen Einschränkungen, wie z. B. dem Verkauf des Unternehmens. Bei der Gesamtprokura sind ausschließlich mehrere Personen gemeinsam vertretungsbefugt. Im Unterschied zur Prokura beschränkt sich die Vertretungsbefugnis bei der **Handlungsvollmacht** auf bestimmte Handlungen. Eine Prokura wird im Firmenbuch eingetragen. Die Erteilung einer Handlungsvollmacht kann auch nur mündlich oder sogar stillschweigend erfolgen. Duldet zum Beispiel ein Chef ohne Widerspruch die Abwicklung von Einkauf und das Aushandeln von sämtlichen Konditionen durch einen Mitarbeiter, so kann von außen sein Verhalten als schlüssige Handlung, als Dulden, verstanden werden und der Mitarbeiter ist somit bei diesen Einkäufen voll vertretungsbefugt.

Wichtig in diesem Zusammenhang ist die Art und Weise der Unterschrift unter ein geschäftliches Schreiben: Unterschreibt beispielsweise ein Mitarbeiter mit dem Zusatz iA, so handelt er im Auftrag, also ohne eigene Vertretungsbefugnis. Er ist somit von den meisten rechtlichen Konsequenzen befreit. Unterschreibt er jedoch i. V., so handelt er „in Vertretung“, also mit Vollmacht und eigenverantwortlich!

Was beinhaltet ein Unternehmenskonzept?

- Die **Unternehmensvision**: Welche Grundidee soll hinter dem Unternehmen stehen? Was soll das Unternehmen in seiner Umwelt und für seine Mitgestalter bewirken?
- Die **Unternehmensziele:** Wo soll das Unternehmen in einer bestimmten Zeit stehen? Was streben wir wann an? Diese Ziele werden in der Regel in einem Zielentscheidungsprozess formuliert, an dem alle Stakeholder direkt oder indirekt beteiligt sind.
- Daraus entwickelt sich meist das **Unternehmensleitbild**: Hier werden die Werte, die für die Unternehmenskultur prägend sein sollen, in meist sehr abstrakter und allgemeiner Form festgelegt. Es sagt aus, wie ein Unternehmen grundsätzlich zu seinen Mitarbeitern, Kunden, zur Leistungsorientierung, zu Fragen der Qualität, der Kostenorientierung und der Innovations- und Technologieorientierung steht. Wichtig bei der Umsetzung ist jedoch immer der Grad der tatsächlichen Orientierung an diesem Leitbild. Ist es nur ein mehr oder weniger schön gestaltetes Papier oder wird dieses Leitbild auch aktiv gelebt?
- Aus den übergeordneten Unternehmenszielen entwickeln sich dann die **strategischen und operativen Ziele.** Strategische Ziele beziehen sich auf das ganze Unternehmen und sind meist langfristig und eher allgemein formuliert. In den operativen Zielen werden genauere Vorgaben für die einzelnen Bereiche des Unternehmens definiert. Sie werden von den strategischen Zielen abgeleitet.
- Definition der **Zielgruppe:** Wer sind unsere Kunden, wen wollen wir noch als Kunden gewinnen, welche Kunden sind unsere wichtigsten Stammkunden und wie erhalten wir sie als Kunden für unser Unternehmen?
- **Existenzbedingungen** für das Unternehmen: Hier wird festgelegt, wie die Strategie zur Sicherung wichtiger Erfolgsfaktoren im Unternehmen aussehen soll: Wie sichern wir unsere Liquidität? Welchen Gewinn peilen wir an? Wie muss die Rentabilität aussehen? Wie soll unser Unternehmen wachsen? Welche Investitionen sind erforderlich? Wie hoch ist unser gesamter Kapitalbedarf? Wie erfolgt die Finanzierung?

Das Erstellen und notwendige Anpassen des Unternehmenskonzepts ist eine der wesentlichen Führungsaufgaben.

Was versteht man unter Controlling?

Wohl kaum ein anderer Begriff wird in einzelnen Unternehmen so unterschiedlich definiert wie Controlling: Manche verstehen darunter einfach einen anderen Begriff für Rechnungswesen, andere ein allumfassendes Managementkonzept, das alle Linienentscheidungen zusammenfasst. Oft wird der Begriff auch fälschlich einfach mit Kontrolle gleichgesetzt.

Controlling versteht sich als Steuerungsinstrument, das alle Unternehmensbereiche umspannt. Es liefert Informationen als Grundlage zur Planung, Durchführung und Kontrolle aller Unternehmensführungs-Funktionen.

Controlling wird auch oft mit der Navigation eines Schiffes gleichgesetzt: Es liefert sozusagen die Werkzeuge und Entscheidungshilfen für den Kapitän, den eigentlichen Führer des „Unternehmensschiffes". Entscheiden muss er, wohin der Kurs geht – Controlling liefert die dafür notwendigen Informationen.

Das **strategische Controlling** befasst sich mit dem Anpassen des Unternehmens an die sich ständig ändernde Umwelt. Es ist zukunftsbezogen und will den Erhalt und die positive Weiterentwicklung des Unternehmens sichern. Es konzentriert sich dabei auf die Analyse der Stärken und Schwächen des Unternehmens sowie auf die Chancen und Risken der Märkte. Das **operative Controlling** befasst sich dagegen mit der Wirtschaftlichkeit von einzelnen Unternehmensprozessen. Begriffe, wie Gewinn und Rentabilität, sind dabei entscheidend. Das operative Controlling ist somit von der Tendenz her gegenwartsbezogen und liefert damit auch die Basis für die Zukunftsanalysen des strategischen Controllings.

Aufgaben des Controllings	Aufgabe des Managements
Liefert alle Informationen, die für die Zielerstellung und Planung notwendig sind	Entscheidet über Ziele und erstellt Pläne
Bereitet Entscheidungen vor	Trifft Entscheidungen
Legt Termine fest, informiert laufend	Plant und setzt um
Liefert Kontrolldaten	Entscheidet, was wann kontrolliert wird
Koordiniert Kontrolldaten	Ergreift Korrekturmaßnahmen
Untersteht dem Management, meist als Stabstelle	Der Controlling-Abteilung übergeordnet

Was ist ein Budget?

Ein Budget ist ein in wertmäßigen Größen wiedergegebener Plan. Jedem Aktionsplan im Unternehmen kann damit ein entsprechendes Budget zugeordnet werden: Welche Mittel sind für die Umsetzung der Pläne erforderlich? Welche Umsätze und Deckungsbeiträge werden erwartet? Die Erstellung eines solchen Budgets nennt man Budgetierung. Dieser Prozess ist eng mit der Planung verbunden. Oft bestimmen dabei so genannte „Engpässe" die Erstellung. Die Budgetierung erfolgt in den jeweils verantwortlichen Teilbereichen des Unternehmens (Abteilungen, regionale Bereiche etc.). Die Genehmigung und Kontrolle des Gesamtbudgets ist Aufgabe der Geschäftsleitung. Dabei ist eine laufende Überwachung durch Soll-Ist-Vergleich sowie eine Analyse etwaiger Abweichungen wichtig. Das Budget kann auch während der Budgetphase (meist ein Jahr) angepasst werden.

Oft werden an die tatsächliche Erreichung der Budgetgrößen positive oder negative Sanktionen geknüpft: von der monetären Belohnung bis hin zur Kündigung. Daher spricht man in manchen Unternehmen auch von einem ständigen „Budgetdruck".

5.3 Kleiner betriebswirtschaftlicher Grundwortschatz

Abschreibung ist der Wertverlust, dem das abnutzbare **Anlagevermögen** (z. B. Betriebsgebäude, Einrichtung, Autos) unterliegt und der in der Buchhaltung berücksichtigt wird. Die Höhe der Abschreibung ergibt sich, indem man den Kaufpreis durch die Zahl der voraussichtlichen Nutzungsjahre dividiert.

AIDA-Formel stellt ein Grundmodell in der Werbung dar:

A – Attention – die Aufmerksamkeit des Kunden gewinnen

I – Interest – sein Interesse wecken

D – Desire – sein Interesse in einen konkreten Wunsch verwandeln

A – Action – zur Handlung (= Kauf des Produktes) bewegen

Amortisations-Dauer gibt an, wie lange es dauern wird, bis die Investitions kosten durch den Verkauf verdient sind und die Gewinnzone erreicht wird.

Assessment Center Mehrere Kandidaten, die für eine freie Position im Unternehmen zur Auswahl stehen, nehmen an einem Ausleseprozess teil, der aus einer Reihe von Aufgaben und Tests besteht. Mehrere Personen beobachten und beurteilen dabei die Kandidaten. Die einzelnen Potenziale sollen so je nach Jobanforderung genauer und umfassender analysiert werden.

Asset Stripping auch **„Break-ups"**, Verkauf von ertragsschwachen, aber substanzstarken Unternehmensteilen zum Zweck der Einzelverwertung. Dadurch werden größere Beträge erzielt als beim Verkauf des gesamten Unternehmens als Einheit.

Aufsichtsrat ist ein **Organ der AG**. Der Aufsichtsrat wird von der Hauptversammlung gewählt, bestimmt und kontrolliert in weiterer Folge den Vorstand der AG.

Aufwendungen sind der gesamte Wertverzehr einer Abrechnungsperiode, also Gehälter, Rohstoffe, Mieten, aber auch Spenden, Prozesskosten und andere Aufwendungen, die nicht mit der Leistungserstellung im direkten Zusammenhang stehen.

Ausgleich ist eine gerichtliche Vereinbarung zwischen dem zahlungsunfähigen Schuldner und seinen Gläubigern, die dem Schuldner teils einen Erlass, teils eine Stundung seiner Schuld gewährt. Mindestens 40 % der Schulden (= Ausgleichsquote) müssen jedoch innerhalb von zwei Jahren bezahlt werden. So kann das Unternehmen u.U. weiterbestehen und die Gläubiger verzichten zu Gunsten zukünftiger positiver Entwicklungen auf einen Teil der ihnen zustehenden Beträge. Stimmen die Gläubiger dieser Vereinbarung nicht zu, kommt es zum **Konkurs.**

Außenhandel ist die Summe aller Betriebe, die den grenzüberschreitenden Handel von Gütern (Waren, Dienstleistungen, Kapital) vornehmen. Grundsätzlich wird zwischen Import-, Transit- und Exporthandel unterschieden.

Balanced Scorecard ist ein Instrument zur strategischen Unternehmensführung. Die Balanced Scorecard hilft, die Vision eines Unternehmens in eine Strategie zu übersetzen und zwar aus vier Perspektiven: 1.) Finanzwirtschaft, 2.) Geschäftsprozesse, 3.) Kunden, 4.) Mitarbeiter. Dabei sollen monetäre und auch nicht monetäre Zielsetzungen ausgewogen im Management-System integriert werden, ohne das finanzielle Endziel aus den Augen zu verlieren. Folgende Kriterien sind dabei entscheidend:

- Quantitative und qualitative Faktoren werden berüksichtigt;
- „historische“ Kennzahlen und Frühindikatoren werden analysiert;
- Finanzzahlen und „Nichtfinanzzahlen“ werden erfasst;
- Ursache-Wirkungs-Zusammenhänge von Kennzahlen werden betrachtet;
- sämtliche Prozesse, von der Kernaufgabe bis zur Arbeitsplatzebene, werden beobachtet und führen zu einer funktionsübergreifenden Betrachtung;
- die Balanced Scorecard wirkt für alle Mitarbeiter und Beteiligten motivierend und verpflichtend.

Benchmarking bedeutet die Orientierung an den Besten in einer Branche oder einer Fachgruppe. Die unternehmenseigenen Angebote, Verfahren und Prozesse werden systematisch denen der besten Anbieter gegenübergestellt.

Benchmarking bedeutet demnach ein Vergleichsmaßstab, eine Messlatte, an der die Leistungsfähigkeit eines Produkts, eines Arbeitsprozesses oder eines Systems gemessen wird.

Betriebliche Kennzahlen sind zusammengefasste Daten über wichtige messbare betriebliche Tatbestände. Sie zeigen die bisherige Entwicklung, die aktuelle Situation und die künftigen Trends eines Unternehmens auf. Eine Kennzahl alleine sagt jedoch meist wenig aus, es gilt, immer mehrere Faktoren und Zusammenhänge zu betrachten.

Bilanz heißt die Gegenüberstellung der Bestände an Vermögen und Kapital zu einem bestimmten Stichtag – in Kontenform (doppelte Buchhaltung, je ein Soll- und ein Habenkonto), ohne Mengenangaben:
Die linke Seite einer Bilanz enthält alle Vermögensteile (Aktiva), die rechte Seite das Eigen- und Fremdkapital des Unternehmens (Passiva).
Auf der Aktivseite ist zu erkennen, wie sich das Vermögen zusammensetzt: Gibt es mehr Anlagevermögen oder ist mehr im Umlaufvermögen angelegt? Wo wurde mehr investiert? Wie hoch ist der Prozentsatz an Eigenkapital, wie an Fremdkapital?
Die Passivseite gibt Auskunft darüber, woher die verwendeten Mittel stammen. Beide Formen des Kapitals sind dabei Schulden. Das Eigenkapital stellt die Schuld des Betriebes gegenüber dem Unternehmer dar, der dieses Kapital eingebracht hat. Das Fremdkapital ist die Schuld gegenüber den außenstehenden Personen oder Institutionen. Wie wurden die Mittel finanziert?

Break-even-Point ist jener Punkt, bei dem die Verkaufserlöse die gesamten Kosten (variable und fixe Kosten) abdecken. Auch Gewinnschwelle genannt.

Boston-Box ist ein Arbeitsmittel für die Produkt-/Marktstrategie im Marketing, ähnlich der Portfolio- oder Produklebenszyklus-Analyse im Controlling.
Stiefkinder bedürfen vieler Mittel (Geld, Zeit, sonstige Ressourcen), liefern bei einem kleinen Marktanteil einen Verlust, tragen aber ein Wachstumspotenzial in sich. Lohnt es sich jedoch, dieses Produkt, diese Dienstleistung weiter im Programm zu belassen?

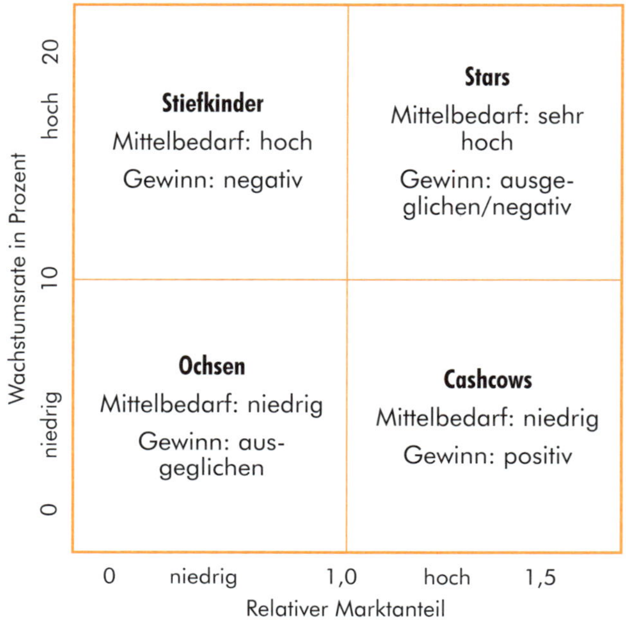

Die **Stars** haben einen sehr hohen Bedarf an Mitteln, liefern aber eher Gewinn als die Stiefkinder und beinhalten ein hohes Wachstumspotenzial. Vielfach handelt es sich dabei um so genannte „Prestige-Produkte".

Ochsen benötigen zwar weniger Mittel, liefern aber auch kaum einen Gewinn und die Wachstumschancen sind gering.

Cashcows benötigen wenige Mittel und liefern hohe Gewinne. Ihr Marktanteil ist hoch. Sie tragen daher entscheidend zum unternehmerischen Erfolg bei. Allerdings haben sie ein geringes Wachstumspotenzial, das heißt, dass sie sich leicht bei geringen Veränderungen am Markt zu Ochsen entwickeln können. Es lässt sich also nicht auf Dauer von den Cashcows leben. Manchmal lassen sich aber Stars oder auch Ochsen durch geringfügige Produktänderungen zu Cashcows umwandeln. Ist aber ein Ochse nicht mehr „entwicklungsfähig", sollte man ihn „schlachten"!

Cashflow

gibt den Finanzmittelüberschuss aus der geschäftlichen Tätigkeit an. Dem Betrieb fließen liquide Mittel zu, mit denen die sofort fälligen Aufwendungen beglichen werden. Doch nicht alle Aufwendungen sind ausgabewirksam, d. h. führen zu Geldabflüssen (z. B. Abschreibungen). Daher bleiben die nicht unmittelbar zur Aufwandsdeckung benötigten liquiden Mittel fürs Erste im Unternehmen. Berechnungsgrundlage dafür bildet der Jahresüberschuss. Der Cashflow gibt Auskunft über die **Finanzkraft** und **Zahlungsfähigkeit** eines Unternehmens.

Change-Management bedeutet Management des Wandels. Die gesamte Organisation wird an veränderte Umweltbedingungen angepasst und so neu ausgerichtet. Organisations- und Kommunikationsstrukturen, Regelungen wie Entlohnung und Arbeitszeit, aber auch die Mitarbeiterstruktur werden verändert.

CI siehe → **Corporate Identity**

Clienting Der Kunde steht im Mittelpunkt, die Beziehung zu ihm wird systematisch aufgebaut und gepflegt, ein ständiger Informationsaustausch findet statt. Der Kunde kann somit direkten Einfluss auf unternehmerische Entscheidungen nehmen.

Coaching ist gezielte Betreuung einzelner Mitarbeiter mit dem Ziel, das Engagement, die Team- und Kritikfähigkeit zu erhöhen und dem Mitarbeiter Hilfe in bestimmten Situationen durch Denk- und Handlungsanstöße zu geben.

Controlling beinhaltet die Planung, Steuerung und Kontrolle des Unternehmens. Das Controlling liefert das erforderliche Datenmaterial für das Management als Grundlage für unternehmerische Entscheidungen. Ebenso entwickelt es Konzepte zur Realisierung der operativen und strategischen Unternehmensziele.

Corporate Design ist das Erscheinungsbild, der gestalterische einheitliche Auftritt, der das Bild eines Unternehmens bei seinen Zielgruppen prägt (Farben, Formen, Schriftzüge, Logo, Slogans). Unter Corporate Design versteht man das optische Erscheinungsbild eines Unternehmens. Es umfasst alle visuell wahrnehmbaren Merkmale, wie

Farben, Formen, Logo, Einrichtung, Schriftart, Kleidung etc. Corporate Identity umfasst im Gegensatz dazu alle Elemente, die die eigentliche „Identität" des „Unternehmens" ausmachen. Corporate Design ist somit ein wichtiger Teil der Corporate Identity.

Corporate Identity (CI) ist die Summe der die unverwechselbaren Elemente des Denkens und Handelns, durch die sich ein Unternehmen von seinen Mitbewerbern unterscheidet. **CI** umfasst das einheitliche Erscheinungsbild eines Unternehmens nach außen und nach innen. So entsteht die Identität eines Unternehmens, mit der sich die Mitarbeiter identifizieren und die beim Kunden ein bestimmtes Image mitkreiert.

Deckungsbeitrag zeigt, in welchem Maß ein Produkt zur Deckung der fixen Kosten beiträgt (Netto-Verkaufserlöse minus variable Kosten).

Direkte Kosten auch **Einzelkosten**: Sie lassen sich den hergestellten Produkten oder Dienstleistungen direkt zurechnen.

Direkt-Mailing bedeutet das direkte Ansprechen der Zielgruppe mit einer bestimmten Werbebotschaft auf dem Briefweg.

Diversifikation erfolgt dann, wenn das Angebot des Unternehmens verbreitert wird, um es rentabler und krisenfester zu machen. Diversifikation erfolgt entweder **horizontal** (Erweiterung durch branchenähnliche Produkte), **vertikal** (vor- und nachgelagerte Betriebe werden dazugenommen, um Absatz und Beschaffung zu sichern) oder **lateral** (Erweiterung durch branchenfremde Produkte).

Dividende ist jener Bestandteil des jährlichen Gewinns einer Aktie, der sich aus dem Anteil am erzielten Gewinn des Unternehmens berechnet.

Doppelte Buchhaltung Die doppelte Buchhaltung enthält ein Soll- und ein Haben-Konto. Jeder Geschäftsfall wird zweifach (doppelt) verbucht. Jede Buchung erfolgt ausschließlich mit **Beleg** (das ist ein Schriftstück, das den Geschäftsfall dokumentiert – Aufbewahrungspflicht für sieben Jahre). Der Gewinn kann so auf zweifache Art festgestellt werden, und zwar entweder durch den Vergleich der Bilanzen oder durch die Gegenüberstellung der Erträge und Aufwendungen.

Due Diligence ist die verkehrsübliche Sorgfalt oder sorgfältige Erfüllung, die bei einer betriebswirtschaftlichen Handlung an den Tag gelegt wird, z. B. die sorgfältige Prüfung eines Unternehmens, das übernommen werden soll.

EBIT bedeutet "earnings before interest and taxes" und stellt eine Kennzahl dar, die das Jahresergebnis vor Abzug der Aufwendungen für Steuern und Zinsen anzeigt. Maßstab für den Betriebserfolg eines Unternehmens.

EBITDA bedeutet "earnings before interest, taxes and depreciation" und stellt eine Kennzahl dar, die das Jahresergebnis vor Abzug der Aufwendungen für Steuern, Zinsen und Abschreibungen anzeigt.

EGT ist das Ergebnis der **gewöhnlichen Geschäftstätigkeit** (ohne außerordentliche Erträge und Aufwendungen, Steuern vom Einkommen und Ertrag, Bewegungen unversteuerter Rücklagen, Gewinnrücklagen, Gewinn- oder Verlustvortrag). Diese Kennzahl zeigt den Betriebserfolg und den Finanzerfolg des Unternehmens.

Eigenkapital ist das Reinvermögen: Vom Gesamtwert des Vermögens werden sämtliche Schulden abgezogen.

Einnahmen-Ausgaben-Rechnung heißt die einfache Gegenüberstellung der Einnahmen und Ausgaben zur Ermittlung des steuerpflichtigen Gewinnes bei jenen Unternehmen, die nicht gesetzlich zur Buchführung verpflichtet sind.

Eröffnungsbilanz Die Schlussbilanz des Vorjahres dient als Eröffnungsbilanz des neuen Geschäftsjahres.

Ertrag ist der dem Aufwand (für Rohstoffe, Arbeitsleistungen, Fremdkapital etc.) gegenübergestellte Verkaufserlös für Produkte plus **außerordentlichem Ertrag** (z. B. aus dem Verkauf von Betriebsgrundstücken). Ist dieser **Bruttoertrag** höher als alle Aufwendungen, entsteht ein Gewinn (**Nettoertrag**).

Factoring Eine Factoring-Bank kauft dem Unternehmen Forderungen gegen kreditwürdige Kunden ab. So steht dem

Unternehmen schnell Geld zur Verfügung – ohne langwierige Verwaltungs- und Eintreibungsverfahren.

Finanzplan Den erwarteten laufenden Einnahmen werden die erwarteten laufenden Ausgaben gegenübergestellt.

Fixe Kosten fallen immer an, egal, ob produziert wird oder nicht.

Franchising Größere, oft internationale Unternehmen suchen sich rechtlich und wirtschaftlich unabhängige Partner, die in eigenen Geschäften die Produkte des Unternehmens vertreiben. Der **„Franchise-Geber"** bestimmt dabei genau über das Erscheinungsbild, die Qualität und den organisatorischen Rahmen. Der **„Franchise-Nehmer"** profitiert dabei von dem gemeinsamen Marketing, der Werbung sowie von strukturellen und arbeitstechnischen Hilfestellungen. Dafür bezahlt er eine **„Franchise-Gebühr"**.

Fremdkapital sind entweder langfristige Schulden, wie Hypotheken, Darlehen, oder kurzfristige Schulden, wie Verbindlichkeiten aus Lieferungen und Leistungen, Bankschulden, Wechselschulden (Frist = Fälligkeit).

Geringwertige Wirtschaftsgüter Anlagen müssen erst ab einem Anschaffungspreis von 400,– EUR buchhalterisch aktiviert werden. Anlagen mit einem geringeren Anschaffungswert bezeichnet man als geringwertige Wirtschaftsgüter, sie können sofort zur Gänze gewinnmindernd als Aufwand in die GuV-Rechnung aufgenommen werden.

GuV Die Gewinn- und Verlustrechnung ermittelt den Erfolg (den Gewinn oder den Verlust) einer Abrechnungsperiode (Monat/Quartal/Jahr). Die Aufwendungen werden den Erträgen gegenübergestellt. Ist die Summe der Erträge höher als die Summe der Aufwendungen, hat das Unternehmen einen Gewinn erzielt, im umgekehrten Fall einen Verlust.

Goldene Finanzierungsregel Langfristiges Anlagevermögen soll durch Eigenkapital oder langfristige Kredite finanziert werden. Das Kapital soll somit dem Unternehmen so lange zur Verfügung stehen, wie es im Vermögen gebunden ist.

GAP-Analyse ist ein Instrument des strategischen Controllings. Ziele werden in Zahlen bewertet und als Kurve dargestellt.

Dieser Zielkurve wird eine Kurve mit errechneten Prognosewerten gegenübergestellt. So wird festgestellt, ob die Ziele voraussichtlich erreicht werden, oder ob sich eine strategische Lücke (gap) ergibt und damit Korrekturmaßnahmen ergriffen werden müssen.

Güter Mittel, die geeignet sind, menschliche Bedürfnisse zu befriedigen.
Konsumgüter dienen der unmittelbaren Bedürfnisbefriedigung, z. B. Lebensmittel, Kleidung, Auto, ...
Produktions- oder Investitionsgüter dienen der Herstellung anderer Güter.

Handelsspanne Differenz zwischen Einkaufs- und Verkaufspreis.

Hauptversammlung (CH: Generalversammlung) Versammlung aller Aktionäre einer AG, die den Aufsichtsrat wählt. Sie findet grundsätzlich einmal jährlich statt.

Holding-Gesellschaft ist ein Unternehmen, dessen Hauptzweck es ist, sich als Muttergesellschaft an anderen Unternehmen (Tochtergesellschaften) zu beteiligen.

Image Das Image des Unternehmens stellt die Gesamtheit der Vorstellungen (also richtiger oder falscher), die Einzelne oder Gruppen vom Unternehmen haben, dar. Jedes Unternehmen hat ein Image, ob es will oder nicht. Im Sinne des Unternehmens zu gestalten, ist die Aufgabe der Öffentlichkeitsarbeit.

Indirekte Kosten auch **Gemeinkosten**: Sie lassen sich dem Produkt nicht direkt zurechnen und werden nach bestimmten Zuschlagsätzen den einzelnen Produkten aufaddiert.

Initial Public Offering bedeutet die Ersteinführung eines Unternehmens an der Börse durch Verkauf von Unternehmensanteilen (Aktien) an die Öffentlichkeit.

Innenfinanzierung Ein Unternehmen beschafft sich benötigte finanzielle Mittel aus eigener Kraft, z. B. durch einbehaltenen Gewinn (Reserven) oder Verkauf eigener Vermögensteile (Kapitalfreisetzung).

Insolvenz Ist ein Unternehmen zahlungsunfähig und sind die Gläubiger nicht zu einem außergerichtlichen Ausgleich bereit, muss ein Insolvenzerfahren eingeleitet werden, das entweder in einem Ausgleich oder einem Konkurs endet.

Inventur ist die Bestandsaufnahme des Vermögens und der Schulden eines Unternehmens.

ISO 9001, ISO 9004 Qualitätsnormen, die von ISO, einer internationalen Normenorganisation, entwickelt wurden und laufend an Umweltveränderungen angepasst werden. Die Qualitätsnormen sind sehr allgemein formuliert und sollen sicherstellen, dass ein Unternehmen in der Lage ist, Produkte und Dienstleistungen herzustellen, die den Erwartungen und Bedürfnissen ihrer Kunden entsprechen. Eine Zertifizierung ist nur nach ISO 9001 möglich, ISO 9004 bestimmt Kriterien für ein Total-Quality-Management-System.

Joint Venture Zwei Unternehmen betreiben gemeinsam eine Anlage, z. B. ein Produktionswerk, oder bauen gemeinsam eine Vertriebsorganisation auf. Diese Möglichkeit der Zusammenarbeit wird hauptsächlich in Ländern genutzt, in denen es für ein ausländisches Unternehmen (rechtlich) nicht möglich ist, eine Tochtergesellschaft zu gründen.

Kartell Unternehmen der gleichen Branche regeln ihr Verhalten auf den Märkten durch gegenseitige Absprachen, z. B. Preiskartelle, Gebietskartelle. Ein strenges Kartellgesetz verbietet in den meisten Industrieländern derartige Absprachen.

Kennzahlen Sie drücken bestimmte Merkmale der Bilanz oder der betrieblichen Leistungserstellung durch einen Zahlenwert aus. Sie dienen als wichtige Steuerungsdaten und Planungshilfen für die Unternehmensführung und die Ergebniskontrolle.

Kritische Erfolgsfaktoren sind Schlüsselgrößen, die für die Erreichung der Gesamtziele eines Unternehmens von zentraler Bedeutung sind.

Konkurrenzanalyse hat die Aufgabe herauszufinden, was die anderen tun, um sicher zu gehen, das zu tun, was die anderen nicht tun. Wer erfolgreich sein will, muss Marktnischen ausfindig machen, in diese eindringen und sie besetzen.

Nur wenn die Stärken und Schwächen der Mitbewerber bekannt sind, können deren Potenziale, Ziele, gegenwärtige und zukünftige Strategien abgeschätzt und beurteilt werden. Erfolg erzielt der, der die eigenen Stärken auf die Schwächen der Mitbewerber konzentriert.

Kosten sind jener Teil der Aufwendungen, die im direkten Zusammenhang mit der Leistungserstellung stehen (Gehälter, Mieten, Rohstoffkosten etc.).

Kontinuität Marketing-Aktivitäten sollten möglichst langfristig koordiniert werden. Wenig Aussicht auf Erfolg versprechen willkürliche Veränderungen einzelner Marketinginstrumente. Vertrauen entsteht nur, wenn eine Linie im kundenorientierten Auftreten beibehalten wird.

Kreativität – Innovation Kreativ ist, wer Wichtiges entdeckt, Neues und Sinnvolles erfindet, Herkömmliches in Frage stellt und sich bessere Lösungen ausdenkt.
Wer aber etwas Neues tut oder produziert, was andere noch nicht gemacht haben, wer sinnvollere und bessere Lösungen als die herkömmlichen realisiert und durchsetzt, ist nicht nur kreativ, sondern innovativ.

Kurzfristige Preisuntergrenze Preis, bei dem der Erlös gerade noch die variablen Kosten abdeckt, also der Deckungsbeitrag gleich null ist. Diese Preissenkung soll zu einer Steigerung der Nachfrage führen und neue Kundenschichten anlocken. Er kann jedoch nur kurzfristig so tief festgesetzt werden, längerfristig sollten zumindest die gesamten Kosten gedeckt sein. Ausnahme: Der erhöhte Absatz dieses Produkts führt gleichzeitig zum höheren Absatz eines anderen Produkts, dessen Deckungsbeitrag sehr hoch ist.

Lean Management Managementmodell, das zu einer „schlankeren" und damit effizienteren Struktur des Unternehmens führen soll. Folgende Merkmale sind dabei wichtig:
- flache Hierarchien und kurze Entscheidungswege
- kooperativer Führungsstil (siehe auch 3.2)
- Denken, Entscheiden und Handeln in einem Ablauf
- Team- und Gruppenarbeit sollen das Informationsniveau fördern

– Förderung von gut funktionierenden Schnittstellen einzelner Arbeitsbereiche und -abläufe
– Mitdenken und positive Kommunikation werden von allen Mitarbeitern gefordert.

Management-Buy-in (MBI) Manager, die nichts mit dem Unternehmen zu tun haben, kaufen sich als neue Gesellschafter in ein Unternehmen ein und arbeiten aktiv in der Leitung des Unternehmens mit.

Management-Buy-out (MBO) Unternehmensübernahme durch das bisherige Management durch Erwerb von wesentlichen Anteilen am Unternehmen. Meist reicht dafür das Eigenkapital nicht aus, weshalb die Fremdfinanzierung eine bedeutende Rolle spielt – es werden oft die Aktiva des übernommenen Unternehmens als Sicherstellung gegeben.

Marketing umfasst alle Maßnahmen, die dazu dienen, das eigene Produkt, die eigene Dienstleistung optimal mit den Bedürfnissen des Kunden zu verbinden. Wie sollen unsere Produkte aussehen, wie teuer dürfen sie sein, wo werden sie vertrieben, wie machen wir sie dem Kunden bekannt usw.? Marketing ist eine unternehmerische Denkhaltung, die alle Entscheidungen unter dem Gesichtspunkt des Absatzes trifft.

Marketing-Mix ist die Abstimmung der Ziele, Mittel und Verfahren, die zum Erreichen der Marketing-Ziele führen. Als Marketing Mix wird die optimale Zusammenstellung der einzelnen Marketingmaßnahmen bezeichnet. Ziel ist es, die bestmögliche Beziehung des Unternehmens zum Kunden zu erreichen. Das Ergebnis dieser Überlegungen fließt in die Marketingstrategien des Unternehmens ein. Der Marketing-Mix umfasst also den kombinierten Einsatz der einzelnen Strategien und Instrumente des Marketings, wie Produktpolitik, Kommunikationspolitik, Distributionspolitik und Honorar- und Konditionenpolitik.

Marketingstrategie setzt die verschiedenen Hilfsmittel des Marketings ein, um in einer bestimmten Marktsituation festgelegte Ziele zu erreichen.
Marketingstrategie heißt konkret: einen Gesamtplan zu erarbeiten, um herauszufinden, wie man von Anfang an handeln muss, um am Ende Erfolg zu haben.

Sinn und Zweck von Marketingstrategien ist es, Wettbewerbsvorteile zu schaffen.

Marktanalyse Der Kunde kann nur wissen, was er haben möchte. Aber er kann nicht wissen, was er haben könnte. An diese Grenze stößt jede Form von Marktforschung. Nur Märkte, die bereits existieren, können auch erforscht werden. Die Aufgabe der Marktanalyse ist es, die Signale des Marktes aufzunehmen und sie zu identifizieren.

Marktforschung ist das systematische Sammeln, Aufzeichnen und Analysieren von Daten über Probleme, die sich auf die Vermarktung von Gütern und Dienstleistungen beziehen.

Marktsegment Um den Gesamtmarkt überschaubarer zu machen, werden alle potentiellen Kunden in Untergruppen mit in etwa ähnlichen Bedürfnissen aufgeteilt. Die Unterteilung kann auch nach geographischen Zuordnungskriterien erfolgen.

Mediation ist der Prozess der Vermittlung und Schlichtung zwischen Konfliktparteien durch eine dritte, neutrale Partei. Eigene Lösungsalternativen werden dabei erarbeitet.

Mentoring Unter der Anleitung eines erfahrenen, in der Hierarchie höher stehenden Mitarbeiters (Mentor) werden die für die jeweiligen Aufgaben notwendigen Fähigkeiten trainiert und entwickelt. Der Mentor fungiert dabei als Coach, Berater und Unterstützer.

Mergers and Acquisitions (M&A) Überbegriff für alle Aktivitäten, die mit der Übertragung von Unternehmen bzw. Anteilen an Unternehmen in Zusammenhang stehen (Übernahme gegen Entgelt oder Fusion). Die Abwicklung wird dabei meist von Spezialbanken organisiert.

Monopol Es ist nur ein Anbieter auf dem Markt, daher besteht keine Konkurrenz.

Neutrale Aufwendungen alle jene Aufwendungen, die keine Kosten sind.

Oligopol Am Markt gibt es nur wenige Mitanbieter, die Konkurrenz ist klein.

Organigramm ist eine graphische Darstellung der Ablauforganisation eines Unternehmens.

Outplacement Bezeichnung für die Freisetzung eines führenden Mitarbeiters, die in möglichst „sanfter“ Form stattfinden soll. Dem ausgeschiedenen Mitarbeiter wird bei der Neuorientierung und der Jobsuche geholfen.

Outsourcing Ein Unternehmen konzentriert sich in Zukunft nur auf sein Kerngeschäft und überträgt alle anderen Aufgaben an ein rechtlich unabhängiges Unternehmen, z. B. wird in Zukunft die Werkskantine von einem Catering-Unternehmen durchgeführt.

Das ökonomische Prinzip Mit den vorhandenen Mitteln soll der höchstmögliche Erfolg erzielt **(Maximalprinzip)** oder mit dem geringstmöglichen Einsatz von Mitteln ein bestimmtes Ziel erreicht werden **(Minimalprinzip).**

Portfolioanalyse ist ein Instrument der strategischen Planung. Es handelt sich dabei um eine vereinfachte Darstellung von für den Markterfolg wichtigen Faktoren, die in einer Matrix einander gegenübergestellt und miteinander in Beziehung gesetzt werden. So wird zum Beispiel der relative Marktanteil dem Marktwachstum gegenübergestellt. Wie soll sich der Marktanteil eines Produkts in einem wachsenden Markt entwickeln? Je nach → **Produktlebenszyklus** und Marktsituation lassen sich dabei vier Kategorien unterscheiden:

- **Question Marks, Nachwuchsprodukte:** Produkte mit (noch) geringem Marktanteil in einem Markt mit hohem Wachstum. Sie stehen am Anfang ihres Produktlebenszyklus, haben daher noch einen hohen Finanzbedarf, sind aber andererseits Hoffnungsträger.
- **Stars:** Produkte mit einem hohen Marktanteil auf einem Markt mit hohem Wachstum. Sie beginnen bereits, Gewinne abzuwerfen (siehe auch → **Boston Box**).
- **Cashcows:** Produkte mit hohem Marktanteil auf einem nur mehr langsam wachsenden Markt. Sie erwirtschaften einen hohen Gewinn, der aber bereits in die Entwicklung neuer Produkte investiert werden muss (siehe auch → **Boston Box**).
- **Poor Dogs:** Produkte mit geringem Marktanteil auf Märkten mit sehr geringem Wachstum. Sie befinden

sich am Ende des Produktlebenszyklus und sollten langfristig aus dem Programm genommen werden.

Portfolio-Management Portfolio ist die Bezeichnung für einen Bestand an Forderungen, Verbindlichkeiten, Wertgegenständen, Produkten oder Abteilungen, deren Ertrag immer wieder gewissen Änderungen unterliegt. Daher muss dieses Portfolio ständig überprüft, kontrolliert und umgeschichtet – „gemanagt" – werden (z. B. Wertpapierportfolio, Technologieportfolio, Branchenportfolio).

Preiselastizität der Nachfrage Sie gibt an, wie sehr der Absatz durch eine Preissenkung gesteigert werden kann.

Preispolitik umfasst alle Überlegungen und Entscheidungen zu den Preisen des Unternehmens. Drei Faktoren beeinflussen die Preispolitik: die Kosten, die Nachfrage nach dem Produkt und die Mitbewerber. Preisvorteile dürfen nie zu Lasten der Produktqualität gehen. Der Nutzen und nicht der Preis ist ausschlaggebend für den Erfolg eines Produkts.

Produktpolitik Produkte werden in Zukunft immer mehr den Charakter von Problemlösungen haben. Es geht darum herauszufinden, welche neuen Produkte zu völlig neuen Problemlösungen für unsere Kunden werden und wie wir die unveränderlichen Bedürfnisse unserer Kunden noch besser, aber vielleicht ganz anders befriedigen können. Wer mit seinen Produkten keinen Kundennutzen schafft, wird als nutzlos gestrichen.

Prinzip der kaufmännischen Vorsicht Aufgrund rechtlicher Vorschriften darf sowohl das Anlage- als auch das Umlaufvermögen höchstens mit dem Anschaffungspreis (bei abnutzbarem Anlagevermögen noch vermindert um die Abschreibung) in der Bilanz geführt werden.

Produktionsfaktoren alle für den Produktionsprozess notwendigen Mittel, wie z. B. Arbeit, Betriebsmittel und Werkstoffe.

Produktivität zeigt die mengenmäßige Ergiebigkeit der betrieblichen Tätigkeit.

Produktlebenszyklus Ein Produkt durchlebt während seiner Präsenz am Markt verschiedene Phasen. In der **Einführungsphase** kommt das Produkt auf den Markt, die Kosten übersteigen den Umsatz. In der **Wachstumsphase** steigt der

Umsatz rasch an, erste Gewinne werden erzielt und erste „Nachahmer“ erscheinen am Markt. In der **Reifephase** nimmt die Wachstumsrate ab, die Umsätze verflachen zwar, aber die Überschüsse sind groß. In der **Sättigungs- oder Rückgangsphase** versiegt das Wachstum, ein Rückgang tritt ein und der Umsatz nimmt ab. Zunächst werden noch Gewinne erzielt, doch längerfristig wird das Produkt unrentabel und vom Markt genommen.

Public Relations (PR) Öffentlichkeitsarbeit. Public Relation umfasst alle bewussten, geplanten und langfristigen Maßnahmen, die dazu dienen, das Vertrauen der Öffentlichkeit zu erlangen. Transporteure sind dabei Zeitung, Radio, Fernsehen und Mund-zu-Mund-Propaganda.

Qualitäts-Management Ein umfassendes Qualitätssicherungs-System soll im Unternehmen eingeführt werden. Althergebrachte, schlechte Gewohnheiten und Versäumnisse sollen beseitigt und alle betrieblichen Abläufe und Organisationsstrukturen neu orientiert bzw. optimiert werden. Das Prinzip der ständigen Verbesserung steht dabei im Vordergrund.

Reengineering Alle Prozesse und Strukturen eines Unternehmens werden in Frage gestellt. Dabei geht es hauptsächlich um die Frage, wie das Unternehmen gestaltet werden würde, wenn es heute neu begonnen würde. Die Anpassung an die derzeitigen Umweltbedingungen erfolgt daher sehr radikal.

Rechnungswesen ist das Instrument zur Steuerung und Überwachung der betrieblichen Abläufe. Alle betrieblichen Daten werden erfasst, aufbereitet und zahlenmäßig dargestellt. Die genauen Bestimmungen darüber sind in verschiedenen Rechtsvorschriften festgelegt (Handelsrecht, Steuerrecht, Gesellschaftsrecht, Strafrecht). Das Rechnungswesen kann aus folgenden Teilen bestehen:

- **Finanzbuchhaltung:** dokumentiert alle Geschäftsvorfälle einer Abrechnungsperiode
- **Bilanzierung:** Jahresabschlussrechnung, Bilanz und GuV
- **Finanzrechnung:** Kapitalflussrechnung – woher kommen die Mittel und wofür wurden sie verwendet?

– **Kostenrechnung:** bildet den betrieblichen Wertverzehr ab
– **Betriebliche Statistik:** erstellt Kennzahlen
– **Planungsrechnung:** zukunftsbezogene Rechnung.

Rentabilität ist dann gegeben, wenn der Einsatz der Produktionsfaktoren einen Gewinn erbracht hat. Demnach ist die Rentabilität das Verhältnis des Gewinns zum eingesetzten Kapital.

RoE (Return on Equity Eigenkapitalrentabilität, sagt aus, wie sich das vom Kapitalgeber investierte Kapital innerhalb einer Rechnungsperiode verzinst hat. Damit ist zu erkennen, ob eine Investition mehr oder weniger rentabel ist.

ROI (Return on Investment) gibt an, wie viel Prozent des investierten Kapitals über den Gewinn in das Unternehmen zurückgeflossen sind. Der ROI ist somit eine Messgröße für die Ertragskraft.

Rücklagen Ein Teil des Gewinns wird zurückbehalten, um Mittel für spätere Verwendungen bereitzustellen **(offene Rücklagen),** oder es werden **stille Rücklagen** durch Unterbewertung des Vermögens und Überbewertung der Passiva gebildet. Rücklagen sind Teile des Eigenkapitals.

Rückstellung wird gebildet, wenn noch nicht sicher ist, ob oder in welcher Höhe eine Ausgabe im nächsten Jahr erfolgen wird (z. B. für eine bereits heuer bezogene Leistung wurde noch keine Rechnung gelegt). Rückstellungen zählen daher zum Fremdkapital.

Sale-and-lease-back Das Unternehmen verkauft Anlagevermögen (z. B. Gebäude, Maschinen, Autos) an eine Leasinggesellschaft, die dieses Anlagevermögen wieder zurückvermietet. So kommt das Unternehmen bei einer Liquiditätskrise sofort zu liquiden Mitteln und kann das Anlagevermögen trotzdem weiter nutzen.

Shareholder Value Unternehmensführungs-Konzept, bei dem die Interessen der Eigentümer (Aktionäre) im Vordergrund stehen. Ziel ist dabei die Maximierung des Marktwertes des Eigenkapitals. Das bedeutet einerseits, eine attraktive Dividendenpolitik zu forcieren, und andererseits eine sozial verträgliche und wirtschaftlich verantwortungsvolle Führung eines Unternehmens – ein Spagat, der nicht immer gelingt.

Sozialprodukt ist der in Geld ausgedrückte Wert aller, während eines Jahres in einer Volkswirtschaft erzeugten Güter und Dienstleistungen bzw. das Gesamtergebnis der wirtschaftlichen Tätigkeit.

Sponsoring Ein Unternehmen unterstützt ein anderes Unternehmen, eine wohltätige Organisation oder einen Künstler, um so eigene Marketingziele zu erreichen.

Stakeholder-Konzept Diese Form der Unternehmensführung soll sich im Unterschied zum Shareholder-Value-Konzept, das sich einseitig an den Eigentümerinteressen orientiert, an den Interessen und Wertvorstellungen aller mit dem Unternehmen verbundenen Gruppen orientieren. Dazu zählen außer den Eigentümern die Mitarbeiter, die Kunden, die Lieferanten sowie die gesamte Gesellschaft.

Strategische Allianzen Zwei oder mehrere Unternehmen schließen sich zu einem bestimmten Zweck und für einen bestimmten Zeitraum zur Kooperation zusammen, wobei es dabei nicht zur Errichtung eines eigenen Unternehmens kommt.

Substanzwert-Verfahren Verfahren, um den Verkaufswert eines Unternehmens zu ermitteln. Das Eigenkapital wird dabei um die stillen Reserven erhöht.

SWOT-Analyse ist ein trategisches Controlling-Instrument. Sie erhebt die Stärken (**S**trengths), Schwächen (**W**eaknesses), Chancen (**O**pportunities) und Risiken bzw. Bedrohungen (**T**hreats) des Unternehmens. Dabei wird sowohl die Umwelt als auch das Unternehmen untersucht. Die eigene Position am Markt ist dabei entscheidend. Die Ergebnisse dieser Analyse werden meist in Matrixform dargestellt, das heißt, die Chancen und Risken sowie die Stärken und Schwächen werden zueinander in Beziehung gesetzt. Daraus leiten sich die künftigen Strategien im Unternehmen ab:
- **SO-Strategie**: Die eigenen Stärken treffen auf Chancen am Markt.
- **ST-Strategie**: Die eigenen Stärken werden genutzt, um Risiken zu begegnen.
- **WO-Strategie**: Die eigenen Schwächen werden durch die Nutzung von neuen Chancen kompensiert.
- **WT-Strategie**: Die eigenen Schwächen werden minimiert, um den Risiken besser begegnen zu können.

Total Quality Management (TQM)
Durch das engagierte Mitwirken aller Mitarbeiter soll die Erstellung von Produkten und Dienstleistungen in bester Qualität, termingerecht und zu günstigen Kosten gewährleistet werden. Diesem Konzept liegt das japanische Qualitätsverständnis zu Grunde. Wesentliche Merkmale sind:

- Kundenorientierung
- Mitarbeiterorientierung („interne Kunden")
- Partnerorientierung (Lieferanten)
- Prozessorientierung
- Kontinuierliche Prozessverbesserung („Prozesscontrolling")
- Fehlervermeidung.

USP
Unique Selling Proposition – die Einmaligkeit eines Produkts oder einer Dienstleistung. Was unterscheidet unser Produkt, unsere Dienstleistung von anderen? Was macht unsere Produkte einmalig und unverwechselbar?

Variable Kosten
sind beschäftigungsabhängige Kosten. Sie fallen nur dann an, wenn etwas produziert (verkauft) wird.

Verkaufs-Förderung
Unter Verkaufsförderung versteht man die Schaffung günstiger Bedingungen, wie z. B. die Gestaltung der Verkaufsflächen, die Organisation der Verkaufsadministration oder die Herstellung von Verkaufshilfen.

Vermögen
wird geteilt in:

- **Anlagevermögen:** Alle Vermögensteile, die langfristig zur Durchführung der betrieblichen Aufgaben nötig sind (z. B. Grundstücke, Gebäude, Maschinen, Fuhrpark).
- **Umlaufvermögen:** Jene Vermögensteile, die nur kurzfristig im Unternehmen sind, weil sie verändert oder verbraucht werden (z. B. Rohstoffe, Waren, Forderungen, Bankguthaben).

Vertrieb
Der Vertrieb beinhaltet alle Maßnahmen und Entscheidungen, die dazu beitragen, die Distanz zwischen dem Angebot und den Kunden zu überbrücken.

Virtuelles Unternehmen
Mehrere selbständige Unternehmen schließen sich zu einem vorübergehenden Netzwerk zusammen. Sie nutzen so ihre unterschiedlichen Spezialisierungen für

die Erfüllung einer bestimmten Aufgabe, der Informationsaustausch erfolgt via elektronischer Medien, da die Unternehmen nicht an einem Ort konzentriert, sondern oft weltweit zu finden sind. Es gibt dabei kaum Hierarchien und Autoritäten, die einzelnen Unternehmen arbeiten als Partner.

Vision *(lat.: Video – Ich sehe)*
Vision ist die bestimmte Vorstellung von einer Weiterentwicklung oder einer neuen Problemlösung, die im Geiste durchaus schon vorhanden bzw. sichtbar sein kann und realisierbar erscheint, auch wenn die Wege zu ihrer Realisierung noch nicht offen liegen. Sie ist noch nicht planbar in Zahlen und Zeiten, aber sie ist auch nicht unrealistisch in ihrer Erreichbarkeit.

Wertschöpfung
ist der von einem Unternehmen in einer bestimmten Periode geschaffene Wertzuwachs. Sie ist auch eine Messgröße für die volkswirtschaftliche Leistungsfähigkeit dieses Unternehmens. Die Wertschöpfung wird errechnet, indem man von der gesamten Unternehmensleistung alle Vorleistungen (= Wert der von anderen Unternehmen bezogenen Güter und Dienstleistungen) abzieht.

Werbung
Mit Werbung werden alle kommunikativen Maßnahmen bezeichnet, die auf den Verkauf von Leistungen ausgerichtet sind. Außerdem trägt die Werbung immer auch zur Imagebildung bei. Werbung ist jegliche Form nicht persönlicher Kommunikation mit bestimmten Zielgruppen über verschiedene Medien (Print, Film) zwecks Präsentation und Promotion der eigenen Dienstleistungen und Ideen. Werbung kann sehr subjektiv sein, sie spricht vor allem auch die Emotion an und will Aufmerksamkeit erregen.

Wirtschaftlichkeit
zeigt, ob nach dem → ökonomischen Prinzip gehandelt wurde. Sie stellt die Erträge den Aufwendungen gegenüber.

Working Capital
ist jener Betrag, um den das Eigenkapital und die langfristigen Verbindlichkeiten eines Unternehmens über den Wert des Anlagevermögens hinausgehen. Dieser Bilanzmaßstab aus den USA gibt Aufschlüsse über die Finanzstruktur eines Unternehmens.

6 Office für mich

6.1 Meine innere Einstellung

Wir haben bis jetzt schon viel über die Anforderungen an den Office-Mitarbeiter von heute gesprochen. Wir haben uns all dem nötigen Wissen, vielen hilfreichen Tipps und Überlegungen über Zukunftstrends gewidmet. Doch dieser Ratgeber wäre nicht komplett, würden wir einen wichtigen Teil außer Acht lassen: Die innere Einstellung jedes Einzelnen, die Energie, die jeder aus sich schöpfen kann, und die erst ermöglicht, die Erkenntnisse in die Praxis umzusetzen.

Denn die besten Tipps und alles Wissen nützen nur so viel, wie ich auch bereit bin, sie in meinen Arbeitsalltag zu integrieren. Ich muss alle meine inneren Hürden überwinden und darf nicht auf ein „Wunder" von außen hoffen. Ich trage die Verantwortung für mein Leben selbst!

Die Kraft unserer Gedanken ist groß. Wir müssen hier nicht erst berühmte Erfinder und Entdecker zitieren, um aufzuzeigen, was diese Kraft vermag. Nur wer sich große Taten zutraut, schafft die Voraussetzungen zum persönlichen Erfolg. Visionen und daraus abgeleitete Ziele entstehen zunächst im Kopf.

Doch auch der Umkehrschluss ist berechtigt:

Wer sich selbst nichts zutraut, dem bleibt der Weg zum Erfolg versperrt, der steht sich selbst in eben diesem Weg.

Auch Negatives, das wir gedanklich vorwegnehmen, tritt häufig ein. Paul Watzlawik hat das in seinem unvergleichlichen Buch „Anleitung zum Unglücklichsein" sehr drastisch beschrieben. Die Kraft unserer Gedanken kann in alle Richtungen viel bewirken. Es ist daher nicht unerheblich, was in unseren Köpfen vorgeht.

Doch diese Gedanken müssen auch wirklich aus unserem Inneren kommen. Fremde, „kopierte" Gedanken bewirken wenig. Genau da irren so manche „Motivationsbestseller". Gedanken, mögen sie auch noch so faszinierend klingen, werden mein Leben nicht verändern, wenn ich sie nicht wirklich nachvollziehen kann bzw. sie nicht meiner inneren Einstellung entsprechen. Daher sind alle Erfolgsrezepte nach dem Motto: „Man nehme... und sei glücklich!" mit Vorsicht zu genießen. Wie wäre es sonst möglich, dass noch immer zahlreiche frustrierte Mitmenschen unsere Bürogebäude bevölkern, wo doch fast jeder von ihnen schon das eine oder andere Werk gelesen hat und somit doch schon längst wissen müsste, wie man reich, schön und erfolgreich wird? Warum macht der Gedanke an den Montagmorgen noch immer so vielen Angst, warum ist es nur so schwer, dem Chef endlich seine Meinung zu sagen, ein höheres Gehalt zu fordern, die Karriereleiter hinaufzuklettern und somit alle Ziele zu erreichen?

Der Vergleich der eigenen beruflichen Situation mit dem Trugbild aus Literatur und Medien bewirkt auf diese Art und Weise immer mehr Frust, die Negativspirale dreht sich heftig: Warum bin gerade ich so ein Versager, stehe beruflich – und damit sehr oft auch privat – auf der negativen Seite, wo doch etwa „Superwoman" oder „Superman" spielerisch den Olymp von Glück und Erfolg erklimmen?

Hier liegt die große Gefahr: Die Kraft der Gedanken kann so wie jede andere Energiequelle auch zur Bedrohung werden. Nicht nur unser **eigener Perfektionsanspruch** setzt uns gehörig unter Druck, auch der so genannte **Zeitgeist**. Was wir unter Erfolg zu verstehen haben, wird uns an allen Ecken und Enden ausführlich erklärt. Nicht mehr alleine die Erwartungen unserer Eltern oder unseres persönlichen Umfeldes gilt es zu erfüllen, nein, eine ganze Horde von Erfolgsautoren, Lebensberatern, Coaches, Werbern, Journalisten und solchen, die „es schon geschafft haben", wollen es uns vorzeigen. Doch muss ich wirklich dem Weg eines erfolgreichen amerikanischen Automobil-Konzern-Chefs folgen? Was hat das Leben eines millionenschweren Fast-Food-Ketten-Gründers mit meinem gemeinsam?

Original statt Kopie

Suchen Sie sich Ihren eigenen Weg zum Erfolg. Bewerten Sie alle gut gemeinten Vorschläge. Es geht einzig und allein um Ihr Leben, um Ihr Glück. Misstrauen Sie allen zeitgeistigen Idealen. Hinterfragen Sie diese „Erfolgsgeheimnisse" – die simplen wie die komplizierten!

Tipp Jeder Tipp ist nur dann gut, wenn er auch wirklich zu Ihnen passt.

Jeder Berater, Coach und Trainer sollte für Widerspruch und kritische Wortmeldungen dankbar sein. Sie zeigen, dass sich hier jemand bewusst mit dem Gehörten auseinander setzt und es nicht einfach kritiklos hinnimmt.

Wir wollen hier jedoch nicht das Lesen von einschlägiger Literatur, das Auseinandersetzen mit geistigen Ergüssen anderer verdammen – ganz im Gegenteil. Es ist wichtig, sich mit den Ideen anderer auseinander zu setzen. Nur so komme ich oft meinen eigenen inneren Werten und Überzeugungen auf die Spur. Es ist gar nicht so einfach, diese ureigenen Gedanken und Ziele aufzuspüren, meist ist es sogar unbequemer, als einfach fremde Ideale zu übernehmen. Das ist wahrscheinlich auch der Grund für die zahlreichen „fremdbestimmten" Menschen in unserem Umfeld. Die Freiheit der eigenen Entscheidung ist oft schmerzvoll und in unserem Zeitalter der Selbstverwirklichung und Selbstbestimmung nicht einfacher als vor hundert Jahren. Je mehr Wege vor mir liegen, desto schwerer ist es, den richtigen zu erkennen, und desto größer ist die Gefahr, den falschen zu wählen.

Scheuen Sie also diesen Prozess der Selbstfindung nicht. Er ist die wichtigste Voraussetzung für beruflichen und privaten Erfolg. Ich muss zunächst genau definieren, was für mich Erfolg bedeutet. Die Frage nach dem Sinn der eigenen Existenz ist dabei zentral. Nur, wer sich dieser vielleicht größten Herausforderung seines Lebens stellt, ist auch fähig, Verantwortung für sein Schicksal zu übernehmen. Nur der, der seine Lebensziele in Harmonie mit den eigenen Ansprüchen formuliert, hat die Chance, diese Ziele zu erreichen.

Diese Suche nach den eigenen Zielen ist nicht an einem Wochenende erledigt. Sie kann nicht bei einem „Selbstfindungsseminar" gebucht werden. Sie erfordert einen mühsamen Prozess, bei dem man sich mit der eigenen Person auseinander setzt. Nur, wenn ich erkenne, was mir wirklich wichtig ist, kann ich meine innere Einstellung positiv beeinflussen.

Meine inneren Blockaden

Wichtig ist zu erkennen, was meiner positiven Einstellung, meinem optimistischen Lebensbild im Wege steht. Was hindert mich aber, einfach an mich und meinen Erfolg zu glauben?

Identifizieren Sie daher in einem weiteren Schritt Ihre ganz persönlichen inneren „Glaubensgrundsätze". Welche Motive bestimmen Ihr Denken, Fühlen und damit Handeln?

Selbstcheck: Prüfen Sie Ihre inneren Blockaden

	trifft zu	gelegentlich	trifft nicht zu
1. „Ich muss immer perfekt sein." Ich darf mir keinen Fehler erlauben. Bevor ich etwas aus der Hand gebe, kontrolliere ich es lieber noch einmal. Mein perfektes Bild nach außen ist wichtig, wie es innen aussieht, geht niemanden etwas an.	☐	☐	☐
2. „Ich muss immer stark sein." Die eigenen Schwächen haben im Berufsleben nichts verloren. Wer sich verletzlich zeigt, wird auch verletzt. Ich zeige meine negativen Emotionen nie, ich lächle, bleibe immer „cool" und unantastbar.	☐	☐	☐
3. „Nur ja nicht anecken!" Harmonie ist mir sehr wichtig, Konflikten weiche ich lieber aus. Viele Dinge klären sich ja ohnehin von selbst, die muss man erst gar nicht ansprechen.	☐	☐	☐
4. „Ohne Fleiß kein Preis." Ich muss mich immer hundertprozentig anstrengen und bemühen. Mein Einsatz, mein Pflichtbewusstsein und meine uneingeschränkte Loyalität werden geschätzt. Zuerst kommt die Arbeit, dann die Familie, die Freunde und wenn dann noch Zeit übrig ist, komme ich...	☐	☐	☐
5. „Ich muss alles sofort und rasch erledigen." Tempo und Dynamik gehören heute zum Leben. Nur der, der schneller ist als der Rest, ist erfolgreich. Ich mache manchmal gar keine Pausen und Urlaub ist selten drin. Ich muss immer erreichbar sein und für jedes Gespräch Zeit finden.	☐	☐	☐
6. „Heutzutage muss man froh sein, überhaupt einen Job zu haben." Die (Existenz)Angst bestimmt zunehmend unser Berufsleben. Die Stimmung ist im Keller, überall wird gekündigt. Da riskiere ich doch nichts, was meinen Job gefährden könnte. Unangenehmes muss ich einfach hinnehmen, Forderungen zu stellen, traue ich mich in dieser Situation nicht.	☐	☐	☐

Wenn persönliche Antreiber zu stark werden, führen sie nicht selten zu Überforderung und somit zu Druck. Lernen Sie rechtzeitig zu erkennen, welche inneren Ansprüche Sie zu sehr unter Druck setzen. Hinterfragen Sie Ihre „inneren Glaubensgrundsätze" – und werfen Sie Dinge über Bord, die Sie einengen und bremsen.

Checkliste zur positiven inneren Einstellung

- ☐ Konzentrieren Sie sich auf Ihre Stärken.
- ☐ Nehmen Sie Lob und Anerkennung von außen bewusst und dankbar an.
- ☐ Loben Sie sich auch öfter selbst!
- ☐ Lernen Sie, sich etwas weniger kritisch zu sehen.
- ☐ Verabschieden Sie sich von übertriebenem Perfektionismus.
- ☐ Lernen Sie, sich gegen unberechtigte Ansprüche zu wehren.
- ☐ Machen Sie sich Ihrer Ängste bewusst und verdrängen Sie sie nicht.
- ☐ Entspannen Sie in der Freizeit.
- ☐ Lernen Sie, die eigene Situation aus der Vogelperspektive zu betrachten.
- ☐ Feiern Sie die eigenen Erfolge bewusst.
- ☐ Folgen Sie nicht jedem neuen Trend, werden Sie kritisch gegen Einflüsse von außen.
- ☐ Nehmen Sie Ihr Unternehmensumfeld bewusst und kritisch wahr.
- ☐ Lassen Sie sich nicht von den Schwarzsehern in Ihrer Umgebung anstecken.
- ☐ Werden Sie aktiv, nehmen Sie Ihr Schicksal selbst in die Hand.
- ☐ Sagen Sie auch einmal „Nein".
- ☐ Führen Sie positive Selbstgespräche.

Die Erfahrung aus Seminaren oder Einzelcoachings hat gezeigt, dass besonders die letzten beiden Punkte auf dieser Liste Probleme bereiten. Wir wollen Ihnen daher diese beiden Taktiken genauer vorstellen.

Tipp

Tipps zum „Nein"-Sagen (siehe auch 4.1)

- ✔ Erkennen Sie die **Ursachen**: Warum fällt es Ihnen so schwer, „Nein" zu sagen?
- ✔ Hatten Sie beispielsweise als Frau schon in Ihrer **Kindheit** immer die Rolle der Netten, Hilfsbereiten inne? Wurden Sie schon sehr früh in diese „typisch weibliche" Position gedrängt? Hat sich zum Beispiel Ihr Bruder immer darum gedrückt, wenn es um kleine Aufgaben, wie Tischdecken und Müllhinaustragen, ging? Haben Sie ihn um seine Verweigerer-Rolle zwar beneidet, aber dann doch gerne das Lob Ihrer Eltern für Ihre Mühe geholt?
- ✔ Ist es nicht auch ein tolles Gefühl, wirklich gebraucht zu werden? Immer wieder Dinge zu erledigen, die nur Sie in dieser Qualität erledigen können? Manche Menschen sind geradezu süchtig nach diesem **Gefühl der Unersetzlichkeit, der Unentbehrlichkeit**.
- ✔ Haben Sie Angst, **nicht mehr so geliebt** und anerkannt zu werden, wenn Sie einmal „Nein" sagen? Wollen Sie sich diese besondere Stellung im Team manchmal „erkaufen", indem Sie immer und überall für die anderen da sind?
- ✔ **Scheuen Sie den Konflikt**, die Auseinandersetzung mit anderen? Haben Sie Angst davor, was passieren könnte, wenn Sie einmal ablehnen? Sagen Sie einfach um des lieben Friedens willen öfter Ja, als Ihnen lieb ist?
- ✔ Machen Sie sich bewusst, **in welchen Situationen** Sie immer wieder „überfahren" werden, wann Sie gegen Ihren inneren Willen Ja sagen.
- ✔ Führen Sie dazu ein **„Ja-Sage-Tagebuch"**. Notieren Sie darin zwei Wochen hindurch stichwortartig all diese Situationen. Versuchen Sie herauszufinden, wodurch es Ihr Gegenüber immer wieder schafft, Sie zum Ja zu bewegen. Was sind die Schlüsselworte? Ist es Lob? Ein charmantes Lächeln? Dieser Blick absoluter Hilflosigkeit? Notieren Sie jeweils rechts daneben in eine freie Spalte Ihre eigenen Bedürfnisse, die durch Ihr Einlenken zu kurz gekommen sind, und Ihre ehrlichen Gefühle dabei.
- ✔ Beginnen Sie **nicht sofort mit dem „Nein"**, schildern Sie zunächst die Situation neutral.
- ✔ Zeigen Sie **Verständnis** für den anderen (Ich kann verstehen, dass …).

- Machen Sie einen **Alternativvorschlag**.
- Manchmal ist eine klare Negativformulierung notwendig. Nicht immer lässt sich ein „Nein" behutsam verpacken, manche Menschen verstehen nur ein **eindeutiges Signal**.
- Sagen Sie „Nein" **ohne schlechtes Gewissen**!
- Sagen Sie **rechtzeitig** „Nein", noch bevor die Emotionen hoch gehen und Sie Ihre Souveränität verlieren.
- Bleiben Sie **konsequent**: Wenn Sie einmal „Nein" gesagt haben, und sich die Bedingungen nicht verändert haben, lassen Sie sich auch nicht durch die Überredungskünste des anderen umstimmen.
- Seien Sie **gerecht**: Sagen Sie „Nein", wenn es die Situation erfordert, unabhängig von der Person des Bittstellers. Sympathie und Antipathie sollten damit nichts zu tun haben.
- Üben Sie Ihre neue **„Nein-Sage-Strategie"** in unverfänglichen, privaten Situationen: Im Ferienhotel, wenn Sie ein Zimmer mit Meerblick bestellt haben und ein anderes erhalten, in der Boutique, wenn Ihnen die Verkäuferin einen offensichtlich unpassenden Pullover einreden will, oder im Restaurant, wenn eine Speise nicht ganz Ihren Erwartungen entspricht. Kleine Erfolge in alltäglichen Situationen sind große Schritte auf dem Weg zum bewussten, selbstsicheren Durchsetzen der eigenen Bedürfnisse.

Schießen Sie aber mit Ihren Bemühungen nicht über das Ziel hinaus. Selbstsüchtige Egoisten, denen Hilfsbereitschaft ein Fremdwort ist, bevölkern schon zur Genüge unsere Arbeitswelten. Es ist auch völlig in Ordnung, wenn Sie weiter gerne anderen helfen und dabei auch noch Spaß haben. Es geht hier um Fälle, wo Sie Ihre eigenen Bedürfnisse immer wieder zurückstellen. Erkennen Sie den Unterschied. Setzen Sie rechtzeitig Grenzen. Dann sind diese Grenzen für Ihre Mitmenschen nachvollziehbar und werden akzeptiert. Wer zu spät die Notbremse zieht, der tut dies meist emotional und heftig und wird dadurch von den anderen leicht belächelt.

Positive Selbstgespräche

Hören Sie einmal genau hin: Wie sprechen Sie mit sich selbst?

Untersuchungen haben es gezeigt: Bis zu 80 % unserer Selbstgespräche sind negativ formuliert.

„Ist ja wieder einmal typisch, das kann ja nur mir passieren!“

Kommt Ihnen dieser Satz bekannt vor? Viele der Inhalte solcher Selbstvorwürfe und Selbstzweifel stammen bereits aus der Kindheit. Wer immer wieder Negatives über sich selbst sagt, glaubt sich selbst auch irgendwann. Denn wir können ja nicht anders, als uns zuzuhören. Gehen Sie daher bewusst mit den Formulierungen um, die Sie zu sich sagen! Formulieren Sie lieber positiv oder zumindest neutral.

Negatives Selbstgespräch	Positives/neutrales Selbstgespräch
„Das wird sicher wieder schief gehen“	„Ich probiere es erst einmal“
„Das schaffe ich nie, das ist viel zu viel“	„Ich beginne einmal mit dem ersten Schritt“
„Diese Aufgabe ist mir sicher zu schwer“	„Bei dieser Aufgabe werde ich viel lernen“
„Ist ja wieder typisch, dass ich so nervös werde – gleich laufe ich rot an wie eine Tomate“	„Erst atme ich tief durch, dann geht's los“
„Die Angst macht mich wieder unfähig zu reagieren“	„Klar habe ich Angst, aber die Energie nütze ich gleich“
„Das ist ja wieder einmal gründlich schief gelaufen“	„Teil 1 war besser, als ich gedacht habe – und Teil 2 wird das nächste Mal auch viel besser klappen“
„Klar hört mir hier keiner zu, weil keiner meine Meinung achtet“	„Ich bekomme auf anderen Gebieten sehr wohl Anerkennung“
„Da bin ich einfach machtlos“	„Ich suche nach Lösungen und mache mir einen Plan“
„Mein Chef ist einfach rhetorisch besser, da habe ich sowieso keine Chance“	„Mein Chef ist auch nur ein Mensch, – ich werde meine Chance nützen“
„Das passiert immer nur mir“	„Ich habe aus der Situation gelernt, das passiert mir nicht mehr“
„Ich ziehe das Unglück magisch an“	„Was ist an der jetzigen Situation gut für mich?“
„Egal, was ich tue, es ist alles sinnlos“	„Es gibt immer einen Weg, ich muss ihn nur finden“

Haben Sie das Prinzip erkannt? Es geht einfach darum, den Blick weg vom Negativen und hin zum Positiven zu wenden. Es geht nicht um Vergangenes, um Dinge, die nicht mehr zu ändern sind, sondern um die Zukunft, um mein aktives Tun, mein ständiges Lernen aus Fehlern und Missgeschicken.

Umgang mit der eigenen Angst

Je schwieriger unser wirtschaftliches Umfeld wird, umso mehr bestimmt die Angst das menschliche Handeln. Einsparungen und damit verbundene Entlassungen bestimmen das Wirtschaftsgeschehen. Pessimismus und Angst machen sich breit.

Angst macht unsicher, lähmt und blockiert. Aus Angst, bei einer Aufgabe zu versagen, versuchen wir es oft erst gar nicht. Sie verhindert unsere Neugierde, unsere Kreativität. Angst untergräbt unser Selbstwertgefühl. Angst führt zu einem überhöhten Sicherheitsdenken, das uns unnütz Zeit, Energie und Geld kostet.

Angst erzeugt aber auch Misstrauen und Vorurteile. So werden wir isoliert, einsam und schließlich sogar krank.

Was tun gegen Angst?

Tipp

- ✔ Verdrängen Sie Ihre Angst nicht – sehen Sie ihr ins Auge – nur so können Sie sie überwinden.
- ✔ Erkennen Sie Ihre Ängste, nennen Sie sie beim Namen.
- ✔ Führen Sie ein „Angsttagebuch".
- ✔ Reden Sie über Ihre Angst mit Menschen Ihres Vertrauens.
- ✔ Visualisieren Sie „Angstsituationen".
- ✔ Planen Sie in kleinen Schritten, Angst entsteht oft aus Planlosigkeit.
- ✔ Stellen Sie sich Angstsituationen bewusst vor.
- ✔ Angst entsteht oft aus Unkenntnis – besorgen Sie sich die nötigen Informationen.
- ✔ Informieren Sie sich über Ihre Rechte.
- ✔ Informieren Sie sich beim Betriebsrat und/oder Interessenvertretern.

- ✔ Denken Sie in Alternativen: Welchen Job könnte ich sonst noch annehmen?
- ✔ Schaffen Sie Sicherheit durch Weiterbildung.
- ✔ Ein gewisses Maß an Angst wirkt auch positiv: Sie mobilisieren Kräfte, werden einfallsreicher und vorsichtiger.

Stopp

- „Ohne das zutiefst menschliche Gefühl der Angst würden wir uns in jede Schlucht stürzen!"
- „Am schlimmsten ist die Angst vor der Angst!"

Was tun gegen Frust?

Auch Frustration lähmt das Handeln. Frustration entsteht durch Ärger, Zorn, Unzufriedenheit, eigene und fremde Unzulänglichkeit.

- ✔ Das beste Mittel gegen Frust ist die **Strategie der kleinen Schritte.**
- ✔ Ergreifen Sie die Initiative, drehen Sie den Spieß um.
- ✔ Bauen Sie kurzfristigen Frust durch ein bewusstes Umlenken der Energie ab, z. B.:
  - Papier zerknüllen
  - einmal um den Parkplatz gehen
  - Raum verlassen
  - Entspannungsübungen
- ✔ Gehen Sie auf Distanz – analysieren und protokollieren Sie den Frustrations-Tatbestand.
- ✔ Machen Sie „aus dem Elefanten wieder eine Mücke".
- ✔ Ziehen Sie Bilanz zwischen veränderbaren und unveränderbaren Ärgernissen.
- ✔ Verändern Sie, was sie verändern können.

6.2 Persönliche Chancen erkennen und nützen

Lernen als Antwort auf die ständige Veränderung Ihres Berufsalltags

Wenn es um persönliche Chancen geht, wird in Zukunft das Thema „lebenslanges Lernen" im Zentrum stehen. Nur wer immer wieder neue Kenntnisse erwirbt, kann seine Chancen nutzen. Tatsache ist, dass fachliche Fähigkeiten etwas in den Hintergrund rücken und kommunikative Fähigkeiten an Bedeutung zunehmen. Neben der Teamfähigkeit ist die Merkfähigkeit heute ein Muss.

Mit unserem Gehirn ist es wie mit unseren Muskeln: Es leistet umso mehr, je mehr wir es trainieren. Ähnlich wie Joggen kann Gehirntraining fast zur Sucht, zur absoluten Notwendigkeit werden, ohne die wir uns nicht mehr wohl fühlen. Doch das Beste an der Sache mit dem lebenslangen Lernen kommt erst noch: Im Unterschied zu unserer körperlichen Leistungsfähigkeit nimmt unsere geistige Leistungsfähigkeit mit zunehmendem Alter zu!

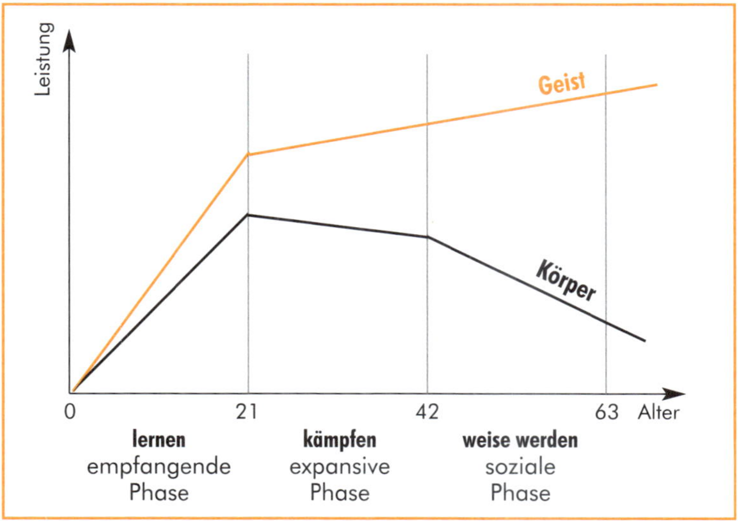

(Quelle: NPI instituut voor Organisatieonwekkling, Zeist, Holland, 2004)

Unsere Lebensphasen:

Unser Leben ist grundsätzlich in drei Lebensphasen von jeweils etwa 21 Jahren eingeteilt. Die Entwicklung unseres Körpers stagniert nach der ersten Phase. Ab einem Alter von etwa 42 Jahren ist ein deutlicher Rückgang der Leistungsfähigkeit gepaart mit Anfälligkeiten für Krankheiten und Verletzungen zu verzeichnen. Unser Geist hingegen entwickelt sich kontinuierlich weiter.

Daher stellen Sie sich immer wieder die folgenden Fragen:

- Habe ich die Arbeitsmittel und die notwendigen Kenntnisse, um meine Arbeit richtig zu machen?
- Gibt es jemanden in meinem Berufsalltag, der mich in meiner Entwicklung unterstützt und fördert?
- Hatte ich während des letzten Jahres die Gelegenheit, Neues zu lernen und mich weiterzuentwickeln?

Lernen bzw. seinen Geist zu fordern, heißt auch, sich selbst Lernziele zu setzen, zu lernen und Lernergebnisse in die Arbeitssituation zu integrieren.

Tipp

Definieren Sie daher in einer ruhigen Minute mögliche Lernziele bzw. Lernfelder, die Sie bearbeiten werden. Die Bewältigung der Lernfelder und/oder das Erreichen von eigenen Lernzielen soll Ihnen künftig bei der Bewältigung Ihrer Aufgabe helfen.

Selbstbild – Wunschbild – Fremdbild

Selbstcheck: Mein Selbstbild	0	1	2	3	4
sachlich, nüchtern	☐	☐	☐	☐	☐
selbstbewusst	☐	☐	☐	☐	☐
tatkräftig, aktiv	☐	☐	☐	☐	☐
temperamentvoll	☐	☐	☐	☐	☐
anpassungsfähig	☐	☐	☐	☐	☐
selbstbeherrscht	☐	☐	☐	☐	☐
zuverlässig	☐	☐	☐	☐	☐
aufgeschlossen	☐	☐	☐	☐	☐
schlagfertig	☐	☐	☐	☐	☐
kreativ	☐	☐	☐	☐	☐
intelligent	☐	☐	☐	☐	☐
ehrgeizig	☐	☐	☐	☐	☐
egozentrisch	☐	☐	☐	☐	☐
geltungsbedürftig	☐	☐	☐	☐	☐
impulsiv	☐	☐	☐	☐	☐
kontaktfreudig	☐	☐	☐	☐	☐
tolerant und kompromissbereit	☐	☐	☐	☐	☐
einfühlend, kann gut zuhören	☐	☐	☐	☐	☐
ausgeglichen	☐	☐	☐	☐	☐
optimistisch	☐	☐	☐	☐	☐
freundlich	☐	☐	☐	☐	☐
sympathisch	☐	☐	☐	☐	☐
ungeduldig	☐	☐	☐	☐	☐
hilfsbereit	☐	☐	☐	☐	☐
objektiv, gerecht	☐	☐	☐	☐	☐
kann andere beeinflussen	☐	☐	☐	☐	☐
unsicher dominant, beherrschend	☐	☐	☐	☐	☐
aggressiv	☐	☐	☐	☐	☐

0 – trifft nicht zu   1 – trifft sehr wenig zu   2 – trifft teilweise zu
3 – trifft meist zu   4 – trifft immer zu

Selbstcheck: Mein Wunschbild	0	1	2	3	4
sachlich, nüchtern	☐	☐	☐	☐	☐
selbstbewusst	☐	☐	☐	☐	☐
tatkräftig, aktiv	☐	☐	☐	☐	☐
temperamentvoll	☐	☐	☐	☐	☐
anpassungsfähig	☐	☐	☐	☐	☐
selbstbeherrscht	☐	☐	☐	☐	☐
zuverlässig	☐	☐	☐	☐	☐
aufgeschlossen	☐	☐	☐	☐	☐
schlagfertig	☐	☐	☐	☐	☐
kreativ	☐	☐	☐	☐	☐
intelligent	☐	☐	☐	☐	☐
ehrgeizig	☐	☐	☐	☐	☐
egozentrisch	☐	☐	☐	☐	☐
geltungsbedürftig	☐	☐	☐	☐	☐
impulsiv	☐	☐	☐	☐	☐
kontaktfreudig	☐	☐	☐	☐	☐
tolerant und kompromissbereit	☐	☐	☐	☐	☐
einfühlend, kann gut zuhören	☐	☐	☐	☐	☐
ausgeglichen	☐	☐	☐	☐	☐
optimistisch	☐	☐	☐	☐	☐
freundlich	☐	☐	☐	☐	☐
sympathisch	☐	☐	☐	☐	☐
ungeduldig	☐	☐	☐	☐	☐
hilfsbereit	☐	☐	☐	☐	☐
objektiv, gerecht	☐	☐	☐	☐	☐
kann andere beeinflussen	☐	☐	☐	☐	☐
unsicher dominant, beherrschend	☐	☐	☐	☐	☐
aggressiv	☐	☐	☐	☐	☐

0 – trifft nicht zu 1 – trifft sehr wenig zu 2 – trifft teilweise zu
3 – trifft meist zu 4 – trifft immer zu

Suchen Sie nun einen möglichst ehrlichen Analysepartner und lassen Sie ihn den folgenden Fremdcheck-Bogen ausfüllen:

Fremdcheck: Mein Fremdbild	**0**	**1**	**2**	**3**	**4**
sachlich, nüchtern	☐	☐	☐	☐	☐
selbstbewusst	☐	☐	☐	☐	☐
tatkräftig, aktiv	☐	☐	☐	☐	☐
temperamentvoll	☐	☐	☐	☐	☐
anpassungsfähig	☐	☐	☐	☐	☐
selbstbeherrscht	☐	☐	☐	☐	☐
zuverlässig	☐	☐	☐	☐	☐
aufgeschlossen	☐	☐	☐	☐	☐
schlagfertig	☐	☐	☐	☐	☐
kreativ	☐	☐	☐	☐	☐
intelligent	☐	☐	☐	☐	☐
ehrgeizig	☐	☐	☐	☐	☐
egozentrisch	☐	☐	☐	☐	☐
geltungsbedürftig	☐	☐	☐	☐	☐
impulsiv	☐	☐	☐	☐	☐
kontaktfreudig	☐	☐	☐	☐	☐
tolerant und kompromissbereit	☐	☐	☐	☐	☐
einfühlend, kann gut zuhören	☐	☐	☐	☐	☐
ausgeglichen	☐	☐	☐	☐	☐
optimistisch	☐	☐	☐	☐	☐
freundlich	☐	☐	☐	☐	☐
sympathisch	☐	☐	☐	☐	☐
ungeduldig	☐	☐	☐	☐	☐
hilfsbereit	☐	☐	☐	☐	☐
objektiv, gerecht	☐	☐	☐	☐	☐
kann andere beeinflussen	☐	☐	☐	☐	☐
unsicher dominant, beherrschend	☐	☐	☐	☐	☐
aggressiv	☐	☐	☐	☐	☐

0 – trifft nicht zu   1 – trifft sehr wenig zu   2 – trifft teilweise zu
3 – trifft meist zu   4 – trifft immer zu

Analysieren Sie nun in einer ruhigen Minute die einzelnen Bewertungen. Wo gibt es Abweichungen? Wo stimmen alle drei Bewertungen überein?

Eine wichtige Voraussetzung, um die eigenen Chancen zu erkennen, ist eine realistische Sicht der eigenen Persönlichkeit. Doch das ist eine der schwierigsten Aufgaben überhaupt. Wir befinden uns in einem steten Spannungsfeld zwischen Selbst- und Fremdwahrnehmung. Entscheidend sind dabei die drei Fragen:

- Wie sehe ich mich selbst?
- Wie möchte ich von außen wahrgenommen werden?
- Wie sehen mich die anderen tatsächlich?

Die Antworten auf die ersten beiden Fragen können wir mit einem gewissen Maß an Ehrlichkeit beantworten. Doch wie sehen uns die anderen wirklich? Sehen Sie uns so, wie wir uns auf dem Schnappschuss vom letzten Betriebsausflug wahrnehmen? „Hoffentlich nicht!“, werden die meisten antworten. Denn das Phänomen ist alt bekannt: Auf Fotos sehen alle anderen normal aus, nur man selbst ist einfach furchtbar getroffen, man ist eben nicht fotogen! Dasselbe erleben wir bei unseren Trainings, wenn es um Video-Übungen geht. Einige Teilnehmer sind zunächst schockiert, wie „hilflos“ sie da in ihren Augen wirken. Und erst die Stimme! Die klingt ja auch ganz anders, als man selbst meint.

Dieses Phänomen verdeutlicht das Spannungsfeld zwischen Selbst- und Fremdwahrnehmung. Wir raten immer wieder, sich zunächst mit dem eigenen Bild am Video, mit der eigenen Stimme vertraut zu machen und sich mit diesem Bild auszusöhnen. Nur, wer sich auch realistisch sieht, kann echt wirken. Wer sein Wunschbild zu weit von der Realität entfernt, der wird Mühe haben, echte Ausstrahlung zu entwickeln.

Das Geheimnis einer tollen Ausstrahlung liegt nämlich genau dort, wo sich Fremdbild und Selbstbild decken. Wer sich selbst so sieht, wie er wirklich auf andere wirkt und mit diesem Bild auch noch zufrieden ist, der strahlt genau diese innere Überzeugung und Selbstsicherheit aus.

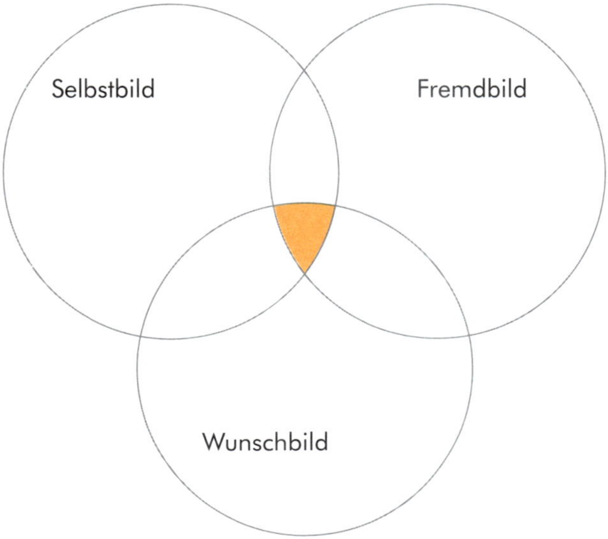

Diese Grafik zeigt einen unsicheren Mensch, bei dem die drei Kreise fast keine Deckung haben: Er sieht sich nicht so, wie er gerne sein möchte, und wird von seiner Umwelt nochmals anders wahrgenommen.

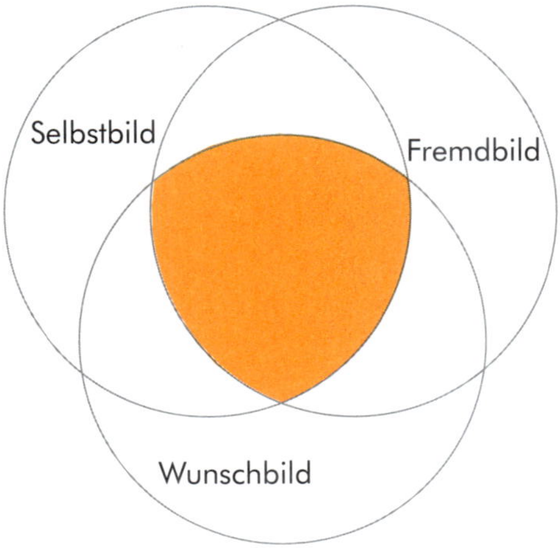

Hier wird ein selbstsicherer Mensch skizziert, bei dem alle drei Bilder eine große Deckung aufweisen: In diesem inneren Bereich, wo sich alle drei Kreise decken, ist seine Ausstrahlung am größten.

6.3 Meine persönliche Work-Life-Balance

Selbstcheck: Meine Work-Life-Balance	**ja**	**nein**
Arbeiten Sie in der Woche mehr als 40 Stunden?	☐	☐
Denken Sie abends im Bett oft an Unerledigtes vom Tag?	☐	☐
Denken Sie beim Aufwachen sofort an Dinge, die Sie zu erledigen haben?	☐	☐
Haben Sie oft das Gefühl, die Zeit wird zu kurz?	☐	☐
Fühlen Sie sich im Büro manchmal überfordert?	☐	☐
Gibt es in Ihrem beruflichen Umfeld Menschen, an die Sie sich wenden können, wenn Sie Hilfe benötigen, und auf die Sie sich auch verlassen können?	☐	☐
Möchten Sie manchmal morgens einfach im Bett bleiben?	☐	☐
Haben Sie oft das Gefühl, dass die Dinge nur dann gut laufen, wenn Sie sich persönlich darum kümmern?	☐	☐
Haben Sie am Tag mindestens ein bis zwei Stunden ganz für sich selbst?	☐	☐
Möchten Sie manchmal am Wochenende einfach alle Termine absagen?	☐	☐
Können Sie gut entspannen?	☐	☐

Welche der folgenden Symptome haben Sie in letzter Zeit vermehrt bei sich festgestellt?

- ☐ Unaufmerksamkeit, Vergesslichkeit oder Konzentrationsschwäche
- ☐ Müdigkeit und Antriebslosigkeit
- ☐ Schwierigkeiten, Entscheidungen zu fällen
- ☐ Scheinbar grundlose Aggressivität
- ☐ Reduziertes Interesse an Sexualität
- ☐ Angstgefühle
- ☐ Körperliche Beschwerden ohne ersichtliche Ursache
- ☐ Geringer oder übermäßiger Appetit
- ☐ Schlafstörungen

Auswertung: Wenn Sie mehr als vier ☐ angekreuzt haben, sollten Sie sich die Tipps zum Erreichen einer Work-Life-Balance genauer ansehen.

Was bedeutet Work-Life-Balance?

Unter Work-Life-Balance wird ein ausgeglichenes Verhältnis zwischen Arbeit und Freizeit verstanden, das für die Gesundheit und das Wohlbefinden des Mitarbeiters entscheidend ist. Grundsätzlich geht es dabei um folgende Bereiche, die in Harmonie aufeinander abgestimmt werden müssen:

- Beruf und Finanzen
- Familie und soziale Kontakte
- Gesundheit und Fitness
- Lebensziel und Lebenssinn

Wer es schafft, diese Bereiche in einem ausgewogenen Verhältnis zueinander zu halten, führt ein erfülltes Leben, ein Leben in Balance.

Wie genau dieses Balance-Verhältnis aussieht, hängt weitgehend von der persönlichen Lebensweise und den individuellen Interessen bzw. Prioritäten ab. Nicht jeder empfindet beruflichen Druck gleich schlimm. Nicht jeder hat ein ausgeprägtes Bedürfnis nach Fitness. Es geht darum, herauszufinden, was einem gut tut, welches Verhältnis von Arbeit und Freizeit für einen persönlich stimmt.

Viele denken immer noch an das eindimensionalen Schema Lebenserfolg = Berufserfolg. Wer im Beruf zurücksteckt, gilt automatisch als Versager. Doch eigentlich ist der Berufserfolg nur das Dach über einem aus Lebenszielen und Lebenssinn gebauten Haus. Wer dieses Fundament vernachlässigt, dem stürzt automatisch das Dach über dem Kopf zusammen. Nur mit einer klaren Work-Life-Balance lässt sich sowohl Lebens- als auch Berufserfolg erreichen.

Work-Life-Balance ist trotzdem nicht mehr nur Privatsache: Eine jüngst vom Deutschen Bundesfamilienministerium in Auftrag gegebene Studie hat nachgewiesen, dass die Produktivität pro Erwerbstunde durch Work-Life-Balance-Konzepte um 1,6 % gesteigert werden kann. Die Autoren dieser Studie definieren Work-Life-Balance als eine „neue, intelligente Verzahnung von Arbeits- und Privatleben vor dem Hintergrund einer veränderten und sich dynamisch verändernden Arbeits- und Lebenswelt.“ Wie können nun solche Konzepte aussehen? Einige Beispiele:

- Bedarfsspezifisch ausgestaltete Arbeitszeitmodelle
- Angepasste Arbeitsorganisationen
- Modelle zur Flexibilisierung des Arbeitsortes, wie z. B. Telearbeit
- Führungsrichtlinien
- Kinderbetreuungsmodelle

Einige Unternehmen haben auch schon reagiert: So bieten zum Beispiel große Pharmafirmen ihren Mitarbeitern neben flexiblen Arbeitszeitmodellen und Weiterbildungsmaßnahmen zu Themen wie Stressmanagement und individuelle Arbeitsplatzgestaltung, Kinderbetreuung, Feriencamps für Kinder in den Schulferien sowie Fitnesscenter, Freizeitkurse und „Einkaufen am Arbeitsplatz" über Online-Portale an. Familientage, an denen die ganze Familie mit ins Unternehmen kommt, sollen das Gleichgewicht zwischen Familie und Beruf zu harmonisieren helfen.

Persönliche Balance-Strategien

Warten Sie jedoch nicht, bis Ihr Arbeitgeber Ihre persönliche Work-Life-Balance zur Chefsache erklärt. Gehen Sie eigeninitiativ vor – es geht um Ihr Leben!

Balance Strategie Nr. 1: „Dem Feind auf der Spur"

Finden Sie Ihre ganz persönlichen Stressfaktoren heraus:
Nur, wer seine Feinde kennt, kann sie auch besiegen! Die Ausrede, Sie hätten einfach keine Zeit zum Entspannen, für Privates, gilt ab heute nicht mehr!

Balance Strategie Nr. 2: „Ein neues Drehbuch"

Schreiben Sie ab heute Ihr Lebensdrehbuch neu:

- Was ist für mich wirklich wichtig?
- Wie setze ich meine Prioritäten?
- Muss ich wirklich überall dabei sein?
- Was passiert, wenn ich mein „Lebensdrehbuch" umschreibe?
- Wie steht es um meinen „inneren Dialog"?
- Welche Rollen spiele ich? (Mitarbeiter, Beichtvater, Partner, Tochter/Sohn, Vereinsmitglied, Hundebesitzer etc.)

Schreiben Sie spontan alle Ihre „Lebensrollen" auf:

____

____

____

Welche Rollenbilder passen nicht mehr zu Ihnen? Welche können Sie aus Ihrem Drehbuch streichen oder reduzieren?

Balance Strategie Nr. 3: „Nein statt immer Ja“ (siehe auch S. 334)

- Überlegen Sie jeden Abend, wann Sie heute einfach „Ja“ gesagt haben, obwohl Sie genau gewusst haben, dass das für Sie zusätzlichen Stress bedeutet.
- Visualisieren Sie: Was passiert bei einem „Nein“?
- Planen Sie Ihr „Nein“: Ihre neu überdachten Prioritäten und Rollen helfen dabei.
- Gehen Sie in kleinen Schritten vor.
- Praktizieren Sie Offenheit statt Ausreden – auch gegen sich selbst!

Balance Strategie Nr. 4: „Selbstmanagement“

- Überarbeiten Sie das eigene Zeitmanagement.
- Delegieren Sie – auch privat!
- Organisieren Sie Ihre Arbeit intensiver: Leerläufe und unnötige Dinge gehören eliminiert.
- Verbessern Sie Teamarbeit bzw. Teamkommunikation ganz bewusst.
- Achten Sie auf ein effizientes Informationsmanagement (E-Mail, SMS,...).

Balance Strategie Nr. 5: „Reduce to the maximum“

- Reduzieren Sie Aktivitäten – auch privat.
- Reduzieren Sie Ihre Ansprüche auf das Wesentliche.
- Entrümpeln Sie Ihr Leben von Ballast.
- Hinterfragen Sie „Zeitsparer“ kritisch.
- Tun Sie immer nur EINE Sache, die dafür aber ganz!

Balance Strategie Nr. 6: „Auch Gähnen ist Sport“

- Sport kanalisiert die aufgestauten Energien.
- Sport soll Stress abbauen, nicht erzeugen!
- Achten Sie bei Ihren Freizeitaktivitäten auf Individualität statt auf Trend.
- Entspannen Sie beim Sport.
- Lernen Sie richtig atmen.
- Achten Sie auf ausreichende Frischluftzufuhr.

Balance Strategie Nr. 7: „Gemeinsam statt einsam"

- Reden Sie sich Ärger, Druck und Frust von der Seele.
- Vernachlässigen Sie soziale Kontakte gerade in Stressphasen nicht.
- Gehen Sie auf andere zu.
- Genießen Sie gemeinsam.
- Im Team hat negativer Stress keine Chance!

Balance Strategie Nr. 8: „Der richtige Treibstoff"

- Essen Sie bewusst, genießen Sie, auch das einfache Butterbrot.
- Essen Sie viel Obst und Gemüse.
- Haferflocken sind gesund (Vitamin V1).
- Bananen liefern Kurzzeitenergie (Vitamin B6 und Magnesium).
- Zwischendurch sollten Sie lieber Nüsse und Kerne kauen (Magnesium) statt Schokolade – das entspannt die Kiefer!
- Trinken Sie genügend.
- Trinken Sie Alkohol nur in Maßen – und wenn, dann genießen Sie bewusst!

Balance Strategie Nr. 9: „Urlaub im Kopf"

- Fünf Minuten Nichtstun kann wie ein kurzer Urlaub wirken!
- Machen Sie Pausen und nützen Sie sie sinnvoll.
- Suchen Sie sich das richtige Umfeld zum Entspannen.
- Buchen Sie die passende „Reise im Kopf" in das Urlaubsland Ihrer Träume.

Stellen Sie sich Ihren ganz persönlichen **„BALANCE-Fahrplan"** zusammen. Lassen Sie sich durch kleine Misserfolge nicht aus der Ruhe bringen, haben Sie Geduld mit sich selbst. Gelassenheit sollte Ihr oberstes Gebot sein!

Benötigen Sie noch etwas „Nachhilfe", um den geeigneten Ausgleich zu finden? Hier noch einige Anregungen:

Checkliste: „Zeit für mich"

- ☐ Faulenzen
- ☐ Malen
- ☐ Ins Kino gehen
- ☐ Fotografieren/Filmen
- ☐ Ausstellungen/Museen besuchen
- ☐ Ins Theater/Konzert gehen
- ☐ Musik hören
- ☐ Lesen
- ☐ Anderen Menschen helfen
- ☐ Basteln
- ☐ Einkaufsbummel machen
- ☐ Sport
- ☐ Spazieren/Wandern
- ☐ Freunde treffen
- ☐ Gäste/Familie einladen
- ☐ Familienchronik schreiben
- ☐ Denksportaufgaben lösen
- ☐ Essen gehen
- ☐ Nur für sich kochen
- ☐ Gartenarbeit machen
- ☐ Zu einem Chor gehen
- ☐ Gesellschaftsspiele spielen
- ☐ Eine Sportveranstaltung besuchen
- ☐ Reisen
- ☐ Sonstige Hobbys
- ☐ Die Wohnung (teilweise) umgestalten, z. B. ausmalen
- ☐ Ein Picknick machen
- ☐ Den Sonnenuntergang anschauen
- ☐ Ihre persönliche Methode: ______________________________

Checkliste für Ihre persönliche Work-Life-Balance

- ☐ Nehmen Sie den Augenblick wahr.
- ☐ Entscheiden Sie genau, wem oder was Sie Ihre Aufmerksamkeit schenken.
- ☐ Entscheiden Sie sich für das Sein.
- ☐ Trainieren Sie die richtige Entspannung.
- ☐ Finden Sie Ihre persönlichen „Glückserzeuger".
- ☐ Ritualisieren Sie positive Abläufe.
- ☐ Achten Sie auf Ihre Gedanken.
- ☐ Lassen Sie Stille zu.
- ☐ Verweigern Sie sich dem übertriebenen „Wellness- und Schönheitsstress".
- ☐ Erkennen Sie, wenn Sie manipuliert werden.
- ☐ Gönnen Sie sich längere Zeiteinheiten pro Monat nur für sich.
- ☐ Grenzen Sie Freizeit und Arbeit klar ab.
- ☐ Lernen Sie, auch einmal „Nein" zu sagen.
- ☐ Gehen Sie achtsam mit Beziehungen um.

Tipp

„Es wird niemand kommen und die Dinge so ändern, wie du es willst!"

Exkurs: Burn-out

Will es trotz großer Anstrengung nicht gelingen, eine befriedigende Work-Life-Balance herzustellen, kann es auch an einer gefährlichen, aber leider immer häufigeren Erscheinung unserer modernen Arbeitswelt liegen: dem Burn-out-Syndrom. Es bedeutet „Ausgebranntsein", ein „Zustand der totalen Erschöpfung". Der „Ausgebrannte" erlebt seine Umwelt im Allgemeinen als nicht mehr kontrollierbar und zieht sich in der Regel völlig in sich zurück. Hilfe von außen (durch Kollegen, Verwandte oder Freunde) wird kaum noch oder gar nicht mehr angenommen. Hier hilft nur noch professionelle Hilfe durch Arzt und Psychotherapeut.

Ursachen von Burn-out

- Angst, Schuldgefühle
- Mangelnde Selbstachtung
- Sorgen und Depressionen
- Krankhaftes Perfektionsstreben
- Helfersyndrom
- Persönliche Defizite und Misserfolge
- Wechsel der bisherigen Arbeitssituation, die als Verschlechterung empfunden wird
- Zu hohe Arbeitsbelastung
- Immer die gleiche Routine ohne geistige Herausforderung
- Unpersönliches Arbeitsumfeld, schlechtes Arbeitsklima
- Unklare, sich widersprechende Ziele
- Unprofessionelle Führung durch Vorgesetzte
- Mobbing
- Private und familiäre Probleme
- Innere Leere

Warnsymptome in der Anfangsphase

Meist beginnt alles ganz harmlos:

- Der Betroffene engagiert sich beruflich signifikant mehr
- Der Beruf wird zu seinem hauptsächlichen Lebensinhalt
- Er leistet erhöhten, unbezahlten Einsatz
- Er beachtet die eigenen Bedürfnisse nicht mehr
- Er verdrängt Misserfolge
- Er beschränkt seine sozialen Kontakte auf einen Bereich, z. B. die Kunden
- Er ist häufig erschöpft
- Er leidet unter chronischer Müdigkeit
- Er klagt über Energiemangel

Burn-out-Phasen (nach Freudenberger/North)

Stadium 1:	Der Zwang, sich zu beweisen
Stadium 2:	Verstärkter Einsatz
Stadium 3:	Subtile Vernachlässigung eigener Bedürfnisse
Stadium 4:	Verdrängung von Konflikten und Bedürfnissen
Stadium 5:	Umdeutung von Werten
Stadium 6:	Verstärkte Verleugnung der aufgetretenen Probleme
Stadium 7:	Rückzug
Stadium 8:	Beobachtbare Verhaltensänderung
Stadium 9:	Depersonalisation/Verlust des Gefühls der eigenen Persönlichkeit
Stadium 10:	Innere Leere
Stadium 11:	Depression
Stadium 12:	Völlige Burn-out-Erschöpfung

Körperliche Symptome, die dabei auftreten

- Muskelkrämpfe
- Trockener Mund
- Kurzatmigkeit
- Nacken- und Schulterschmerzen
- Schwindel
- Schweißausbrüche
- Ziehen und Schmerzen in der Brust
- Körperliche Dysfunktionen

Nicht jedes der oben angeführten Symptome ist gleich ein Beweis für ein herannahendes Burn-out-Syndrom. Sollten sich jedoch einige Anzeichen mehren und über einen längeren Zeitraum andauern, nehmen Sie diese Warnhinweise nicht auf die leichte Schulter. Je früher Sie reagieren, umso erfolgversprechender ist die Therapie!

6.4 Selbstbestimmung und Selbstverantwortung

Selbstcheck: Meine Selbstbestimmung in meinem beruflichen Umfeld

- [ ] Ich identifiziere mich mit den Zielen und Visionen meines Unternehmens.
- [ ] Ich kenne mein Unternehmen gut.
- [ ] Ich gehe offen auf andere Mitarbeiter zu.
- [ ] Ich sehe Veränderungen als positiv an.
- [ ] Neue Aufgaben spornen mich an.
- [ ] Es macht mir Spaß, kreativ zu sein.
- [ ] Ich kenne die Prioritäten meiner Vorgesetzten.
- [ ] Ich kann meine eigenen Prioritäten in meine Planung einbeziehen.
- [ ] Meine Erfolge werden beachtet.
- [ ] Ich verzeihe mir Misserfolge.
- [ ] Bei realistischer Sichtweise überwiegen die Vorteile die Nachteile in meinem Job.
- [ ] Ich mache mir regelmäßig Gedanken über meinen weiteren beruflichen Weg.
- [ ] Ich bin mit der Richtung zufrieden.
- [ ] Was mich in den letzten Jahren wirklich gestört hat, konnte ich verändern.

Wenn Sie mehr als sieben Mal ein x machen konnten, gratulieren wir Ihnen. Sie sind auf dem besten Weg, Ihr Leben selbst in die Hand zu nehmen. Sie warten nicht auf Wunder von außen, sondern sind selbst aktiv.

Selbstbestimmung und Erfolg

Der Erfolgsdruck in unserer Leistungsgesellschaft ist groß. Die Anforderungen werden immer umfassender. Die Ausbildung sollte möglichst vielseitig und trotzdem in kürzester Zeit abgeschlossen sein. Die Erfahrung, die man früher in einem ganzen Berufsleben gemacht hat, sollte man heute am besten gleich mitbringen. Die Informationsflut erleichtert das Leben auch nicht. Damit aber lange nicht genug – auch im Privatleben steigt der Perfektionsdruck: Die Essenseinladung wird zur perfekten Inszenierung, der Kindergeburtstag wird zum „Event“ und wer bei den Trend-Sportarten mithalten will, muss dementsprechend oft ins Fitness-Studio...

Unser Leben läuft auf der Überholspur ab – aber mit ungewuchteten Reifen!

Haben wir noch die Kontrolle über unser Leben? Wie funktioniert in diesem Zusammenhang Selbstbestimmung?

Was heißt eigentlich „Erfolg“ und sind wir nicht besser dran ohne ihn?

Ganz spontan: Erfolg ist für mich,

____

____

____

Tipp

Jeder Mensch verfügt über ganz persönliche Erfolgspotenziale – einmalige und in dieser speziellen Zusammensetzung einzigartige Ressourcen!

Erkennen und nützen wir diese Ressourcen!

Wie viel Egoismus braucht es im Berufsleben?

Besonders im Office sind Sie vielfach fremdbestimmt. Immer wieder müssen Sie für andere und deren Bedürfnisse da sein. Selbstbestimmung fällt da oft schwer. Nur wer ein gesundes Maß an Egoismus an den Tag legt, behält die Fäden in der Hand. Wir meinen aber nicht jenen Egoismus, der auf Kosten anderer geht. Wir meinen die Form von „sanftem Egoismus“, der Sie und Ihre Bedürfnisse in den Mittelpunkt stellt – zu Ihrem und zum Wohl der anderen.

Was bedeutet „sanfter Egoismus“ für Sie?

- Sie wissen, was Sie wollen – Sie haben klare Vorstellungen, wohin Ihr Weg führen soll, Sie haben Ziele und Visionen.
- Sie haben die Übersicht über Ihr Leben. Sie wissen genau, welche Ziele Sie schon verwirklicht haben. Sie überdenken und adaptieren Ihre Ziele von Zeit zu Zeit.
- Sie übernehmen die Verantwortung für sich selbst.

- Sie können über Ihre Gefühle reden. Sie gehen offen auf andere zu und beweisen Stärke, indem Sie auch einmal Negatives ansprechen können.
- Sie vertreten klar Ihre Meinung. Sie haben keine Angst davor, was andere über Ihre Argumente denken.
- Sie stehen zu Ihren Stärken und scheuen sich nicht, diese auch einmal verbal hervorzuheben – „Eigenlob stinkt nicht".
- Sie pflegen bewusst positive Kontakte.
- Sie achten auf sich.

Tipp

Schreiten Sie einmal gedanklich über den roten Teppich von Hollywood: Sie spielen in Ihrem (Berufs)Film die Hauptrolle, Sie haben das Drehbuch geschrieben und Sie führen auch noch Regie!

7 Social Media im Office

Die Kommunikation via Social Media ist zu einem festen Bestandteil unseres Lebens geworden und dabei, sich auch im Unternehmensumfeld einen fixen Platz zu erobern. Die Vermischung von privater und öffentlicher Kommunikation ist damit schon zur Tatsache geworden. In sozialen Medien werden private und geschäftliche Agenden gleichermaßen dargestellt und diskutiert. Doch was ist unter dem Begriff Social Media zu verstehen, wo und wie kann man diese Kommunikationsform einsetzen und was bedeutet sie konkret für die Office-Arbeit? Diesen Fragen wollen wir in diesem Kapitel nachgehen.

Unter Social Media werden soziale Netzwerke verstanden, die Plattformen für den gegenseitigen Austausch von Informationen, Erfahrungen, Meinungen und Eindrücken bieten. Soziale Netzwerke wie Facebook, XING und LinkedIn, Kurznachrichtendienste wie Twitter, aber auch Videoplattformen, Handy-Apps und Onlinebewertungen prägen die virtuelle Welt von heute. Die Inhalte können dabei von allen Usern erstellt, geteilt und bearbeitet werden. So wird aus dem bisher eher passiv konsumierten Internet eine Plattform zur aktiven Teilnahme. Social Media basieren auf der Web-2.0-Technologie, die diese interaktive Möglichkeit geschaffen hat. So entstand auch der Begriff „Mitmach-Web". Diese Entwicklung hat unweigerlich auch umfangreiche Auswirkungen auf unsere Arbeitswelt – ein Prozess, der in Zukunft noch weit intensiver stattfinden wird als bisher.

Diese neue Form der Nutzung des Internets lässt Experten oft von einem Paradigmenwechsel in Bezug auf das Internet sprechen Der Kunde erwartet sich heute im Netz keine Werbebotschaften, sondern einen speziellen Nutzen für sich. Für Unternehmen bedeutet der Paradigmenwechsel ein rasches und aktuelles Bereitstellen von Informationen. Punktgenaue Informationen werden auch auf Kundenwunsch gesendet, eine Reaktion nahezu in Echtzeit wird erwartet.

Office-Mitarbeiter werden in Zukunft noch stärker mit Social Media zu tun haben, als dies jetzt schon der Fall ist, da Unternehmen diese Form der Kommunikation und Interaktion mit der Außenwelt verstärkt nutzen werden. Es ist daher erforderlich, sich mit den wesentlichen Fragen dazu auseinanderzusetzen, um nicht einfach nur „dabei zu sein", sondern die neuen Möglichkeiten aktiv zu nutzen. Die im Folgenden behandelten Punkte sollten geklärt werden.

7.1 Die richtige Strategie und Social Media Guidelines als Grundlage

Zunächst stellt sich die Frage: Gibt es im eigenen Unternehmen eine **Social-Media-Strategie**, nach der alle Aktivitäten in sozialen Netzwerken ausgerichtet werden und an der sich alle verbindlich orientieren? Die Vielfalt der Möglichkeiten in diesem Bereich erfordert ein klares, zielgerichtetes Vorgehen. Nur, um sich ein „dynamisch-jugendliches" Image zu verpassen, ist es zu aufwendig, auf diesen Zug aufzuspringen. Die Betreuung der unternehmensrelevanten Social Media erfordert Ziele, Strategien und ein Zusammenwirken vieler Kräfte, um den Social-Media-Einsatz auch zu einem Erfolg für das Unternehmen zu machen.

Ist eine klare Strategie erstellt, geht es um die Frage, ob auch klare **Social Media Guidelines** formuliert wurden, in denen Verhaltensregeln, Ziel, Zweck und Rechtliches, wie z. B. die private und unternehmerischer Nutzung von Social Media, festgelegt sind.

Tipp

Um die Akzeptanz solcher Social Media Guidelines bei den Mitarbeitern zu erhöhen, können diese auch gemeinsam im Team erarbeitet werden, zum Beispiel über ein Wiki (eine Art internes Wikipedia, das internes Wissen zusammenfasst), in dem jeder Mitarbeiter Beiträge erstellen und überarbeiten kann (siehe dazu auch Seite 366).

An dieser Stelle wollen wir darauf hinweisen, dass nach gültiger Rechtslage der Arbeitgeber für das Verhalten der Mitarbeiter im Internet haftet (siehe dazu z. B. OGH 6 Ob 126/12s, Österreich). Arbeitgeber sind daher dazu aufgerufen, entsprechende Vorkehrungen zu treffen, da viele Mitarbeiter ja nicht nur die vom Unternehmen zur Verfügung gestellte IT-Infrastruktur, sondern vielfach ihre eigenen Geräte auch am Arbeitsplatz nutzen (BYOD – bring your own device). Daher sind der Datenschutz und die Eigenverantwortung an dieser Stelle besonders zu erwähnen. Richtlinien und Verhaltensregeln sind in diesem Sinn essenziell, um Diskussionen zu vermeiden.

Darüber hinaus sollten Social Media Guidelines festlegen, was in kritischen Situationen bzw. bei Konflikten im Internet zu tun ist (z. B. wann ist die Geschäftsführung, wann die Rechtsabteilung einzuschalten?). Heikel ist auch die Frage, wie und in welchem Zeitraum auf Kundenanfragen, Beschwerden und kritische Stellungnahmen im Web reagiert werden soll.

Der Faktor Zeit ist hier ein wesentlicher. Entsprechend exakte Definitionen helfen den Mitarbeitern, sollten aber auch in Abstimmung mit allen Betroffenen festgelegt werden.

Tipp

7.2 Der Social-Media-Einsatz im Unternehmen

Für alle Mitarbeiter ist es wichtig zu wissen, in welchen Unternehmensbereichen Social Media derzeit und in Zukunft eingesetzt werden. Setzt das Unternehmen Social Media z. B. im Marketing, Vertrieb, Produktentwicklung, PR bzw. in der internen oder externen Unternehmenskommunikation ein? Konkrete Einsatzmöglichkeiten bestehen auch im Personalmarketing und Recruiting und finden dort auch zunehmend Anwendung. Für die externe Kommunikation sind beispielsweise Job-Portale, XING, Collaboration Platforms bzw. Learning Communities interessant. Besonders auch Blogs als aktives Instrument der externen Kommunikation mit Kunden und darüber hinaus mit dem gesamten Unternehmensumfeld erweisen sich als zukunftsträchtig. Geht es einem Unternehmen zum Beispiel um die verstärkte Attraktivität bei zukünftigen Mitarbeitern, etwa bei noch Studierenden, kann es interessant sein, einen neuen Mitarbeiter einen Blog betreuen zu lassen: „Meine ersten Erfahrungen im Unternehmen X."

Die Einsatzmöglichkeiten richten sich nach den konkreten Zielsetzungen der einzelnen Bereiche. Wir haben im Folgenden einige dieser Zielsetzungen nach Unternehmensbereichen und unseren Erfahrungen aufgelistet:

Unternehmensbereich	**Zielsetzung**	**Welche Plattform?**
Geschäftsleitung	„Wir möchten als Meinungsträger Aufmerksamkeit gewinnen." „Wir möchten unser Wissensmanagement effizienter gestalten."	Blog, Twitter, Facebook, Google+ Wikis
Personalwesen	„Wir brauchen neue Mitarbeiter und möchten uns als Arbeitgeber-Marke profilieren."	Karriere-Portale, Chat, Blog, LinkedIn
Marketing	„Wir suchen neue Vertriebskanäle und möchten unsere Produkte (zusätzlich) anders bewerben."	Blog, Twitter, YouTube, Facebook

Unternehmensbereich	**Zielsetzung**	**Welche Plattform?**
Vertrieb	„Wir suchen Plattformen zum Netzwerken, um neue Kunden zu gewinnen."	XING, Twitter, Facebook
Public Relations	„Wir möchten uns noch mehr an die Presse, an externe und interne Kunden und an Meinungsbildner wenden."	XING, Twitter, Facebook, Wikis
Marktforschung und Produktentwicklung	„Wir möchten wissen, wie die Öffentlichkeit und unsere User über unsere Produkte denken."	Blog, YouTube, Opensource Software

Allen Aktivitäten ist jedoch eines gemeinsam: Für Mitarbeiter bedeuten die neuen Kommunikationsformen, permanent am Ball zu bleiben und zu wissen, was im eigenen Unternehmen läuft. Wer selbst aktiv an Social-Media-Aktivitäten mitarbeitet, muss sich in geeigneten Fachseminaren, Ratgebern oder im Internet aktuelles Praxiswissen aneignen. Social Media sind kein einmaliges Projekt, sie bedeuten eine immer wiederkehrende Arbeit – meist unter Zeitdruck. Die ständige Interaktion macht diese Kommunikationsform störungsanfälliger, nur bedingt planbar und erfordert unmittelbares Eingreifen. Nicht immer tritt die gewünschte Interaktion mit dem Kunden auch wirklich ein. Nicht jeder Kunde ist dialogbereit und gewillt, an der Produktentwicklung mitzuarbeiten. Oft ist ein „Like" alles, was an Kommunikation stattfindet.

Wie wir aus unseren Trainings wissen und auch von Experten bestätigt bekommen, haben sich jedoch trotzdem die Erwartungen jener Organisationen, die Social-Media-Instrumente bereits einsetzen, erfüllt. In den meisten Unternehmen ist ein Ausbau dieser Tools geplant, wobei sich vor allem Weblogs, Wikis und Podcasts in der Praxis als bedeutend erweisen.

Verantwortlichkeiten

Sind die Aktivitäten festgelegt, ergibt sich für die Mitarbeiter im Unternehmen die Frage, wer wofür Ansprechpartner ist. Wer ist für die Social-Media-Arbeit im Unternehmen verantwortlich? Wer erstellt und verwaltet/kontrolliert die Inhalte?

Während die Verantwortlichkeit für den Bereich Social Media in einigen Unternehmen bereits klar zugeordnet ist, ist es speziell in kleineren Unternehmen oft der Mitarbeiter im Office, der diesen Bereich mitbetreuen soll.

In großen Unternehmen finden sich meist ausgebildete PR-Manager oder die Verantwortung liegt beim Marketing- bzw. HR-Verantwortlichen. Dort, wo die Social-Media-Agenden auch dem Office-Management übertragen werden, sollte entsprechendes Know-how vorhanden sein.

Tipp

Wichtig ist es besonders für Office Mitarbeiter, die Verantwortlichkeiten und Zuständigkeiten im Bereich Social Media zu kennen und immer zu wissen, wer wofür zuständig ist und wer bei welchen Anfragen von außen Hilfestellungen im Unternehmen anbieten kann.

7.3 Die Social-Media-Sprache

Die Kommunikation via Social Media hat eindeutig unsere Alltagssprache verändert. Dem muss auch ein Unternehmen Rechnung tragen, das diese Medienkanäle nutzt. Diese Form der Kommunikation ist durch eine hohe dynamische Interaktion gekennzeichnet. Die Sprache der Kunden prägt die Sprache des Unternehmens. Marketingexperten im Unternehmen passen ihre Sprache den relevanten Zielgruppen an. So ist die Gefahr groß, die eigene Authentizität zu verlieren. Wann wird die Anpassung an den Stil der Zielgruppe zur Anbiederung?

Da besonders der Office-Bereich in die sprachliche Umsetzung der Social-Media-Aktivitäten einbezogen wird, wollen wir uns diesem wichtigen Punkt widmen und Ihnen einige Tipps aus der Praxis geben.

- **Schnelles Erkennen des Wesentlichen**: Diese Kommunikationsform erfordert vom Verfasser, dass er es seinen Lesern möglichst einfach macht. Je kürzer, desto besser. Je schneller erkannt wird, worum es geht, umso eher wird auch weitergelesen. So muss vor allem auf den Einstieg geachtet werden. Eine aktuelle Problemstellung, die dem Leser „aus der Seele spricht“, animiert zum Weiterlesen. Der Verfasser hat nur wenige Sekunden Zeit, den Leser zu fesseln.
- **Übersichtlichkeit**: Auch hier gilt: Der Leser will auf einen Blick alles im Griff haben. Unterteilungen, Aufzählungen und Nummerierungen sowie Hervorheben von Stichwörtern helfen zur Orientierung. Absätze sollten im Sinn der Lesegeschwindigkeit maximal drei bis fünf Zeilen lang sein.
- **Schreiben Sie so, wie Sie sprechen** (allerdings keine Umgangssprache!): Dadurch werden Sätze auch nicht zu lang. Sätze sollten maximal ein Komma enthalten und nicht über drei Zeilen gehen.

- Social-Media-Texte, besonders auch in Blogs, müssen immer die **wichtigen Stichworte** enthalten. Nur, wer die richtigen Stichworte einbaut, dessen Beitrag wird über Suchmaschinen aufgerufen.

Tipp

Machen Sie sich vor dem Verfassen von Texten eine Liste der einzubauenden Schlagworte, die dann als Grundgerüst der Texterstellung dienen. Nach welchen Suchbegriffen sucht Ihre Zielgruppe im Netz?

- Der **Social Media-Schreibstil** ist geprägt von besonders kurzen Sätzen und Wörtern. Oft werden daher auch englische Bezeichnungen, die meist knapper und prägnanter sind als der deutsche Begriff, verwendet. Was in einem herkömmlichen Text sprachlich übertrieben wirkt, ist hier erlaubt. Trotzdem sollten auch Fremd- und Fachwörter immer auf die Verständlichkeit überprüft werden. Wo ein passender deutscher Ausdruck vorhanden ist, sollte dieser auch eingesetzt werden. Beim Überfliegen eines Textes bleiben deutsche Wörter eher in der Aufmerksamkeit „hängen" als Anglizismen.
- Der **Sprachstil** ist hier vor allem ein sehr persönlicher. Häufig wird die direkte Ansprache gewählt – ganz so, als würde der Angesprochene gegenüber sitzen. So wird der Stil unmittelbar und direkt.
- Social-Media-Kommunikation sollte auch „zuhören" können. Es geht um **Dialog**, um die Rückmeldung des anderen. Wer zum Beispiel immer nur über sein Unternehmen und die Einzigartigkeit seiner Produkte spricht, braucht sich nicht zu wundern, wenn die Kunden nicht interagieren. Doch genau um diese Reaktion der Leser, um dieses direkte **In-Kontakt-Treten**, geht es bei dieser Kommunikation.
- Social-Media-Texte zeichnen **Bilder mit wenigen Strichen**. Schaffen Sie trotz sparsamer Wortwahl emotionale Sprachbilder.
- Viele Texte in Social Media enden mit einer **Handlungsaufforderung**. Was soll der Leser tun? Wo findet er weitere Informationen? Sind die notwendigen Links eingebaut? Sind Quellen verlinkt?
- Wer einen Blog schreibt und daher in regelmäßigen Abständen Texte verfassen muss, sollte sich in einem Brainstorming-Prozess einen Pool an möglichen Themen schaffen und im Idealfall im Vorhinein, zum Beispiel für ein halbes Jahr, die **Themenbereiche fixieren**. So fällt schon mal die lästige Frage „Worüber schreibe ich jetzt schon wieder?" weg.

- Wer auf internen Kommunikationsplattformen Informationen weitergibt, muss sich stets bewusst sein, dass alle im Unternehmen Zugriff darauf haben. Diese Form der Kommunikation ersetzt ja zunehmend die persönliche Mail, da so **Informationen unkompliziert an alle** vermittelt werden.
- Texte nicht vorschnell online stellen. Es ist wichtig, alle Texte nochmals zu redigieren, nicht nur um Fehler zu vermeiden und so professionell zu erscheinen, sondern auch, um wirklich die **kürzest mögliche „Verpackung"** für die eigene Botschaft zu wählen. Das geht nur in mehreren Schritten. Wie viel ist unbedingt nötig? Ist der Sinn trotz der Kürze noch verständlich? Kommt meine Botschaft rüber?

7.4 Die Rolle des Office bei Social-Media-Aktivitäten

Mitarbeiter im Office Bereich werden künftig verstärkt an der Implementierung bzw. permanenten Pflege von Social Media im Unternehmen beteiligt sein. Die Aktualisierung einzelner Beiträge, die Betreuung von Online- und Video-Zusammenarbeit sowie aktives Verwalten von Dokumenten – alles Dinge, die auch im Office-Bereich aktuell sind.

Sowohl für Blogs, die bewusst als Image-Plattform des Unternehmens oder aber auch vor allem als Vernetzungsinstrument der Assistenz betrieben werden, gilt: Inhalte sind immer eine Visitenkarte für das Unternehmen, auch wenn der Blog eher privaten Charakter hat. Daher ist es wesentlich und hilfreich, permanent geeignete Themen zu sammeln, sich Tipps zum Texten zu holen und neue Inhalte zu liefern.

Wissensmanagement findet in Zukunft vermehrt via Wikis statt. Jedes Unternehmen kann so sein eigenes Wikipedia aufbauen (siehe dazu auch Seite 360). Was ist zu beachten? Aus unserer Sicht wird es künftig auch im Office noch stärker zu den Kernaufgaben zählen, gemeinschaftliches Wissen aufzubereiten, abrufbar zu machen und damit rasch verfügbar zu haben, um online prompt reagieren zu können. Darüber hinaus können Mitarbeiter im Office verstärkt beauftragt werden, Webauftritte zu vergleichen und entsprechend darzustellen.

Das in Zukunft immer komplexere Gebiet der Social Media erfordert zunehmend eigene Spezialisten. Der Bereich ist einfach zu wichtig, um ihn ambitionierten „Laien" zu überlassen. Vielfach wurde diese Tatsache bereits erkannt und externe Experten werden beigezogen. Doch wie findet man die beste Agentur? Wer pflegt den Kontakt dorthin? Die Mithilfe der Assistenz wird auch beim Outsourcing von Social-Media-Aktivitäten vermehrt gefragt sein.

Tipp Ein einfacher, aber oft missachteter Tipp dazu: Gute Social-Media-Agenturen erkennt man an ihren eigenen Social-Media-Aktivitäten.

Darüber hinaus hat durch interne Social-Media-Aktivitäten jeder Mitarbeiter die Möglichkeit, sich aktiv am Unternehmensgeschehen zu beteiligen, z. B. durch Beiträge in Unternehmens-Wikis und ähnlichen interaktiven Plattformen. Oft geht es hier um einen abteilungs- oder standortübergreifenden Informationsaustausch, der sowohl Chancen als auch Risiken bietet. Einerseits stellt dies durch zeitnahen Informationsaustausch (z. B. in der Projektkommunikation) einen Mehrwert dar, andererseits ist so auch die Möglichkeit gegeben, seine kritische Stimme abzugeben. Dadurch wird aus unserer Sicht das Instrument Social Media intern einen höheren Stellenwert erhalten, vor allem bei Veränderungsprozessen. Hier ist künftig durch das Management und durch unmittelbar beteiligte Stellen im Unternehmen die Awareness permanent zu forcieren und vorzuleben. Gerade da ist die Assistenz gefordert, die gewünschte Drehscheibenfunktion wahrzunehmen und gemeinsam mit dem Vorgesetzten zu leben.

Die Beteiligung am Verfassen von Mitarbeiterinformationen über interne Social-Media-Formen wird ebenfalls häufig in den Aufgabenbereich der Assistenz fallen. Was bisher die interne Mitarbeiterzeitung war, ist heute das interne Social-Media-Forum.

Nach unseren Beobachtungen und Erfahrungen in den Unternehmen direkt werden Social Media die Arbeitsbedingungen bzw. auch die Arbeitszeitmodelle bestimmter Unternehmensbereiche verändern. Dieser Entwicklung werden auch Mitarbeiter im Office Rechnung tragen müssen. Der Erwartungsdruck der Kunden wird immer größer, die Reaktionsgeschwindigkeit im Netz wird immer kürzer, was zu flexibleren Arbeitszeiten und teilweise sicher auch größerem Zeitdruck führen wird. Wer auf Social Media setzt, muss sich bewusst sein, diesem Erwartungsdruck gerecht werden zu müssen. Wer zum Beispiel einen Web-Blog betreibt, muss laufend am Ball bleiben, immer aktuelle Beiträge liefern. Wer mit seinen Kunden interagiert, muss rasch sein. Die Konkurrenz im Web ist groß, schnell ist ein Mitbewerber zur Stelle, der sich die virtuelle Inaktivität eines anderen zunutze macht.

Social Media werden im Office-Bereich sicher zu einer Mehrbelastung führen. Auf der anderen Seite stellt gerade dieser Bereich eine enorme Chance dar, die eigene Aufgabe aufzuwerten, den Verant-

wortungsbereich zu erweitern und noch mehr als bisher zu einer zentralen Schnittstelle im Unternehmen zu werden. Wichtig ist es jedoch, sich laufend mit den notwendigen Kenntnissen auszustatten und vor allem auch den eigenen Sprachstil an die neuen Medien anzupassen.

7.5 Social Media für mich nutzen – Networking im Netz

Social Media haben natürlich auch eine sehr wichtige individuelle Komponente. Hier geht es uns nun um den persönlichen Einsatz und die persönliche Verwendung von Networking im Netz.

Der positive Nutzen eines Netzwerks kann sich auf vielerlei Art und Weise darstellen und hängt letztendlich mit den persönlichen Zielen zusammen. Das Knüpfen von Kontakten ist heute in jeder Hinsicht nahezu unabdingbar – suchen Sie sich daher die passenden Internet-Foren oder für Sie passende Netzwerke. Nach unserer Erfahrung ist das Netzwerken sowohl für Berufseinsteiger als auch für erfahrene Mitarbeiter im Beruf hilfreich.

Sind Sie Assistentin/Sekretärin? Dann prüfen Sie vor der Beteiligung in Sozialen Netzwerken die Möglichkeiten, die sich Ihnen und Ihrem Unternehmen dadurch bieten:

- Rasche Informationsbeschaffung und -verteilung
- Vernetzung mit Gleichgesinnten
- Unterstützung bei speziellen Problemen oder Fragestellungen
- Der eigene Job kann durch die Informationen aus dem Netzwerk effektiver bewältigt werden.
- Berufliche Kontakte können auch zu privaten werden.
- Durch die Vielzahl an Netzwerkpartnern kann leicht mit Entscheidungsverantwortlichen und Meinungsträgern Kontakt aufgenommen werden.
- Das Netzwerk kann zur Förderung der Karriere eingesetzt werden.

Was für Ihren Auftritt im Netz hilfreich sein kann:

- Legen Sie im **Profil** jene Daten und Informationen an, die Sie bekanntgeben möchten. In beruflichen Netzwerken empfiehlt sich das Anführen des vollständigen Namens, der Branche, der Position bzw. auch aktueller Projekte. Laden Sie ein **Porträt- oder Passfoto** hoch – das Bild vom Urlaub in der Karibik ist an dieser Stelle unpassend.

- Werden Sie im Netzwerk **regelmäßig in kurzen Abständen** aktiv – wer sich alle sechs bis acht Wochen einloggt, wird keinen großen Bekanntheitsgrad erzielen und die oben angeführten Vorteile nicht nützen.
- Machen Sie weniger oder nicht nur Werbung für sich selbst, sondern positionieren Sie Ihren Beruf, Ihre Tätigkeit und Ihr Unternehmen insgesamt positiv.
- Überprüfen Sie vor dem Einstieg in ein Netzwerk Ihre Kritikfähigkeit, da der Ton eventuell auch einmal rauer werden kann: Shitstorms und kritische Kommentare können Teil des Spiels werden. Wir empfehlen Ihnen daher eine neutrale Sprache, ohne Bewertungen, mit klarer Wortwahl.

8 Vision Office – wie geht es weiter?

8.1 Kundenorientierung – Mitarbeiterorientierung – Produktqualität

Kundenorientierung:
„Wir stellen die partnerschaftliche Hinwendung zu unseren Kunden in den Mittelpunkt unserer unternehmerischen Dienstleistung. Zufriedene Kunden sichern unseren Unternehmenserfolg."

Mitarbeiterorientierung:
„Bei uns steht der Mitarbeiter im Zentrum. Sein Wohlergehen ist unser Anliegen. Zufriedene Mitarbeiter sind unser wichtigstes Kapital."

Produktqualität:
„Unser Ziel ist die Erstellung von Produkten und Dienstleistungen in bester Qualität, termingerecht und zu günstigen Kosten. Der Einsatz aller Mittel ist auf dieses Ziel hin ausgerichtet."

Diese drei Statements stammen aus den Unternehmens-Grundsatzpapieren dreier Unternehmen. Sie hängen jeweils oft in Gold gefasst an zentraler Stelle im Haus. Theoretisch könnten auch alle drei Statements aus einer Unternehmens-Philosophie stammen. Alle drei Begriffe werden in Zukunft vermehrt unser betriebliches Handeln bestimmen.

Doch was haben diese drei Begriffe miteinander zu tun? Lassen sich diese drei „Forderungen" überhaupt verbinden?

Stellen Sie sich diese drei Bereiche wie drei Zahnräder vor:

Wenn Sie an einem dieser Räder drehen, drehen sich auch die anderen Räder.

Doch das Räderwerk muss zusammenspielen. Wenn zum Beispiel die Mitarbeiterorientierung durch weniger Schulungen minimiert wird, werden die Qualität des Produkts und schließlich auch die Kundenbetreuung darunter leiden. Wird etwa auf die Kundenorientierung zu hoher Wert gelegt und die Mitarbeiter werden in ihrer Förderung vernachlässigt, kommt Sand ins Getriebe: Der **vernachlässigte** Mitarbeiter wird die Qualität der Beratung **vernachlässigen**.

Wenn das Management eine erhöhte Qualität fordert und nicht gleichzeitig bei der Mitarbeiterorientierung ansetzt, kommt es zum Burn-out und letztlich zu einem Leistungsabfall durch innere Kündigung der Mitarbeiter.

Will das Unternehmen als klare „Nummer-Eins-Zielsetzung" die Kundenanzahl erhöhen und bei gleichbleibender Mitarbeiteranzahl die Produktqualität beibehalten, kommt es beim Zahnrad „Mitarbeiterorientierung" zu Problemen – es ist zu klein und damit überlastet. Das Zusammenspiel funktioniert nicht mehr.

Die Überbelastung der Mitarbeiter führt zu einer Verringerung der Arbeitsqualität, damit zu Fehlern, die zu Beschwerden führen und letztlich zur Demotivation der Mitarbeiter sowie zu einem Imageverlust des gesamten Unternehmens: ein Teufelskreis!

In der Theorie haben die Manager erkannt, dass diese drei Zahnräder nur dann optimal zusammenspielen, wenn ihnen auch gleich viel Beachtung geschenkt wird. Doch in der Praxis wird es auch in Zukunft so sein, dass jeder seine Prioritäten unterschiedlich setzt:

- Wenn Sie als Mitarbeiter merken, dass Ihr Chef seine Priorität verstärkt auf die Kundenorientierung oder die Produktqualität legt, seine Mitarbeiter aber vernachlässigt, nie lobt, stets überfordert, dann überdenken Sie, ob durch Ihre persönliche Mitarbeiter- bzw. Innenorientierung hier schon ein Ungleichgewicht entstanden ist, das Sie aushöhlt und Ihnen Energie raubt.
- Sie entscheiden, ob Sie zu Ihrem eigenen Wohl auch an Ihrer Kundenorientierung bzw. Produktorientierung drehen, um eine entsprechende Balance zu erhalten und Enttäuschungen in Ihren Ansprüchen an den Job zu vermeiden.
- Das Funktionieren dieser drei Räder setzt nicht voraus, dass alle drei Räder gleich groß sein müssen. Sie müssen nur behutsam und durchdacht geplant und gewartet sein, um einen reibungslosen Ablauf zu garantieren.
- Das heißt nicht, dass Sie immer an den gleichen Rädern drehen müssen bzw. bei jedem Rad die gleiche Geschwindigkeit wie Ihr Chef haben müssen. Sie sollten aber immer die eigene Geschwindigkeit und den Drehgrad bewusst im Auge behalten.

Der Unternehmenserfolg wird in Zukunft entscheidend vom Zusammenspiel dieser drei Zahnräder abhängen. Der Officebereich ist nicht selten die eigentliche Schaltzentrale dieses „mechanischen Wunderwerkes“. Diesem Bereich kommen also auch in Zukunft nicht nur Planungs- und Steuerungsfunktionen, sondern vor allem auch eine Frühwarn-Funktion zu, wenn das Ineinandergreifen der einzelnen Räder nicht mehr funktioniert.

8.2 Office-Performance

Viele Zukunftsforscher malen derzeit ein düsteres Bild: Die Wirtschaft in den hoch entwickelten Ländern stagniert. Das erfordert, vermehrt die vorhandenen Ressourcen optimal auszuschöpfen. Unternehmensprozesse und alle arbeitsbezogenen Rahmenbedingungen müssen so gestaltet werden, dass das Ergebnis optimal ausfällt. Das Schlagwort dazu: Office-Performance! Was immer auch unter diesem Begriff zu verstehen ist – sicher bedeutet er mehr Leistung, mehr Druck. Dort liegen noch gewaltige Reserven verborgen. Eine von Frauenhofer IAO in sieben Ländern durchgeführte Studie hat ergeben, dass von 191 Arbeitstagen über 30 % nicht produktiv genutzt werden, etwa wegen Wartezeiten, Doppelspurigkeiten oder, weil die Arbeitszeit privat genutzt wird (Quelle: Office 21®, IAO Frauenhofer, Institut für Arbeitswirtschaft und Organisation).

Doch wie lässt sich diese Office-Performance steigern? Gesucht wird nach Maßnahmen, die die Produktivität von Büroprozessen direkt steigern. Die Eckdaten dazu sind:

- **Effektivität:** Wie gebe ich den Mitarbeitern die Möglichkeit, die „richtigen" Dinge tun zu können?
- **Effizienz**: Wie ermögliche ich einen angemessenen Aufwand für die Ausführung der Aufgaben?
- **Ergebnis-Qualität**: Wie erziele ich einen möglichst qualitativ hochwertigen Output der Arbeit?
- **Prozess-Qualität**: Wie optimiere ich die Arbeitsprozesse im eigenen Bereich?

Weitere Studien zur Office-Performance kommen auf ähnliche Lösungsansätze. Eine nachhaltige Steigerung der Office-Performance lässt sich nur durch das Ausschöpfen aller Kreativitätspotentiale der Mitarbeiter erzielen. Diese Kreativität gilt es vermehrt zu fördern. Routinetätigkeiten und Verwaltungsarbeiten werden zunehmend von Maschinen und Computern erledigt. Doch kreativ ist nach wie vor nur der Mensch. Je mehr Wohlfühl-Qualität ein Büro hat, desto mehr Kreativität entsteht und trägt so insgesamt zu einer positiven Unterstützung der Office-Performance bei!

8.3 Der Arbeitsplatz der Zukunft

Wie wird es aussehen, das Office der Zukunft? Wie ein Raum aus dem Film „Krieg der Sterne“ oder wie ein Freizeitpark? Was fördert die für die Zukunft so notwendige Kreativität?

Wer sich mit diesem Thema auseinandersetzt, dem fällt auf, dass sich eines auch in Zukunft sicher nicht ändern wird: Das Erfinden von klingenden Namen! Wir wollen hier einige dieser Zukunftsvisionen anführen – ohne Wertung und einfach als Denkanstoß.

Interactive Creativity Landscape: Dieses Konzept sieht vor, dass das Büro der Zukunft durch schnellen Wechsel der Büroumgebung die Kreativität der Mitarbeiter optimal fördern soll. Dazu wird der Raum in drei Zonen unterteilt:

1. Die Aktionszone – dient der Kommunikation
2. Die Interaktionszone – der eigentliche Arbeitsplatz, eine Kombination aus Schreibtisch, Computerarbeitsplatz, Konferenztisch und Virtual-Reality-Platz, ein so genannter „plug and work“-Arbeitsplatz. Eine Sitzlandschaft für Kreativmeetings ergänzt diese Zone.
3. Die Rückzugszone: Sie dient einzig und alleine der kreativen Lösungsfindung des Einzelnen und soll daher so individuell wie möglich gestaltet werden: Farbe, Form, Licht, Geruch und Geräusch – je nach Geschmack des Benutzers.

Der Multimedia-Arbeitsplatz: Er besteht aus einem Sitz/Liege-Arbeitsplatz mit einem in der Armlehne integrierten Touch-Screen und einem Plasmadisplay. Damit eignet er sich für zeitweiliges, entspanntes Arbeiten und Navigieren parallel in mehreren Dokumenten und Informationskanälen sowie kreative Meetings und Videokonferenzen.

Spacemove: Mit diesem Raumkonzept lassen sich nicht nur Arbeitsbereiche und Zonen in der herkömmlichen Art bilden, sondern auch jederzeit andere Raum- und Versorgungsstrukturen ohne bauliche Eingriffe schaffen. Eine Anbindung der Arbeitsplätze an die Infrastruktur erfolgt über Dockingstations.

Voice Enabled Solutions: Hier geht es um die Entwicklung innovativer Sprachtechnologien, die eine intuitive, effiziente und menschengerechte Interaktion zwischen Mensch und Maschine ermöglichen. Durch die Konvergenz von Sprache und Daten werden so völlig neue Arbeitslösungen, wie beispielsweise web-basierte Applikationen mit Sprachunterstützung, möglich.

Mobile Office: Nicht jeder Mitarbeiter benötigt einen festen Arbeitsplatz. Man nimmt sich den Arbeitsplatz, der gerade frei ist, oder rückt sich die benötigten Arbeitsmittel, wie Schreibtisch und Ablage (als Caddy-Mobil) dorthin, wo man gerade am besten arbeiten kann. Wer lediglich einen Computer benötigt, dem genügt eine mobile Workstation. Flexibilität und Mobilität sind oberstes Prinzip. Eine **Privacy-Zone** soll als Ausgleich einen Bereich darstellen, wo Persönliches deponiert werden kann und sich der Mitarbeiter zurückziehen kann.

Smart Room: Dieses Raumkonzept sieht vor, dass jeder Büroraum „denkende Wände" hat: Über Mikrofone und Kameras wird alles nach dem Wunsch des Mitarbeiters gesteuert. Auf Sprachbefehl oder Gestik reagiert die gesamte, vernetzte Büroumwelt. Die Tischplatte ist ein Flachbildschirm, auf dem geschrieben und gelesen wird. Die Wände dienen als Informations- und Projektionsfläche.

CommChair: Dieser Büro-Stuhl ist völlig mit seiner Umgebung vernetzt. Mit Hilfe eines berührungssensitiven Bildschirms bearbeitet der Mitarbeiter seine Aufgaben oder kommuniziert direkt mit anderen Mitarbeitern. Selbstverständlich entspricht der Stuhl auch allen ergonomischen Anforderungen – auch ein kleiner Büroschlaf oder besser ein Creative Power-Nap ist darin ungestört möglich.

Roomware: Sie ersetzt Hardware und Software. Sie ist die Fähigkeit eines Büros, aufmerksam, aktiv und anpassungsfähig zu sein. In diesen „A3-Umgebungen" genannten Räumen sind die Möglichkeiten der Telekommunikation oder EDV nicht an einzelne Geräte gebunden, sondern im ganzen Raum auf Schritt und Tritt verfügbar.

Hello-Wall: Auch dieses Konzept geht davon aus, dass die einzelnen Informationstechnologien als Einzelgeräte verschwinden und einer ganzheitlichen, „versteckten" Raumsteuerung weichen. So erkennt die Bürowand sofort, wer sich im Raum befindet (Identifikation mittels Fingerabdruck oder eventuell auch nur anhand des persönlichen Geruches!) und welche Funktionen dieser Person zur Verfügung stehen sollen und dürfen. Sie liefert alle Informationen, die der Nutzer benötigt, und reagiert auf Sprache oder Mausklick. Alle Informationen erscheinen an der Wand. Die Hello-Wall schaltet sich auch automatisch aus, sobald der Benutzer den Raum wieder verlässt.

8.4 Zukunftstrends in unserer Arbeitsweise

Im Zuge der größer werdenden Mobilität und Flexibilität wird Arbeit immer unabhängiger vom Standort. **Telearbeit** wird zur Chance, besonders für Mitarbeiter, die Familie und Beruf verbinden wollen. Lange Transferzeiten entfallen. Doch da liegt auch die Gefahr: Kann ich dann noch Arbeit und Feizeit abgrenzen? Wird es dann noch so etwas wie Freizeit geben? Werden wir nicht alle sehr vereinsamen, wenn uns der tägliche Kontakt inklusive Büroklatsch fehlt?

Von zentraler Bedeutung für die Arbeitsweise der Zukunft werden die Bereiche sein, wo sich die Mitarbeiter treffen. Diese **Kommunikationszonen** müssen zentral im Office sein und alle Anforderungen an einen gemütlichen Treffpunkt erfüllen. Sie sollten gestaltet sein wie eine Cafeteria, eine Bar oder eine Lounge – hier müssen Kreativität und Kommunikation fließen!

Die Technisierung der Bürowelt soll dem Wandel der Arbeit Rechnung tragen. Doch nicht jeder benötigt permanent alle Hightech-Angebote. Daher werden wir uns in Zukunft vermehrt **Büro-Equipment teilen** müssen. Das erfordert ein großes Maß an Ordnung und Organisation. Nichts darf am Abend am Arbeitsplatz liegen bleiben.

Teams werden immer wieder flexibel gebildet und finden sich zu so genannten **„On-Demand-Teams“** oder gar zu virtuellen Organisationen zusammen. Diese Teams bestehen aus räumlich verteilten und mobilen Mitarbeitern, die sich in mehreren solcher Teams bewegen. Einer anpassungsfähigen und flexiblen Kommunikationstechnik kommt dabei eine zentrale Bedeutung zu.

Die Büroarbeit der Zukunft ist also

- mobil
- kreativ
- verteilt und teamorientiert
- zielorientiert
- prozesseingebettet
- informationsorientiert

Die Technologien und Bürogestaltungsmöglichkeiten werden sich dafür rüsten. Doch werden sich auch die Mitarbeiter dorthin entwickeln? Sind das nicht Perspektiven, die weniger qualifizierten Arbeitskräften kaum noch Chancen am Arbeitsmarkt einräumen? Nicht jeder ist im Stande, die kreativen Lösungen zu liefern, die zu mehr Performance beitragen.

Wie wir in Zukunft dieses Problem lösen, bleibt ungewiss. Trotzdem hat für jeden von uns die Zukunft schon begonnen. Nur wer sich auf lebenslanges Lernen, auf Aneignen von Neuem einstellt, kann am Ball bleiben. Trotzdem geht es um eine bewusste Wahrnehmung neuer Trends und auch um ein kritisches Hinterfragen. Wer mitdenkt und gute Argumente liefert, der wird auch in Zukunft gefragt sein. Denn die besten Kreativlösungen nützen nichts, wenn sie die Betroffenen nicht überzeugen. Die menschliche Kommunikation wird wohl nichts von ihrer Wertigkeit verlieren!

Die wichtigsten Trends im Überblick

Flexibilität

Der optimale Mitarbeiter im Office der Zukunft ist mobil und flexibel: Er ist rund um die Uhr einsetzbar und vor allem einsatzwillig. Er ist nicht an einen bestimmten Ort gebunden und auch bereit, seine Mobilität über die Landesgrenzen hinaus auszudehnen (Global Working). Er arbeitet in unterschiedlichen Teams mit, hat unterschiedliche und mehrere Chefs sowie ständig wechselnde Ansprechpartner. Das klassische Büro wird zur Durchgangsstation, zum kommunikativen Treffpunkt mit Mitarbeitern und Kunden.

Die ständig steigenden Kosten für Büroraum sprechen ebenfalls für diesen Trend. Unternehmen rationalisieren, indem sie ihre Mitarbeiter zur gemeinsamen Nutzung der vorhandenen Arbeitsplätze und so zu mehr Effizienz anhalten: **„Desk-Sharing“** heißt das Konzept. Und dieser „Desk“, der Schreibtisch der Zukunft, wird kleiner: Wir benötigen lediglich einen Laptop und ein Handy (oder gar nur mehr „intelligente Wände“, siehe oben S. 374). Je weniger Papier ein Büro benötigt, desto kleiner wird der Schreibtisch. Außerdem ist der Schreibtisch der Zukunft höhenverstellbar. Arbeitsmediziner fordern, dass jeder Schreibtischarbeiter mindestens ein Viertel seiner Arbeitszeit im Stehen verbringen sollte. Also heißt es, zwischendurch einfach einmal den Stuhl wegschieben und die Tischplatte hochfahren, um die Kreativität und das Wohlbefinden durch Stehen zu fördern.

Chefbüros werden zunehmend verschwinden: Gerade Führungskräfte sind noch mehr unterwegs, also seltener im Büro. Hierarchien verlieren zunehmend an Bedeutung, die Organisation wird flacher und daher ist Status und Repräsentation im Chefbüro nicht mehr so gefragt. Auch der Chef sucht sich einfach einen Arbeitsplatz, der im Moment gerade frei ist. Der Chef der Zukunft investiert lieber in repräsentative, gemütliche und technisch perfekt ausgestaltete Meeting-Räume.

Überhaupt ist die **optimale Ausgestaltung** dieser neuen Bürowelt wichtig. Bei so viel Flexibilität muss sich der Mitarbeiter an jedem Arbeitsplatz gleich wohl fühlen. Die Einrichtung soll den letzten ergonomischen Erkenntnissen entsprechen und das Wohlfühlen wird durch bewusste Farb- und Formgestaltung geprägt.

Wissensmanagement

Wissen wird in Zukunft noch mehr zum wesentlichsten Produktionsfaktor. Wissen entsteht nicht nur in einzelnen Menschen, sondern auch durch die Interaktion einer Vielzahl von Menschen und Umwelten. Im Sinne von Zielgruppenzentrierung, Reaktionsvermögen und Logistik der Daten ist die Implementierung eines geeigneten Systems entscheidend (siehe dazu auch Seite 365). Im Wesentlichen geht es in Zukunft darum, interorganisationales Wissensmanagement mit einem schnellen und effizienten Zugriff zu garantieren. Die Zusammenführung von individuellen und organisationalen Sichtweisen auf Wissen und Prozesse ist der Kernprozess, im Besonderen geht es um Lernen und Lehren.

Wissen kann im Gegensatz zu Daten und Informationen nicht unabhängig von Personen gespeichert werden. Die relevanten Daten sind codierte Beobachtungen und damit uneingeschränkt erfassbar. Grundsätzlich geht es dabei um den Einsatz verschiedener Informationssysteme zur Verwaltung von Unternehmensdaten, von Kundeninformationen etc. Die Verknüpfung der einzelnen Systeme ermöglicht intensive Analysen und führt damit zu effizienteren Arbeitsprozessen. **Ziel ist es, aus der Informationsflut Rückschlüsse zu ziehen und konkrete Handlungen daraus abzuleiten**.

Auf dem Gebiet der technischen Infrastruktur wird eine Menge angeboten. Doch Software, wie Dokumentenmanagement-Systeme, Workflowsysteme oder Wissensmanagement-Tools alleine sind zu wenig. Büroorganisation, Ablagesysteme, laufendes Dokumentenmanagement, der elektronische Akt u. Ä. sind Teile des Wissensmanagements.

Im Wesentlichen geht es beim Wissensmanagement um Folgendes:

- Wissen für alle Mitarbeiter und Beteiligten zur Verfügung zu stellen
- Bewahrung von Informationen durch Aufbau eines Wissensportals mit den Teilen Recherche, Diskussionsforen, Web-Dokumentenrepository
- Vernetzung, Transparenzsteigerung
- Aus Fehlern lernen zu können (Fehlerprävention, Fehlerbehebung)

- Nutzungsgrad des vorhandenen Wissens zu erhöhen, potenzielle Wissensquellen zu identifizieren und verfügbar zu machen
- Aufbereitung von Wissen als Basis für Managementstrategien

Der Kreislauf von Wissensmanagement

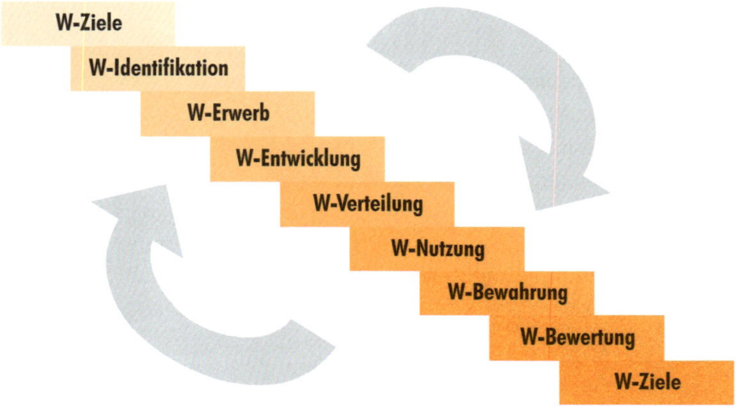

Multimedia Content Management

Hierbei geht es um die Aufbereitung, Abfrage, Verwaltung und Veröffentlichung von multimedialen Inhalten. Im Vordergrund steht die Entwicklung von Techniken und Methoden für komponentenbasierte multimediale Dokumente und Systeme. Anwendungsbereiche sind beispielsweise digitale Bibliotheken oder Semantic-Web-Services.

Lebenslanges Lernen

In Zukunft werden Trends in immer schnellerer Abfolge unsere Arbeitswelt verändern. Wer sich da nicht anpasst, wird überrollt. Umso wichtiger wird es, durch permanentes Lernen „am Ball" zu bleiben. Doch wie wir lernen, wird sich ebenfalls verändern. Wir werden nicht mehr die Zeit für lange Ausbildungswege finden. Die Aus- und Weiterbildung muss in unseren Arbeitsprozess integriert werden.

E-Learning

Unter E-Learning versteht man elektronisch unterstütztes Lernen mit Hilfe sogenannter „Neuer Medien". E-Learning kann zwar über Lernsoftware/CD-ROM/DVD lokal auf einem einzelnen Rechner stattfinden (Computer Based Training), in den meisten Fällen aber wird es durch Internet-Technologien wie E-Mail, Forum oder Chat unterstützt. Zuweilen befinden sich die Lerninhalte auch auf einer Lernplattform oder auf dem Server eines Providers. Zudem wird E-Learning oft mit klassischer Präsenzlehre kombiniert (sog. „blended learning“).

Welches sind die Vorteile eines guten E-Learning-Systems?

- Neue Medien ermöglichen neue, attraktive und komplexe Präsentationsformen
- Computer sind durch die Möglichkeit zur Interaktivität ideale Instrumente zur aktiven Vermittlung von Lerninhalten
- Zugang zu Lerninhalten ohne zeitliche/räumliche Beschränkung
- Kommunikation zwischen Lehrenden und Lernenden trotz räumlicher/zeitlicher Trennung
- Adaptive Systeme passen sich an individuelle Präferenzen, Lernstile und Lerngeschwindigkeiten der Benutzer an
- Dynamische und aktuelle Inhalte können bereitgestellt werden
- Inhalte sind jederzeit erweiterungsfähig

Das Angebot an Lerninhalten und Möglichkeiten wird immer größer. Um den Überblick zu wahren und das jeweilig passende Angebot für den Einzelnen auszuwählen, benötigt man in Zukunft einen speziellen **Bildungscoach**, der beratend und planend hilft.

All diese Veränderungen werden ein großes Maß an Eigenverantwortung vom Einzelnen verlangen. Nur wer sich seiner Ziele klar bewusst ist, wird sich in der neuen und ständig wechselnden Realität zurechtfinden. Nur wer seine Prioritäten nicht aus den Augen verliert, wird vom immer größer werdenden Zeitdruck nicht überrollt. **Ein bewusster Umgang mit den eigenen Ressourcen ist somit die wichtigste Herausforderung der Zukunft an uns alle!**

Kleiner Leitfaden zur „großen Karriere“

- ★ Dein oberstes Prinzip: action! action! action!
- ★ Nur wer erst handelt und dann denkt, wirkt dynamisch!
- ★ Langes Herumgrübeln über Ziele kostet nur Zeit – überlasse das den Philosophen und Parteiprogrammgestaltern.
- ★ Wenn du dein Ziel erst aus den Augen verloren hast, wirst du deine Anstrengungen automatisch verdoppeln.
- ★ Handle nach den Grundsätzen:

  Das Angenehme zuerst!

  Das Interessante sofort!

  Das Dringende schon gestern!

  Was oben liegt, muss als Erstes weg!

  Das Zufällige wird gemacht!
- ★ Genaue Terminplanung ist kleinkariert und unkreativ!
- ★ Unterstreiche deine Wichtigkeit, indem du Termine nicht einhältst und möglichst oft zu spät kommst!
- ★ Unterbrich wichtige Tätigkeiten möglichst oft – so bleibst du vielseitiger!
- ★ Meetings sind wie Bühnenauftritte:

  Präsentiere dich möglichst lange und unvorbereitet – nur so wirkst du spontan!
- ★ Schreib deine Tätigkeiten ja nicht auf, so etwas schafft nur Stress.

  Außerdem erledigen sich viele Aufgaben sowieso von selbst, wenn man sie nur hartnäckig genug vergisst!
- ★ Grundsätzlich gilt:

  Planen ist etwas für Architekten, In-den-Tag-hinein-Handeln etwas für Realisten!

Der Weg zu Ihrem persönlichen Office-Erfolg

- ✔ Nützen Sie die Inhalte dieses Ratgebers zur Optimierung Ihres Berufsumfelds – zeigen Sie dadurch Engagement und Vorbildwirkung. Bringen Sie Veränderungen in kleinen Schritten in Ihr Team ein und nehmen Sie Ihre Wirkung dabei wahr.
- ✔ Legen Sie bewusst Ihre Ziele, Prioritäten und damit Ihre Erfolgsstrategie fest. Nur Sie selbst können dem heute häufigen Burnout vorbeugen bzw. begegnen. Die größte Falle dabei ist die Perfektionsfalle – arbeiten Sie daran, dass diese nicht „zuschnappt" und Ihnen damit die Energie raubt.
- ✔ Gehen Sie mit einem großen Maß an Flexibilität und positiver Einstellung an Ihren Job heran. Der „Traummitarbeiter" muss nicht immer nur lächeln und „alle Wege für den Chef erledigen" – er kann in der heutigen Berufswelt durchaus auch seinen eigenen Weg gehen.

Wir wünschen Ihnen viel Erfolg bei der Umsetzung!

Gabriele Cerwinka **Gabriele Schranz**

Literaturliste (wenn nicht direkt bei der Textstelle angegeben)

CERWINKA, Gabriele, SCHRANZ, Gabriele, Protokollführung leicht gemacht, Redline Wirtschaft, Frankfurt/Wien, 2011

CERWINKA, Gabriele, SCHRANZ, Gabriele, Wie kommuniziere ich souverän mit Gästen, Redline Wirtschaft, Frankfurt/Wien, 2007

CERWINKA, Gabriele, SCHRANZ, Gabriele, Nervensägen, Linde-Verlag, Wien, 2013

CERWINKA, Gabriele, SCHRANZ, Gabriele, Der Telefon-Profi, Linde-Verlag, Wien, 2009

CERWINKA, Gabriele, SCHRANZ, Gabriele, Moderation für Einsteiger, Linde-Verlag, Wien, 2011

CERWINKA, Gabriele, SCHRANZ, Gabriele, Wenn der Kunde laut wird, Linde-Verlag, Wien, 2009

CERWINKA, Gabriele, SCHRANZ, Gabriele, Die Macht der versteckten Signale, Linde-Verlag, Wien, 2014

CERWINKA, Gabriele, SCHRANZ, Gabriele, Beim ersten Eindruck gewinnen, Linde-Verlag, Wien, 2006

CERWINKA, Gabriele, SCHRANZ, Gabriele, Fehler erlaubt, Linde-Verlag, Wien, 2014

ENGEL-ORTLIEB, Andrea, Perfekt im Office, Redline Wirtschaft, Frankfurt/Wien, 2001

HABERLEITNER, Elisabeth: Führen Fördern Coachen: So entwickeln Sie die Potentiale Ihrer Mitarbeiter/Elisabeth Haberleitner/Elisabeth Deistler/Robert Ungvari, Wirtschaftsverlag Carl Ueberreuter, Frankfurt/Wien 2001

KASPER, Helmut/HEIMERL, Peter/MÜHLBACHER, Jürgen: Strukturale und prozessorientierte Organisationsformen, S. 58. In: Kasper/Maierhofer: Personalmanagement Führung Organisation, 3. Auflage, Linde Verlag, Wien 2002

KLEBER, Barbara, Professioneller Umgang mit der Informationsflut, Redline Wirtschaft, München, 2002

PRITZ, Christina: Die Bedeutung von Social Media im Rahmen der internen Unternehmenskommunikation in österreichischen Unternehmen, Master Thesis, Donau Universität Krems, 2012

MAYERHOFER, Helene/RIEDL, Gabriela: Personalentwicklung, S. 482-525. In: Kasper/Maierhofer: Personalmanagement Führung Organisation, 3. Auflage, Linde Verlag, Wien 2002

MERG, Klaus, KNÖDLER, Torsten, Überleben im Job, Redline-Wirtschaft, Frankfurt, 2005

MIHALIC, Victor, ABC Betriebswirtschaft, Linde Verlag Wien, 2002

RATTAY, G., Führung von Projektorganisationen, Linde Verlag Wien Ges. m. b. H., Wien 2003

SCHÄFER-ELMAYER, Thomas, Alles, was Sie über gutes Benehmen wissen müssen Ecowin Verlag, Salzburg, 2011

SCHNEIDER, Wilfried, Betriebliches Rechnungswesen, Manz Verlag Schulbuch, Wien 2002

SCHULZ v. THUN, Friedemann, Miteinander reden, Band 1–4, Rororo Verlag, Reinbek bei Hamburg, 2014

STORK, Edith, Tatort Büro, Beltz Verlag, Weinheim und Basel, 2004

UMLAND, Regina, Den Schreibtisch im Griff, W. Bertelsmann Verlag GmbH & Co.KG, Bielefeld, 2003

ZACKER, Christina, Arbeit im Griff!, Urania Verlag, Stuttgart, 2004

Lösungen

Seite 21

1. Links vom Teller
2. Sie klopfen nicht so wie im Film an Ihr Glas, sondern Sie stehen einfach auf und warten, bis Sie die Aufmerksamkeit aller haben.
3. Grundsätzlich sollte nicht vor dem Dessert geraucht werden. In Ausnahmefällen kann um Einverständnis gefragt werden.
4. Der Ehrengast sitzt rechts vom Gastgeber.
5. Mit einem Longdrink-Glas wird grundsätzlich nicht angestoßen.
6. Es bedeutet, dass sich alle einigen, getrennt zu zahlen.
7. Ja, das gehört zum guten Ton gegenüber dem Lokal. Sie wollen ja auch beim nächsten Mal wieder einen guten Tisch erhalten!
8. Nach neuester Business-Etikette ist es nicht mehr notwendig, vorher anzuklopfen und sich beim Betreten des Raumes laut zu entschuldigen. Es geht vielmehr darum, die Störung möglichst gering zu halten. Gehen Sie daher – nachdem Sie gegebenenfalls mit einem kurzen Kopfnicken in die Runde grüßen – mit der schriftlichen Botschaft zum betreffenden Teilnehmer und reichen Sie ihm wortlos mit einem Lächeln das Papier mit der Nachricht.
9. Hier ist es im Gegensatz zu dem vorigen Beispiel immer noch angebracht, anzuklopfen. Stürmen Sie nicht einfach ins Zimmer, auch wenn Ihr Chef das grundsätzlich so mit Ihnen vereinbart hat. Es wäre seinem Gast gegenüber unhöflich, das Gespräch einfach so zu unterbrechen.

Seite 54

1. Das Essen ist in Italien ein wesentlicher Bestandteil des Tagesablaufes, es ist nahezu eine Frage der nationalen und kulturellen Identität. Termine um die Mittagszeit sind daher absolut tabu, es sei denn, es handelt sich um eine Essenseinladung. Eine Besprechung in den Büroräumlichkeiten einer deutschen Firma ist somit absolut nicht nach dem Geschmack eines italienischen Geschäftsmannes, und die Assistentin weiß das sehr gut. So manches Vorurteil der Italiener gegenüber uns „Nordeuropäern" – die können einfach nicht genießen – ist somit wieder voll bestätigt. Ob aus diesem Geschäft noch etwas wird?
2. In den USA steht die so genannte „Political Correctness" als oberstes Prinzip für alle Umgangsformen im Geschäftsleben. Bewundernde Blicke oder zu deutlich formulierte Komplimente werden oft schon als Form von sexueller Belästigung angesehen. Geschlechtsspezifische Diskriminierungen gelten als absolute „Don'ts". Und wir Europäer gelten für die Amerikaner vielfach ohnehin als eher unmoralisch …

3. Im japanischen Geschäftsleben spielen Visitenkarten eine sehr zentrale Rolle. Sie sind Ausdruck der eigenen Identität. Werden sie im Ausland überreicht, sind sie immer auch zweisprachig. Es gehört zu den wesentlichsten Formen der Etikette, sehr bewusst und sorgsam damit umzugehen. Man sollte sie nach Möglichkeit mit beiden Händen entgegennehmen, genau ansehen, und ja nicht achtlos wegstecken. Sie gleich an eine (nieder gestellte) Frau weiterzugeben, gilt als extrem unhöflich!
4. Ihr Chef hat keineswegs vor, weibliche Gäste als Art Animierdame für den Geschäftserfolg einzusetzen. Er ist vielmehr mit den finnischen Sitten vertraut. Lädt Sie ein Finne zu sich nach Hause in seine private Sauna ein, so ist das ein klares Zeichen der Ehrerbietung und sollte möglichst nicht abgelehnt werden. Zweideutige Hintergedanken sind damit absolut nicht verbunden, denn ein Saunagang gehört zum finnischen Alltag.

Seite 80

Was prägt den ersten Eindruck am Telefon?

Richtig: Stimme, Begrüßung, Körperhaltung, Hörerhaltung.

Wie reagieren Sie auf folgende Äußerungen am Telefon?

1. „Ich bin für diesen Bereich verantwortlich. Ich werde Herrn Dr. XX darüber informieren, Sie können dann noch offene Punkte mit ihm klären."
2. „Ich habe ihm Ihre Nachricht übermittelt. Ich werde ihn gerne noch einmal erinnern."
3. „In Ihrem Sinne sende ich Ihnen den vollständigen Entwurf. Sie haben dann gleich die endgültige Version am Tisch und können so besser entscheiden."
4. „Welches Produkt meinen Sie?"
5. „Gerne, ist es für Sie in Ordnung, wenn ich Sie nächsten Dienstag noch einmal anrufe?"
6. Übergehen Sie solche Äußerungen zunächst und kommen Sie einfach zum Anliegen. Hakt der andere nach, müssen Sie wohl deutlicher werden: „Im Sinne einer konstruktiven Kommunikation bitte ich Sie, die Sache mit mir zu klären."

Die angeführten Lösungen sind Vorschläge – es gibt viele gute Möglichkeiten, auf solche Äußerungen zu reagieren.

Seite 104

Unsere Lösungsvorschläge:

✔ Bitte wählen Sie aus, in welcher Form wir Sie beraten dürfen, wenn Sie die Liegenschaft X erwerben.

✔ Wir haben unsere Informationen geprüft und verrechnen Ihnen daher den Betrag von X EUR.

- ✔ Wir bitten Sie, diesen Punkt bei unserem nächsten Treffen zu besprechen.
- ✔ Wir bieten jetzt neu unsere Produktlinie Fit an. Für Sie hat das den Vorteil …
- ✔ Wir rufen Sie nächsten Montag an und möchten gerne die Punkte A und B gemeinsam klären.
- ✔ Wir bedanken uns für die gute, langjährige Zusammenarbeit und freuen uns schon auf weitere gemeinsame Projekte in der Zukunft.
- ✔ Sie haben uns entscheidend geholfen, die hohen Kosten zu verringern.
- ✔ Wir rechnen die Beträge des Vorjahres zu Ihrem Guthaben und schreiben es Ihrem Konto gut.

Stichwortverzeichnis

A

B

C

D

P

Q

R

S

T

U

V

W

Z